全国高等美术院校建筑与环境艺术设计专业教学丛书

Chinese Construction

A History of Ancient Chinese Architecture

华夏营造

中国古代建筑史
（第二版）

王其钧 编著

中国建筑工业出版社

《全国高等美术院校建筑与环境艺术设计专业教学丛书》

编委会

顾问（以姓氏笔画为序）

马国馨　张宝玮　张绮曼　袁运甫　萧　默　潘公凯

主编

吕品晶　张惠珍

编委（以姓氏笔画为序）

马克辛　王国梁　王海松　王　澍　苏　丹　李东禧
李江南　吴　昊　李炳训　陈顺安　何晓佑　吴晓敏
杨茂川　郑曙旸　郝大鹏　赵　健　郭去尘　唐　旭
黄　耘　黄　源　黄　薇　傅　祎

PREFACE 前 言

从世界范围来看，古代建筑文化大约可以分为七个主要的独立体系。但诸如古代埃及、两河流域、古代印度、古代美洲等建筑体系，有的早已中断，有的流传不广，有的影响有限。只有中国建筑、欧洲建筑、伊斯兰建筑被认为是世界三大建筑体系。而其中流传最广、延续时间最长、成就最为辉煌的又要数中国古代建筑和欧洲古代建筑。

中国建筑之所以能自立于世界艺术之林，是因为中国古建筑有极多独一无二的特点，其中之一便是土木结构。长江、黄河是中华民族的母亲河，生活在这一区域的华夏祖先，利用自然山洞和崖穴居住，其后挖掘穴居，形成土筑；或利用自然的树木枝干搭建巢居，其后支搭楼棚。无论哪种形式，材料主要为黄土或木材，因此中国古建筑将建筑营造称之为"土木之功"，"土木"便成为中国古建筑的代用词汇。尽管后来人们掌握了石材、砖瓦、琉璃等新的建筑材料形式，但土木始终是国人最正宗、最喜好的建筑材料，也正是这种充满柔性和张力的土木结构造就了中国古建筑独特的造型和丰富的形式。

建筑形式是与文化相契合的，文化是一种非物质的东西，但又通过一些物质载体呈现出来，建筑是最形象的文化载体。

在中国古代，任何形式的建筑都表达了一种象征意念，代表着一种社会精神状态。博大宏阔的宫殿建筑，体现了封建社会君主至高无上的权力与威严；庄严肃穆的寺庙建筑，象征着佛国世界的神圣不可侵犯；朴素厚道的民间住宅所营造的宁静亲切的环境氛围，正是人们安居乐业的心理反应；精致灵动的园林建筑又最具观赏性和艺术感染力，它所追求的是诗情画意般的意境。当建筑与文化、历史相融相合的时候，建筑的历史意义就产生了。

当代中国古代建筑史的研究是从梁思成、刘敦桢等老一辈学者上世纪从国外留学回来以后开始的。他们以超人的智慧和吃苦的精神，把西方的理性思维方法、制图表现技术与中国的古代文献考证、工匠技艺调查进行完美的综合，开创了当代中国古代建筑史研究的先河。我之所以如此敬重建筑界的老一辈学者，是因为除了学习中国古代建筑史之外，我也的确认真地学习过中国古代绘画史。在中国古代绘画史的领域，除了古代文献的考证或对古代画论的注解之外，当代学者对于中国古代绘画的材料、技法、构成规律的科学的理性推断，甚至是对著名古代绘画内容的背景解释等学术研究都还有相当多的空白无人问津。这其中的一个问题就在于早年出国留学的老一辈学习理论史的学者中，在中国美术史的研究领域缺少像梁思成、刘敦桢这样学贯东西的高智慧学者。

　　我有这样的评论并不是表示自己多么有能耐，而只是表示，我写这本《华夏营造—中国古代建筑史》完全是受益于先辈学者的研究成果和写作方法。

　　上世纪末我在清华大学建筑学院攻读博士研究生时，除了我的导师吴焕加先生之外，我还有幸师从楼庆西、徐伯安、郭黛姮等知名学者，他们都是梁思成先生的学生。他们给我树立了严谨治学的榜样。我即便不是低能儿，也不具备高智商，因此，老一辈专家勤学勤研的精神是我最易学习的习惯。我深知自己不能成就大气，于是就努力改造自己的小家子气。

　　学习中国古代建筑史的其中一个手段是田野调查。我的思维是，将建筑分类。比如，先调查民居、民间建筑，再调查陵墓、宗教建筑。这样的优点在于，将中国走一个遍以后，在某一古建筑领域就会占有大量资料，就会有写书的底气。很多学界的朋友说："我现在先抓紧做一些设计，挣点设计费，等钱多了以后再去调研"。我知道自己不是设计的天才，于是不怎么做设计，口袋里没有钱也出去跑，去调研和收集资料。我的调查足迹遍及中国所有的省市自治区及特别行政区，包括香港郊区、台湾本岛以及澎湖、金门等地。我的感觉是，自己尽管智慧有限，但素材有余。譬如，我写《乡土中国—金门》（生活·读者·新知·三联书店2007年出版）一书时，仅自己的照片和插图就大大富裕。

学习这本书的绝大多数同学的智商肯定是高于我的，这也是我给你们鼓劲和使你们增强学习信心的基本原因。

相信通过学习中国古代建筑史，不仅可以使你们了解中国的建筑技术和建筑艺术，更重要的是增强了对于文化传统的了解。这对于今后的设计实践会起到相当重要的帮助作用。

王其钧
2009年5月于武汉大学中国建筑文化研究所

CONTENTS 目 录

前言

第一章 中国古代建筑的基本形式 /1
第一节 中国古代建筑的发展历程 /1
第二节 中国古代建筑的主要特点 /3
第三节 中国古代建筑的艺术特色 /10

第二章 先秦时期的建筑 /21
第一节 发展综述 /21
第二节 原始社会的建筑 /22
第三节 夏商时代的建筑 /25
第四节 西周与春秋战国时期的建筑 /28

第三章 秦汉时期的建筑 /33
第一节 发展综述 /33
第二节 秦代的宫苑建筑 /34
第三节 秦代的工艺及建筑技术 /37
第四节 两汉时期的建筑 /39

第四章 三国、两晋、南北朝时期的建筑 /47
第一节 发展综述 /47
第二节 三国时期的建筑 /48

第三节 两晋、南北朝时期的建筑　　　　　　　　　　　　　　　　/ 51

第五章　隋唐时期的建筑　　　　　　　　　　　　　　　　　　/ 63

第一节 发展综述　　　　　　　　　　　　　　　　　　　　　　/ 63
第二节 隋唐的都城与宫殿　　　　　　　　　　　　　　　　　　/ 65
第三节 隋唐时期的礼制及陵墓建筑　　　　　　　　　　　　　　/ 69
第四节 隋唐时期的住宅与园林　　　　　　　　　　　　　　　　/ 73
第五节 隋唐时期的宗教建筑　　　　　　　　　　　　　　　　　/ 78
第六节 隋唐建筑的技术与艺术　　　　　　　　　　　　　　　　/ 82

第六章　宋辽金时期的建筑　　　　　　　　　　　　　　　　　　/ 87

第一节 发展综述　　　　　　　　　　　　　　　　　　　　　　/ 87
第二节 宋辽金时期的城市建设　　　　　　　　　　　　　　　　/ 88
第三节 宋辽金时期的礼制和陵墓建筑　　　　　　　　　　　　　/ 91
第四节 宋辽金时期的住宅和园林建筑　　　　　　　　　　　　　/ 97
第五节 宗教建筑　　　　　　　　　　　　　　　　　　　　　　/ 104
第六节 建筑艺术和技术　　　　　　　　　　　　　　　　　　　/ 110

第七章　元明清时期的建筑　　　　　　　　　　　　　　　　　　/ 113

第一节 元代的建筑　　　　　　　　　　　　　　　　　　　　　/ 113
第二节 明清建筑　　　　　　　　　　　　　　　　　　　　　　/ 117
第三节 建筑的装饰装修　　　　　　　　　　　　　　　　　　　/ 139

第八章　中国园林建筑　　　　　　　　　　　　/ 143

第一节　中国园林的发展概况　　　　　　　　　　/ 143
第二节　中国园林的基本类型　　　　　　　　　　/ 147
第三节　中国园林的地域特点　　　　　　　　　　/ 163
第四节　中国园林的造园手法　　　　　　　　　　/ 169
第五节　中国园林建筑　　　　　　　　　　　　　/ 176

第九章　中国民居建筑　　　　　　　　　　　　/ 191

第一节　中国住宅建筑综述　　　　　　　　　　　/ 191
第二节　中国民居的形式　　　　　　　　　　　　/ 194
第三节　民居村落　　　　　　　　　　　　　　　/ 218

第十章　中国古代重要建筑典籍及建筑意匠　　　/ 237

后　记　　　　　　　　　　　　　　　　　　　　/ 245
参考书目　　　　　　　　　　　　　　　　　　　/ 246
选图索引　　　　　　　　　　　　　　　　　　　/ 247

第一章 中国古代建筑的基本形式

第一节 中国古代建筑的发展历程

中国是世界上历史悠久的文明古国之一,有着深厚的文化传统。这种文化底蕴表现在建筑上就形成了中国独特的建筑体系。

建筑是凝固的音乐,是技术和艺术的结合。我国的古代建筑是我们祖先高超的智慧与才能的创造,是一曲悠扬绵长、至今还耐人寻味的古曲,震撼人们的心灵。中国的美术在历史发展潮流中,与西方所重视的人体结构剖析与自然色彩的摹写有所不同,它强调的是艺术家个人的主观感受和心灵的表达,也就是重在传神和写意。这种区别的产生是和思想文化、社会形态和生产方式等诸多因素有关的。中国古代建筑艺术静默生动的形象和深厚的文化内涵是世界上其他建筑体系所不能比拟的。

我国古代建筑经历了从原始社会、奴隶社会到封建社会三个历史发展阶段:

原始社会——从距今约五十万年前的旧石器时代(或者更早)到中国第一个王朝夏朝建立之前,原始人初期的建筑大致有两种发展模式。一种是由单树巢居向多树巢居,再到干栏建筑(注:干栏:栅居,湖沼地带在地面上人工打上木桩或柱子,然后在桩

甘肃省夏河县拉卜楞寺

甘肃省夏河县拉卜楞寺是甘南地区最大的藏传佛教中心,目前拉卜楞寺保留有中国最好的藏传佛教教学体系。

原始社会的巢居

巢居是中国原始建筑的主要构筑方式，经历了由单树巢、多树巢向干栏建筑的演变过程，也是中国木构架建筑技术生成的主要渊源。

柱与地板梁和屋架梁之间穿插构件，在交接点由绳索改进为榫卯之后，自然形成的构造方式。现在我国西南、东南的少数民族如傣、侗、苗族等仍在使用这种方法，只是立柱不再埋入土中）的"巢居发展序列"；另一种是从原始横穴到深袋穴，到半穴居，再到地面建筑的"穴居发展序列"，这些建筑技术和工艺成为之后中国建筑体系发展的渊源。

穴居中的土木混合的构筑方式，成为以后夏（约公元前2146年~前1556年）商（约公元前1556年~前1046年）直至今日延承的中国建筑文化的主线，而巢居中的木构技术则成为以后木构建筑千变万化的基础。后来技术的进步，使得中国建筑在平面布局上形成了简明的组织规律，即以"间"为单位构成单座的建筑，再以单座建筑组成庭院，构成组群。这不仅是中国民居的基本形式，也成为园林和皇城建筑的构建基础模式。

奴隶社会——从夏朝至战国的一段时期，由于奴隶制度的建立，使得进行大规模工程有了可能。经商周（公元前1046年~前256年）以来，木构架不断改进，并逐渐成为中国建筑的主要结构方式。多种新技术的出现和人力集中的可能促进了高技术、大规模建筑的产生，商代时形成了在夯土台上建造宫殿和城垣的高台建筑模式，以宫室为中心的不同规模的城市也开始出现。

奴隶制的发展使建筑出现了等级制度，随之产生了专司管理工程的职务，后来各朝在这个基础上不断发展形成了中国特有的工官制度。

封建社会——从战国时期（公元前475年~前221年）至1840鸦片战争以前，是我国古典建筑的主要发展阶段。封建社会建筑的形式受儒家和道家的思想影响，加之生产方式的进步，带动了工农业、商业的发展，对建筑的影响也从各个方面得以体现。在我国最早的一部工程技术专著《考工记》中已经有了许多建筑技术的记录。另外书中还记录有一些工程测量的技术。随着社会和技术的不断发展，出现了规模巨大的宫殿、庙宇、陵墓和水利、军事防御等工程。

唐代（618~907年）是封建社会建筑发展的鼎盛时期之一，由于对外贸易和文化的

河南偃师二里头夏代宫殿建筑

河南偃师二里头一号宫殿遗址是晚夏时期宫殿建筑基本还保持在以土为阶，茅草覆顶的阶段。

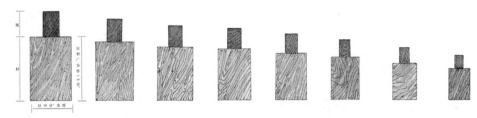

交流带动了建筑艺术的发展,那个时期遗留下来的木构宫殿、石窟、佛塔及城市的遗址,在布局和造型上都显示了它的艺术价值和技术水平。宋代(960~1279年)的城市生活更繁荣,从而改变了封闭的城市布局,出现了开放的沿街设店的方式。这个时期木、砖、石结构有了新的发展,出现了以"材"为标准的模数制,使设计和施工有了规格化的管理标准。建筑在布局、装修和布置上都有了新的方法。加之这一时期的建筑形象也趋之于绚丽和柔美,所以说中国建筑的大木构技术在宋代达到高峰,以至影响了以后元(1206~1368年)、明(1368~1644年)、清(1616~1911年)的建筑。

元朝是中国古代建筑的变化期。所谓变化期是指工匠在大木构架的做法上尝试减柱法等新方法,试图使中国古建筑的做法更加简单。但是尝试的结果并不完全成功,却造成其后的明清建筑的大木结构形式不同于唐宋。元朝的建筑还融入了伊斯兰教、喇嘛教以及中亚一些民族的地方风格,使得中国传统建筑的模式向更多元化的方向发展。

由于明清的工程制度更加严密,而且官式建筑已经定型,并遵从僵化的程式,其中包括大型木料的匮乏等多方面的原因导致明清时期的大木构架艺术形式和技术难度开始降低并走下坡路,与唐宋时期的木构建筑相比,建筑整体造型变得呆板和僵硬。但是,当时砖瓦的普及,使这一时期的建筑外观色彩及视觉形式更加宏大和富有变化,无论从建筑风格、布局规划和装饰上都给后人留下了宝贵的财富。因为封建制度至此完结,所以明清的建筑成为中国封建社会建筑最后一缕灿烂的阳光。

材

唐代时,斗栱式样趋于统一,并且栱的高度成为梁、枋比例的基本尺度。后来这种基本尺度逐渐发展成为周密的模数制,也就是宋《营造法式》中所说的"材"。

第二节
中国古代建筑的主要特点

中国的古代建筑实际上存在两种发展模式:简言之,一种是官式建筑,另一种是民间建筑。前者因其在技术和物质人力方面的绝对优势,因而显示了当时的最高技术和工艺水平。但建筑样式多模式化,无地区性的差异。后者虽物质技术平淡,但其设计制作和文化内涵却更加灵活多样。因而更能与当地环境融合,建筑样式繁多,具有浓郁的地方特色。

中国古代建筑,尤其是官式建筑的特点概括地说可以分为几个方面:

一、建筑在营造之前都会经过堪舆师和工匠的综合考察,其中包括地理位置、方位、面积、朝

承德外八庙中的须弥福寿之庙

寺庙是中国古代官式建筑中的主要类型,其建筑形制、规模布局、装饰装修等方面都表现出了中国古代官式建筑的基本特征。

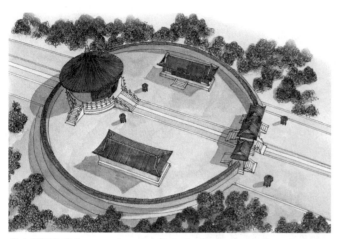

北京天坛皇穹宇

皇穹宇是圜丘坛的附属建筑，它是用来存放皇帝祭天时所供奉的昊天大帝牌位，其建筑设计理念来源于"天"的象征意义。

北京故宫殿堂建筑

台基是中国古代建筑的重要组成部分。台基的形制也依建筑的等级而定。如清代规定：公侯以下、三品以上者，所居房屋的台基高二尺；四品以下和普通市民，所居房屋的台基高一尺。但实际上的台基高低并没有完全按照规定而建，大多根据具体情况有所改变。

向，并事先考虑单座院落的组合以及园林的设计等等诸多因素。最大限度地发挥建筑基地的优点和弥补其不足。受中庸之道的影响、对天圆地方等诸多传统学说的遵从，再加上诸多其他原因，中国的传统建筑，除休闲用的园林以外，平面形式上多是中规中矩的对称图形，而且多以南北为中心轴线均衡铺开，轴线绝对分明，这在大型的建筑群上表现得尤为突出。即使是受地势或其他原因的影响，建筑组群不能够在实体上平衡对称时，人们也设法使它在某种程度上达到心理和意念上的均衡与和谐。形成几何的平衡、阴阳的调和、五行的互补等特点。

北京紫禁城的规划和布局上尤为突出地体现了这一点。紫禁城分内廷和外朝，外朝在内廷之南并突出南北中轴线，主要建筑都从南至北依次排列在中轴线上，两侧辅以偏殿和附属设施，建筑和谐均衡；紫禁城正中前方左右分别为祭祖先的太庙和祭社稷的社稷坛。北京的外城有天坛，城外有地坛南北相对，有左右安门东西以对，此为布局的和谐与均衡；皇城外无水便人工开出金水河。紫禁城整组建筑以木料为主要构架材料，屋顶上覆黄色琉璃瓦，墙壁呈现绚丽的大红色，矗立在大地上，取五行互补之意。在中国古建筑中凡此种种呼应与附会不胜枚举。

这说明我国的古建筑是深植于中国传统文化的土壤之中的，这种文化气质无所不在，渗透在每座古代建筑中，使它们散发着古老文化的神韵。

中国的建筑多是功能、结构和审美的统一。它不仅仅是对祖制和传统的尊从，同时也是极其富有想象力和浪漫主义色彩的文化产物，是理性与浪漫的交织。这些特点不仅仅表现在建筑物整体的排列组合分布上，还表现在建筑的细部处理上，比如基座与踏道的设计就是如此。古代的宫殿为了显示其威严和权力，也为稳固起见，建筑台基多十分高大，为了让人登高台基方便，就需要缓解踏道的高度差。普通的台阶由于其简朴的形式是不能够被君王皇帝所接受的。所以踏道通常由台阶和坡道共同组成，台阶供大臣使用，而中央的坡道供君王、皇帝使用。为增加气势，台阶的两旁还要有栏杆。台阶的材质、位置、高度、制式、宽度及至踏步的数目都有详尽的规定，以便保证仅有皇宫才能达到这种标准。其余官府建筑的等级要随地位的下降而逐减。

中国的建筑多是以一组或一群的形式出现，极少有像西方那样以单体建筑的体量和其丰富的造型取胜的实例。这种组群的建筑风格不是可以胡乱创新的，而是整齐的，错落有致的，也是严格按照古代的宗教礼法制度而布局的。在实用与美观的统一方面，在当时说来是科学的。因为通过建筑物本身可以表明不同建筑使用者地位的高低，在同一建筑组群中，又体现出内外尊卑的区别。不仅如此，甚至连当地气候对室内外环境的影响方面传统建筑的设计在适应度上都有体现。以上可以看出中国建筑的意义不仅仅是在于建筑本身，更多的是建筑所给予我们的美的享受和深远的传统文化意义。

二、中国古代的建筑以木构架结构为主，也决定了与之对应的平面和外观。从原

峨眉山华藏寺

中国传统建筑多以组群的形式出现。组群常以多进院落构成，布局主次分明，讲究中轴对称，营造出庄严、肃穆的空间氛围。

始社会至今，经过历朝历代的不断改进和完善，中国古代建筑形成了其独特的风格和构架方式。古代的木构架主要有抬梁、穿斗、井干三种不同的方式，其中以抬梁式应用最为广泛。

早在春秋时期（公元前770年～前476年）抬梁式木构架就已经很完备，经过后人的不断完善和提高，逐渐形成了一套完整的安装方法。大体可以表述为，首先在打好的台基上沿房子的进深方向立若干柱子，柱上沿纵深方向水平架梁，再在梁上重叠数层短的瓜柱和短梁，最上层梁上立脊瓜柱，构成一组木架构，其形式就像是一个简易的牌坊。平行的两组木梁架之间用枋来横向连接每个柱子，包括瓜柱的上端，各层梁架和脊瓜柱上分别安置与构架成直角的檩（檩和枋是平行的），檩不仅起联系各构架的作用，檩上还要承托很多根呈90°角垂直排列沿屋面角度斜铺的椽子以承载屋面仰合瓦的重量。

两个木构架中间的空间即为"间"。这是中国独特的房屋计量方式，一座房屋通常由若干间组成。由于这种木构架组合的灵活性使得房屋建筑的平面形状有多种选择，可以建造成规则的三角形、八角形、圆形和不规则的田字形、卍字形和花瓣形等平面形式的建筑。这种结构不仅可建造特殊的单层建筑，还可建造多层的楼阁建筑与塔。随着生产技术的不断进步，建筑逐渐向繁复和大规模迈进，建筑工艺也更加精密并形成了某些固定的程式：这就不能不谈到斗栱，它是中国官式建筑所特有的结构件之一。

斗栱最迟在周朝就已经被应用，到了东汉和三国时期其技术已经相当纯熟，并在以后的一段历史时期成为塑造建筑形象的主要手段。唐宋时期斗栱起到结构性作用，而且尺度很大，一般高度相当于柱子高度的一半左右。由于斗栱的承托力，使得建筑檐部的出挑很长，即使房屋没有前后廊，屋檐也可以为木柱和屋檐下的人遮雨。但从元代开始，斗栱的形式产生许多种尝试与转变。其功能和作用开始减退，到了明清斗栱已经退化为纯粹的装饰构件，房屋的承重功能由柱梁来负担。因为不同时期的斗栱具有不同的特色，所以斗栱又成为建筑物断代的重要依据。

由于森严的等级制度，斗栱只出现在宫殿、庙宇等官式建筑上。出于炫耀权力和显示美观的考虑，官式建筑一般都会有长长的飞檐，所以就需要承载这些飞檐结构的斗栱了。斗栱一般安装在檐柱和檐枋之上，它是在方形的坐斗上用若干方形小斗和弓形的栱层叠搭配而成。斗栱的层数随出檐深度的加

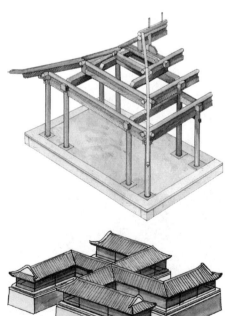

抬梁式构架示意图

抬梁式构架，又称"叠梁式构架"，是中国古代建筑中基本的木构架形式之一。这种结构复杂，要求加工细致，但结实牢固，经久耐用，而且内部有较大的使用空间。同时，还能产生宏伟的气势，又可做出美观的造型。

北京圆明园万方安和景区中卍字形建筑

抬梁式构架构成的卍字形平面的单层建筑。

第一章 中国古代建筑的基本形式

斗栱分解构造图

斗栱是中国古代建筑中特有的构件，是屋顶与屋身立面的过渡，也是中国古代木构或仿木构建筑中最具特色的部分。斗栱主要由水平放置的斗、升和矩形的栱及斜放的昂等构件组成。

辽宁义县奉国寺斗栱

明代以前，斗栱主要是作为结构件存在，对建筑的构架起着重要的承重作用。明代以后，斗栱的承重作用逐渐弱化。清代时，基本只作为装饰件了。

穿斗式基本构架示意图

使用穿斗式构架，可以用较小的材料建造较大的房屋，而且其网状的构造也很牢固。不过，因为柱、枋较多，室内不能形成连通的大空间。

大而不断增加。层层叠叠的斗栱不仅使建筑物显得雄浑壮阔，而且极富有韵律感。所以最初只是用于承载重量的斗栱，后来不但被用于构架的节点上还起到了重要的装饰作用。由于它的这些特点，后来斗栱的型制也成为衡量建筑的等级标准之一。

到了唐代，斗栱的式样已经基本固定和有了统一的标准。到了宋代时，工匠们将栱的高度作为梁枋比例的基本尺度，并由此发展为"材"。"材"就是一根方木的断面，呈长方形，它是衡量断面尺度的单位。"材"按大小共分八等，每一等都将十五分作为高度，以十分作为宽度。因此在建造之前工匠就可以根据建筑的类型和斗栱的大小定出所需"材"的等级，然后其他部分如构件的尺寸就可以相应大致得出。这样不仅可以估算出所用的工料也可以预制加工，尤其是斗栱。这样，可多座房屋同时施工，不仅提高了施工速度也简化了建筑设计手续，使短时间内建造大量房屋成为可能。

穿斗式木构架大多使用在民间建筑上，尤其是南方地区使用得更加普遍。这种构架形式也是沿房屋纵深方向立柱，与抬梁式不同的是，每根柱头都直接支撑两根檩条的连接处，立柱之间以穿枋的形式用榫卯相连，使之成为一个一个的榀架，榀架之上是檩条以承受整个屋顶的重量。由于没有了横梁，因此在每一个榀架中，柱子的间距都较小，这种榀架的空挡上梢加镶板，便形成了一个个的隔墙，穿斗式建筑的每一开间为一开敞

空间，不能够像抬梁式建筑那样，建筑内部整体形成一个大空间。室内空间就较抬梁式的室内空间分割得狭小。穿斗式的木构架在汉代发展成熟，现在南方地区仍在普遍使用。其优点在于穿斗式建筑所要求的木料不像抬梁式建筑那样必须是硕大的木材。在实践中，工匠们还发展出在房屋的两端山面用穿斗式，而建筑的中间用抬梁式的混合结构法，既节省了大型建材，又得到了开敞的空间。

井干式木构架最直观的展现就是现在还有的东北森林地区的树屋了，就是用天然的圆、方或六角形断面的木材层叠构成房屋的主体。根据现在的考古发现，我们已知的最早井干式结构法始于商代后期，汉代皇宫中也有井干楼。据出土的汉代铜器显示，井干式房屋分直接建于地上和建于干栏式木架上两种。由于木材的缺乏现在井干式建筑已经

很少见了。

在我国古代除了西藏和新疆以外，传统建筑中被广泛采用的木构架结构形式基本可以分为以上三种，它们之所以能够被不同地区的人们所广泛地应用，除了与当时的社会条件和技术水平有关以外，还因为木构件的建筑具有这样一些优点：

（1）结构灵活易于拆装：抬梁式木构架的结构是由木架承担屋顶和楼面的重量，再添加墙壁和门窗将空间加以围护。这就使门窗的数量和大小都得以灵活定制。屋内的格局和布置也可根据需要自行设计。甚至可以全部封闭做仓库，又或全部打开做凉亭。现代人利用新型材料研制出了可携带和现场组装的简易房屋，令人们兴奋。而我们智慧的祖先，早就已经有预制木构件现场安装和大规模拆运宫殿异地重建的先例。穿斗式木构架虽然受柱网的限制比不上抬梁式那么灵活组合空间，但在结构分工和承重方面也一样，南方民居创造出十分复杂的造型模式。

（2）坚固与柔韧并举，适应性强：房屋的木构架结构与墙壁的组合坚固耐用，木质具有一定的柔韧性，加之榫卯的连接方法和斗栱的加固作用，即使地震或地基小幅变形，这种结构也可以在一定限度内减少由此带来的危害。由于我国地域广阔，横跨多个不同的气候带，所以各地寒暖各异，而无论是抬梁式或穿斗式木构架都可灵活拆装和组合，在用料、门窗位置和尺寸大小方面也可以随意选择。所以可以广泛地应用于各个地方。当代建筑的规定寿命为50年，而传统的木构架建筑寿命至少在百年以上。

（3）取材容易，便于加工：我国的古建筑始终以木材为主要材料，虽然在建材方面也有辉煌的琉璃瓦和造型各异的石栏板、石台基以及宏伟的砖砌墙壁，但是木结构是其主体承重框架以及室内外装修的主要材料。在古代中国的大部分地区，木料更容易取材，也较容易雕琢和便于搬运，相比于石料还容易组合和营造高难度的造型。不仅节约了人力、物力，还大大缩短了施工时间。基于以上种种的原因，木材成为中国古代建筑的主要用料。我们通过和同时期、同规模的西方建筑的比较中就能看到，中国大型公共建筑的建造速度比西方快了不知道多少倍。

除了木构架以外，砖与瓦也是中国古代建筑的主角。从战国时代出现的花纹砖和空心砖，到汉代印有人物和花纹的贴面砖，再到清朝的无缝金砖。中国的古代工匠们保持了他们一贯的高超技术与艺术相融合的优良传统。据考证从北魏时起，宫殿就已经部分地使用了琉璃瓦，并且随着制作技术的提

井干式建筑

井干式结构简单，所以建造容易，不过也很简陋，耗费木材。因其形式与古代的水井的护墙和栏杆形式相同而得名。

避暑山庄四知书屋内景

中国古代木构架建筑的室内空间分隔多采用便于拆卸、通透灵活的构件，创造出层次丰富的空间。

徽州呈坎村宝纶阁梁架彩绘

木材质地轻软，是雕刻、彩绘的重点。

四川夕佳山庄园檐下雕饰

中国木雕技术历史悠久，并且因为地区不同而形成多种风格。图为四川夕佳山庄园厅堂檐下木雕。

须弥福寿之庙琉璃塔

琉璃实际是一种陶器，它与一般陶器最大的不同就是在陶胎上浇注琉璃釉，因此表面呈现出透亮、盈润的质感。在中国古代，琉璃材料多用在等级较高的建筑上，如宫殿、寺庙等。

河北赵县隋代安济桥

河北赵县安济桥，又称赵州桥，建于隋代大业（605~618年）年间，由著名匠师李春设计建造。安济桥是当今世界上跨径最大、建造最早的单孔敞肩型石拱桥。

高还出现了琉璃砖。发展至明清，这种材料的质地和颜色都又有了长足的发展。从明清时期的一些以琉璃制品为主要材料的建筑物中就可以得到证明。

虽然我国的建筑以木构架为主，但从汉朝以来，历朝历代的能工巧匠们也以各种方式，给我们留下了不少技艺精湛的石建筑。如东汉年间的高颐墓阙、南北朝时期的石窟、隋代的赵州桥、清代的卢沟桥等等。其中尤以石窟最具代表性。石匠们不仅用极其细腻和准确的手法雕造了精美的佛像，有的石窟甚至模仿木结构的形式，在石窟中体现了木结构的风格。隋朝建造的赵州桥，是世界上第一座敞肩式的拱桥结构，并在拱券跨度上，很长时间保持了世界之最。

三、以木构架为主要结构的中国建筑体系，它平面布局的组织规律是：以间为单位构成单座建筑，以单座建筑组成单个庭院，再由数个庭院组成院落群以及各种大型建筑组群。

中国古代的庭院组群大都采用均衡对称的模式，沿横轴，或沿纵轴，或横纵轴综合考虑的方法布局和建筑。当然也有少数只是局部有轴线或完全没有轴线的例子。自汉以来还有以大的建筑为中心，周围辅以庭院回廊和围墙等的不对称布局形式。这种不对称的布局形式多见于园林，但帝王的苑囿仍是多带有轴线的组群。

庭院的布局大体分两种：一种是在纵轴线上，先建主体建筑物，再在主体建筑物的前面对称地建次要建筑物，以院子两侧的回廊加以连接。这种回廊和建筑相结合的方法

能够充分显示出高低、明暗等对比效果，加之建筑物与回廊上的色彩结合更能给人以饱满的视觉享受，曲径通幽的空间享受。但这种布局只出现在从汉朝至金朝的宫殿、寺院等大型建筑群体之中。唐代时出现廊庑，它保留了廊院的一些特点。但在主体建筑前的东西两侧对称地设置次要建筑物可以扩大空间利用率，因而更实用。廊院因而逐渐被淘汰，到了明清廊院的形式几乎绝迹了。

另一种是以北京故宫为典范的三合或四

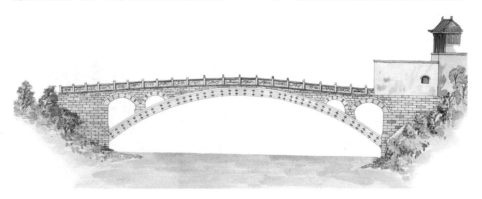

山西岩山寺壁画中的宫殿建筑

在山西岩山寺壁画中的宫殿建筑中，再现了金代宫殿建筑在中轴线上设置主要建筑，两侧对称地建附属建筑，四周用回廊连接的布局方式。

合院式布局。即先在纵轴上安置主要建筑，再在其前面的两边或对面建辅助建筑，四角以走廊连接，再以围墙将全部建筑围成相对独立和封闭的正方形或长方形的庭院。这种庭院在保证了安全、舒适的同时也体现了长幼尊卑的顺序。充分的体现了中国古代的宗法和礼教制度，使得在长期的等级制度社会中，在大江南北的辽阔土地上，上至宫殿下至民宅都普遍采用此种布局方法。

当一个庭院建筑不能满足使用功能要求需要扩展时，也往往是采用横向扩展、纵向扩展或横纵同时扩展的方式来构成规模巨大的组群建筑。大体可采用两种方法，其一，是以庭院为单位，分组建设，再以夹道相连形成整体；其二，是采用院落重叠的方法扩展开来，各层以门加以区隔和连通。

这些反复重叠和绵长幽深的群落在结构安排、功能搭配、环境布置，以至色彩搭配上都显示着中国古代建筑高超的技术以及规划、建造上的匠心独具和功能、结构、艺术上的完美结合。中国传统建筑艺术是中国博大精深文化的综合展现。

"工"是管理工匠的官吏，我国自商朝就有了管理建筑的专门人员。主要是管理城市的规划、设计以及与之相关的宗庙、陵墓和水利等等，同时也做一些诸如编修典籍、总结经验和统一做法等推进技术进步的工作。专业的匠师一般都是世袭的，有少数人甚至可以入工部为官。如清朝的徐杲，他在北京前三殿和西苑永寿宫的重建中大显身手，被皇帝直接提拔为工部尚书，成为明代匠人中官位最高的。这也是中国古代营造制度的特点之一。

北京四合院

合院式民居是中国传统民居中最常见的一种形式。北京四合院在中国合院式住宅中最具代表性，早在元代的时候，就已经被北京城区的居民广泛采用。

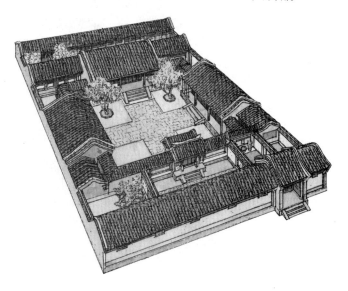

第一章 中国古代建筑的基本形式

北京故宫

故宫建筑群也是以多重院落的形式布局安排的。

北京故宫院落中的门

院落中的门主要起到界定空间的作用。

第三节
中国古代建筑的艺术特色

中国古代建筑的艺术特色主要通过以下几大方面展现出来：

一、建筑各组成部分的艺术特色：人们都会首先注意到中国古代建筑形状各异的屋顶。那长长的脊和两端的吻兽、反曲的屋面和翘起的屋角、远远伸出的屋檐和富有动态的檐口曲线，加上灿烂的琉璃瓦，夕阳下檐角的风铃随风摇晃。单是一个屋顶就已经让人遐想联翩，为之陶醉了。

早在新石器时代后期，就已经出现了正脊长于正面屋檐的倒梯形屋顶。屋顶已经成为建筑形象的重要组成部分，以后经发展出现了硬山、悬山、歇山、庑殿、攒尖、十字坡、重檐等众多形式。这些屋顶变化多样又层次分明，极具美感。除屋顶的整体形象具有装饰性外，屋顶上的一些细部设置，如戗脊上的走兽，也多有其象征意义，而正脊上的鸱吻（明代前称鸱尾）更与斗栱一样成为建筑物重要的断代标志。我们不能不感叹古代匠师的巧妙技术和艺术创造力，即使从空中俯瞰中国传统屋顶，效果也绝佳。

中国的古代建筑十分注重门的形态，在中国古建筑中工匠们利用各种方法来建造和修饰门。以紫禁城为代表，无论从数量还是样式上，都把我们有关门的想象力发挥到了极致。一般来说，城门都比较凝重和威严；宫殿的门都比较高大，以凸显威严和厚重之感，甚至连与之相配的门槛也超出常人的想象，因为它已不仅仅是一种门的附属品，更重要的是它代表着独立的意义；各层院落之间的门不仅在空间上起区隔和沟通作用，也在视觉上起重要的装饰和代表作用。每个门上都有装饰的花纹，这些花纹不仅匠心独具，而且还有其所代表的意义，依据宫殿的不同功能，以及使用者的不同地位，纹样的设置也有不同。

说到门就不能不提到牌楼，它是由院落的门分离出来具有象征意义的纪念碑式的门。在汉代就出现了这种在理念上产生功能的门，叫做"阙"。它大多矗立在城、宫殿和陵墓的入口处，也有的只突兀地独立着，对建筑空间起到极大的烘托作用。到了宋朝，由于封闭的城市被打开，逐渐废除了"里坊"。但坊门的形式却被保留下来，所以街巷端头

福建泉州魁星楼

中国传统建筑的屋顶形式变化多端，十分丰富。常见的有歇山顶、硬山顶、庑殿顶、悬山顶，此外，还有攒尖顶、卷棚顶、扇形顶、勾连搭顶等以及两种或两种以上的屋顶组合而成的混合式屋顶。

的门又称为牌坊或牌楼。宋朝还出现了无墙却有门扇的乌头门,白色的立柱和额枋与朱红的大门形成了鲜明的对比。牌坊或牌楼可由多种材料建造,但形式上多为仿木结构,其样式也因等级的不同而有所不同,主要表现其开间和屋顶的数量方面。它不仅是古代城市中的重要街道景观,也是不同时代建筑风格的缩影之一。

从奴隶时代起,中原地区就出现了夯土造台,台上建屋的模式,虽经几千年的改造和变异,其建筑台基座的高度变矮,建造方法和形态也发生了变化。但这种基座烘托建筑的模式却一直被沿用,不仅是出于建筑防水的考虑,更重要的是等级的象征。从战国到汉、唐,为追求建筑的宏伟壮观,多以夯土台为建筑基座营造宫殿,这样宫殿从气势上统领呼应着都城。现存的紫禁城前三殿和后三殿,就是这种建筑形式的延续。魏晋南北朝以后,受佛教的影响,宫殿建筑的台基转向由须弥座的束腰形式雕琢装饰。这种形式到明清已经固定下来,并且与这相配的石雕栏杆也变得象征化和装饰化了。这种变化使栏杆脱离了建筑物的附属性,并且进一步使台基

有了高度感和层次感。

不论从建筑的个体或群体性来看,墙都是中国古代建筑中又一重要的建筑成分。在我国,即使是简陋的泥屋和茅舍,都有围墙存在。这充分说明围墙在我国古代被人们重视的程度。围墙也不只具有防卫和屏蔽作用,它还兼具营造气氛和装饰建筑的作用。甚至,还蕴含着特殊的意义。比如在中国,最伟大的墙是蜿蜒于北方山野间的万里长城。它最初修建的目的只是为了防御和实战的需要,而现在它的防卫功能消失了,取而代之的是,它成为中国建筑乃至中华民族的思想文化和精神的象征。这恐怕是建造者在建筑之初所没有料到的。另外,九龙壁,影壁等,已经完全脱离了墙本身的功能,而仅具有显示和象征的作用了。

二、建筑组群的艺术特色:由于我国是主辅配套的建筑形式,所以在建筑的组成和布局上既有传统的固定模式也有少数建筑别出心裁的奇妙构思。中国的古代建筑与世界其他体系的院落布局方式有着巨大差异。中国的这种院落的组合和布局是中国建筑又一独特而重要的特色。

由于长期受到儒学思想的影响,国人无论是建筑的风格和布局大都追求一种和谐、含蓄、宁静和内向之感。即使是大型的建筑,虽富丽、宏大、华美,也是稳重和内敛的。这些气质在建筑的组合上就表现为,无论是民间的庭院和单体的建筑,还是统治阶级的

四川隆昌郭陈氏节孝坊

牌坊是一种纪念性的建筑,常建在陵墓、祠堂、衙署、园林中,或街道、里坊、楼口等处,既可作为一种标志,也可用于褒扬功德、旌表节烈等。图中的节孝坊即是用来表彰孝子和贞洁烈女的。

须弥座

须弥座源于印度,原是佛教造像的底座。传入中国后,常用来承托尊贵的建筑,如宫殿或庙宇中的大殿等。须弥座由圭角、下枋、下枭、束腰、上枭、上枋等几部分组成。

第一章 中国古代建筑的基本形式 11

大同九龙壁

山西大同九龙壁建于明代洪武末年，是明太祖朱元璋第十三代王朱桂府前的照壁。整座影壁由蓝、白、黑、黄、紫、绿等色琉璃构件拼砌而成。

福建泉州建筑门窗

福建泉州地区多用红色的砖瓦建造房屋，门窗的色彩也多以红色为主，表现出热烈、明快的色彩感觉，地方特色十分浓郁。

大型组群建筑，直至古代城市的整体规划都有着精妙的结构和布局搭配。以北京的天坛为例，它东西长1700米，南北长1600米，在四千多亩的院落里，设计者只稀疏地点缀了几个建筑群，而以大片的青松翠柏营造崇高和肃穆的氛围。不但不给人以空旷和荒凉的感觉，反而使人觉得空间神圣并达到天人合一的境界。

三、古代建筑色彩的运用：中国从春秋时候起就已经注重在建筑上运用色彩，到明代时其运用手法就较完整和确定了。在我国，对于建筑物的色彩运用，不同的历史时期、地区和民族差异较大。在隋朝以前，建筑的色彩比较单一，但为日后建筑色彩的发展积累了色彩的对比与调和等方面的经验。到了隋唐年间，在建筑的柱子和屋身上兴起了各种彩画，房顶除灰黑瓦外还出现少量的琉璃瓦。宋朝以后，建筑的用色规则基本形成，大体可表述为以黄绿各色琉璃为屋顶，檐下是金、青、红、绿等各色的彩画，白玉石栏杆和红色的墙。到了明代，这种用色的规则形成了一种用色制度，红色已禁止用于民宅。在地方建筑色彩差异方面，总的来说北方多热烈而富丽，南方则比较淡雅和素朴。但这种情况只是一般规律。像广东、福建一带的建筑色彩艳丽，属于例外。

古代的大批园林是出于居住和游览的双重目的被创造出来，既是主要建筑的附属品又自成一统。这些园林大都因地制宜，即利

天 坛

北京天坛建筑群是明清时期祭祀天帝神灵的场所。天坛占地273公顷，整体布局呈"回"字形，外围由坛墙围护，坛墙为北圆南方的形状，象征"天圆地方"。

上海豫园

私家园林是中国古典园林中的重要类型。私家园林因地区的差异表现出不同的风格，但总的来说都追求清雅、明净的空间氛围，文人气息较重。

用现成的资源又加以丰富的联想和创造，创造出不同的意境，经过精雕细刻却又不露痕迹。有山就要有水，有水就要有桥；有树就要有花；有亭台就要有楼阁，追求动与静的结合，明与暗的转换和移步异景的效果。

在晋朝以前，园林多是供狩猎之用，之后才出现以概括自然景色为主的写意式园林。唐宋时期是园林的快速发展时期，由于这个时期经济文化的繁荣，和文人们对于画境与意境相结合的推崇，充满诗情画意的园林风格成为主要潮流。到了明清两代，这种风格被沿袭和固定下来，园林风格就被局限在人造景观这一主题之中，再没有突破性的发展。总的来说，北方以皇家园林为代表，特点是：规模庞大，景观丰富、设施完备，有多重的功能，不只是游览和居住，还用于行政办公，建筑造型庄重，风格稳健。南方则以私家园林见长，特点是：规模较小，主要通过巧妙的构思弥补空间的不足，多以水面为中心，四周设置建筑，组成整体的景区，因为园林以修身养性为目的，所以大都以清新优雅和别致细腻见长。此外随着园林的发展，还出现了专门建造园林的匠人和专门论述造园的书籍。

作为统治阶级对人民进行统治的据点，城市首先是为政治服务的。此外城市都有其共同的特点，人口集中，经济繁荣。我国古代的城市基本上都由三要素组成：行政管理区、居住区、手工业和工商业区。因此城市就成为了一个时代经济、民俗、文化和技术的综合展示台。我国的城市按照布局的演变大致可分为四个阶段：

约从原始社会后期到周朝是第一阶段，也可称之为城市布局不固定期和混合时期：在这个时期，由于生产力的发展，出现了贫富分化和阶级。出于防御的目的，由夯土技术建立起了初级的城市。虽然有了初级住宅和相对较发达的手工业，但那时城中的居民仍以氏族为单位，且城市的三要素相互混合，

北京颐和园佛香阁

皇家园林的出现早于私家园林，规模较大，现存的皇家园林为明清时期建造，分布在北京及河北等地。

第一章 中国古代建筑的基本形式　13

亚酗方彝 商晚期（青铜器）

彝是中国古代青铜器中礼器的通称。已发现的青铜方彝最早见于商代晚期，殷墟妇好墓等商代墓穴中曾出土过方彝。

隋大兴－唐长安平面图

隋唐时期的城市格局方正、规整，如同棋盘。城内功能分区明确，除了宫城、皇城及衙署外，主要由居住区"坊"和商业区"市"组成。

北京故宫外护城河

护城河就是在城池周围挖掘的一圈河道，是古代城市防御工程中的重要组成部分。

没有明显的分区。

从春秋时期到汉朝是第二阶段，也可称之为城市布局相对固定期：这一时期是中国城市发展的第一个高潮，城市的数量和面积迅速增长，城市生活也日趋复杂化。因此就出现了新的城市布局和管理模式，以保证城市的运作和统治阶级的安全：宫殿和其他统治部门分离出来，并用城墙加以保护，居民区和工商业区也分开。为保证城市的安全，开始实行宵禁。但这一时期的城市整体样式还比较自由，有大城包小城和两城并列等形式。

从三国时期到唐朝是第三阶段，也就是城市布局的固定期：这种城市一般呈长方形，宫殿于城北居中，全城的布局比较像棋盘。不仅功能分区明确而且规则严谨，这样不仅城中的交通更为方便，市区的面貌也更加壮观。唐代已有砖包夯土墙的方法，这样城墙就更加坚固。城中的管理也有所松懈，唐朝的文学作品中，已经有反映当时热闹的夜市生活的诗句了。

从宋朝以后是第四阶段，也可称为开放阶段：已经广泛采用砖包夯土墙的方法建造城墙。由于交通运输所带动的经济等各方面的发展，自周朝建立的里坊制的城市模式宣告消亡，夜禁也随之取消。

从我国古代城市的分布上，可以看到，我们的老祖先在选址上同样令人叹服。因为大凡重要的都城不仅都很好地解决了饮水和交通问题，而且在政治、经济、军事上这些城市都具有重要的地位。

由于我国的地理、气候等因素，从商朝起城市的道路就多采用以南北向为主的方格网布置方法。这种方法也不是固定不变的，而是依城市的具体情况而有所变通。古代的城市历来都很重视环境的协调，城市中大多有绿化的布置，唐代的绿化更是成为了一种必备的建制。此外古代城市在消防、排水、供给方面都已经有了系统的建造，积累了相当丰富的经验，有的甚至给现代城市的规划

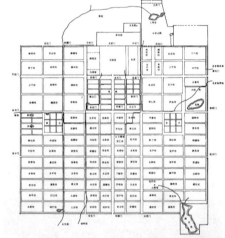

14 华夏营造　中国古代建筑史

和建造提供了宝贵的借鉴经验。

如果说气势雄伟的官式建筑是我国古代高超技术和工艺结合结出的硕果的话，那么散落在全国各个地区的民居就是我国人民智慧和心血的结晶。因为民居是在官式建筑占据了建筑技术巨大空间后，在夹缝中生存的一种建筑艺术。在旧时，许多民间建筑中的优秀手法一旦被官式建筑所采用以后，统治阶级就会反过来限制民居继续使用这些手法。

我国的民居从整体上讲总的特点是：都能充分发挥所处环境和地理的优势，也就是因地制宜发展出适合当地居住的房屋，并能就地取材，最大限度地达到人与自然的和谐与统一。由于我国的地域广阔，民居的样式也各式各样，所以只略讲其中最具代表性的几个住宅形式以供同学们开拓思路，也可由此认识其他形式的民居。

四合院是最为人们所熟知的建筑形式之一，民居中的四合院形式多样。最具代表性的院落是方方正正的北京四合院。另外还有平面形式为纵长方形，即为东西方向窄、南北方向长的晋陕四合院，以及与之相对的横长方形平面，即东西方向宽，南北进深短的四川四合院。皖南和赣北的四合院为楼房的形式，外部封闭，内部留有一小天井，为"四水归堂"式的四合院。福建一带有

"六壁大厝"，即正房为五开间的横长方形平面的四合院。云南有院落很小、外部造型方整、形状如旧时官印的"一颗印"四合院。在云南大理、丽江一带还有中心院落、四角都带小天井的"四合五天井"式的四合院。西北地区有"外不见木、内不见土"式的'庄巢'四合院。由于上文中已经简介了四合院的平面布局方式，因而不再赘述其构成方法。

下面介绍北方另一种有地方特色的民居：窑洞。在甘肃、陕西等省，分布着大面积的黄土高原。这个地区年平均降水量很少，树木分布稀疏，当地的人们就利用这一特点挖窑洞而居。窑洞可分为靠崖式、独立式和下沉式三种。

四川民居庭院

四川地区的合院式民居与山西地区的合院式民居在平面形式形成对比。简单地说就是，山西的四合院为纵长方形，四川地区的四合院为横长方形。

陕西米脂县姜耀祖宅

陕西省米脂县姜耀祖宅为一处大型的靠崖式窑洞住宅建筑。

山东牟氏庄园

牟氏庄园位于山东省栖霞县，是目前国内最大、保存最为完整的庄园之一。庄园共有六个大院，院内主体建筑多为二层楼房，连同屏门、东西厢房组成四合院。各院四至六进不等，规模庞大。

第一章 中国古代建筑的基本形式

河南平陆县下沉式窑洞

下沉式窑洞主要分布在晋南、豫西、渭北等地。

山西下沉式窑洞

在下沉式窑洞院落的四面墙的上端，盖有窄窄的屋檐，可以减少雨水对墙壁的冲刷。屋檐顶部砌有一圈女儿墙，形成下沉边缘的标记。阻挡雨水流入院内，也防止地面行人不小心跌入院中。

靠崖式就是依山而建，前方开阔，地面是长方形，顶部是拱形，留有一块平地作为院子，充分发挥了就地取材的优势。但必须在有沟壑或悬崖的地区才能开凿。由于这种窑洞对于地形的要求较高，所以一般都是多口窑洞并列存在的。排列的顺序分别有多口窑洞按之字形和S形并列的折线形，和像台阶一样并列的等高线形两种。这种窑洞的特点是，便于采光和通风，但受地形的限制可能因居住地离水源和耕地很远而给居住带来诸多不便。

于是一种新的窑洞形式产生了，它就是独立式窑洞。独立式窑洞用土坯或砖，或版筑砌筑拱券的方式建在地面上的窑洞式的房屋，屋顶覆土，它兼具房屋的建筑地点灵活性与窑洞建筑节省木料、冬暖夏凉的优点于一身，所以不受地形的限制，建造方便。

黄土高原上也有面积广大的平原，由于没有现成的沟壑可以利用来直接开挖靠崖式窑洞，于是在这些地方又出现了一种窑洞建筑的形式，下沉式。这种方式可以说是靠崖式的变通。它是在平地上向下挖出一个方形的凹陷大坑，人工造出垂直的"崖壁"，再按靠崖式窑洞的样子开挖，通常由四面窑洞组成一个地下的院落，其中一孔窑洞作为门洞，经坡道或台阶通往地面。这种院落的高度和长宽尺寸一般都形成一种相对固定的标准，既便于居住、出入，也便于开挖并保证窑顶有安全的厚度。这种窑院的顶部往往设有一圈女儿墙，避免人跌落又防止雨水流入院内。

福建圆形土楼

圆形土楼是福建土楼中最具特点和代表性的一种民居建筑。

底部设有渗井以备雨量大时之用。除了一般窑洞的优点外，这种窑洞的优点还有抗震性和防火性强，建筑寿命也比较长。其缺点是，占地面积大，出于对窑洞的保护，上方不能够栽种植物，造成了土地的浪费；而且窑洞内部也比较潮湿。这种建筑的方式是窑洞民居中最珍贵的一种，也是中国所独有的。

在南方，作为极富原始特点的传统民居建筑形式之一的土楼，无论从研究角度或欣赏角度来说都是非常有代表性的。

古代的中国战争频繁，与战乱相比，历史上稳定和平静的时候大都十分短暂。为避战乱，就有部分中原人向南迁徙到福建西南部山区，成为"客家人"。在与当地的原住民争夺土地的战争中，他们创造了既保护自己又适应山区环境的住宅形式，经发展成为了独具特色的土楼。当然，在福建生活的闽南人区域，也有不少优秀的土楼实例。但远没有客家人居住区域的土楼那么集中。

作为有悠久文化的防御性土楼的代表，我们从五凤楼上可以看到这种建筑的特色。五凤楼具有许多中原地区的建筑风格，它由一组带有纵轴线的建筑构成，总体上是前低后高。这种建筑形式不仅是与所选的地形相吻合，而且也与居住者的辈分高低有对应关系。可以说是中原地区多进式四合院的放大，不仅外形上赏心悦目，空间也很适合人的居住，但它需要大量的建筑材料，所以花费很大。但是防御的功能并不完善，在此基础上出现了一种更进步的土楼，方形土楼。

早期的方形土楼还保持了一些五凤楼的样子，以后则越来越简单，最后形成了下部四方、上部屋顶四角相连的建筑模式。方形土楼的内部形式可以分为单元式和内通廊式，后者的应用较多。即是每一楼层靠中心院子的一侧设一圈走廊，走廊另一侧设房间，每个房间有门与廊相通。单元式方楼为每户都拥有从底层到顶层的独立单元，但每一层都和邻居互不相通，每户内部以楼梯相通。外墙一般除顶层留有窗户警戒和射击之用外，以下不设窗户，只靠楼内走廊一侧的门窗采光和通风。一般一个家族拥有一座土楼，土楼的房间位置没有明确的辈分差别，但在楼内后侧底

方形土楼

方形土楼的平面呈方形，包括正方形、长方形、日字形、目字形等。方形土楼内部布局一般分为内通廊式和单元式两种，其中以内通廊式居多。

单元式土楼

单元式土楼是指土楼内部空间分配采用单元式，具体指土楼内的每一户都独自拥有从底层到顶层的独立单元，左右均不与邻居房屋相通。

第一章 中国古代建筑的基本形式

土楼的外墙

土楼民居的外墙厚重结实，常见的形式为下部用石头砌筑，上部为夯土墙。

层设祖堂，以供祭拜和议事之用。

土楼中最为独特和最具魅力的要数圆形土楼，这种形状的土楼既节省材料又利于防御。圆形的土楼中又数一圈套一圈的层层相套的形式最为特殊。外面一圈最高向内依次变低，通常里面一层只及外面的高度的一半，这样既是防御的需要也有利于采光和通风。这种圈圈相套的圆楼最里面的部分都是祖堂或祠堂。土楼的地基多用鹅卵石铺就，墙体以版筑营造。为了使墙体更加坚固，夯土多采用黏土或三合土。所谓三合土是以石头风化土为主，加上沙、石灰和木屑，用米浆、红糖水和泥等混合而成的土。另外在筑墙时还要加入竹子作为墙筋，以加强墙体的抗剪性能。这和现代建筑中加入钢筋有相同的作用，这一点不得不使我们叹服。这种土楼有着极强的防御功能，不仅是墙体厚，而且门也坚固，有的楼门上设有开口，以便在敌人用火烧门时向下倒水灭火，像这种细节上的处理，透出了建造者缜密的思维。

与方方土楼一样，圆形土楼也分为内通廊式和单元式两种。现存最有名的内通廊式土楼是建造于1709年的福建省永定县高头乡高北村的承启楼（客家人的），它由内外四圈组成，规模宏大。最著名的单元式圆楼是

建造于1770年的华安县仙都镇大地村的由24个单元构成的二宜楼（闽南人的）。

各式各样又各具特色的民居建筑既继承了传统，同时往往又有所创新。传统民居是我国古代建筑中不可或缺的一部分。

我国是一个多民族的国家，少数民族的建筑也是具有突出的成就和个性的。其中以藏族、维吾尔族和傣族以及侗族等建筑形式为代表。

西藏的建筑受藏传佛教的影响，借鉴了

西藏桑耶寺

常见的藏式佛教建筑的布局形式是建筑的中央有一个庭院。庭院的四周为木结构的两三层的围廊。主要殿堂位于建筑后部的中央，为设置佛像的位置。大的寺院为透层空间，佛像可以有几层楼高。

云南西双版纳勐遮景真寺的戒堂

少数民族地区根据当地的文化特色及环境特点创造出各具特色的建筑,丰富了中国古典建筑的类型和文化内涵。图为云南西双版纳勐遮景真寺的戒堂。

一些汉族的建筑特点,自成一体。有着高原的粗犷和宏大的地域特点,也有着明快而鲜明的色彩。以西藏最宏伟的建筑拉萨的布达拉宫为代表,它是政权与神权的合一,是我国和世界的建筑艺术珍品之一。

新疆维吾尔族的建筑受伊斯兰教的影响,其建筑以清真寺为代表。寺院的大殿坐西向东,以使信徒朝拜时面朝着西方的麦加。建筑多用砖砌而成,有着大小不一的尖拱和穹顶。造型稳定匀称,气氛庄重肃穆,给人以高度的统一和谐之感。以中国最大的礼拜寺,位于喀什的艾提卡尔大寺为代表。

位于云南西南的傣族建筑受小乘佛教的影响,与相邻的受泰国和缅甸等国的建筑形式较为近似。几乎每座村寨都有佛寺,佛寺也已经超出了宗教的意义,常用于解决纠纷和庆典等日常活动。所以建筑风格较之内地和西藏的佛寺就显得亲切了许多。它的建筑特点主要体现在佛殿的顶部,以西双版纳勐遮景真寺的戒堂顶为例:它从上到下、从小到大有十层,分八个方向呈放射状的若干两坡悬山顶组成,全部八十座如鱼鳞似的小屋顶群组成一个大的屋顶,十分壮观。

侗族的建筑以风雨桥和鼓楼而闻名。尤其是风雨桥,十分注重选址,常建在风景俊秀之所,建成后不但可以在桥上欣赏到美丽的景色,建筑本身还能成为景色的一部分,可谓锦上添花之笔。鼓楼是侗族的公共议事厅,外形很像杉树,体现了人对于大树的崇敬,风格秀丽,纯朴。

中国古代,人们对于建筑文化认识领悟很深,对于建筑的艺术要求更全面、更深刻,使得中国古代建筑具有浓郁、鲜明的文化特色,将上层建筑与经济基础的关系,恰到好处地发挥到了极致。中国古代传统的建筑观念,将物质到精神、精神到物质的相互转化、互为影响的理念与形式、构成与内容、抽象与现实这些对立概念之间的关系,体现得彻底、涵盖得广泛。在这种基础上,中国古建筑艺术体系形成虚与实、功能与寓意、结构与装饰、简约与华丽的丰富的语法,组成了众多华美的建筑文化篇章。

中国古建筑的审美实体存在于空间,也存在于时间之中。错落有致的空间结构,绵延醇厚的时间序列,使中国古建筑发挥得神韵天成,气势磅礴,永远都充满了鲜活的生命力,散发着熠熠光芒。

中国古建筑集艺术兼技术之大成,与音乐、绘画、诗词等都相互契合,尤其是中国园林建筑艺术,如流动的音乐旋律,或婉转低回、或高亢激昂、或淡泊傲视,跃然出现在人们面前,让人探寻不止,余味不尽,联

第一章 中国古代建筑的基本形式

浙江嘉善西塘民居

当建筑与水产生联系后，优雅的意境悄然而生。白墙黑瓦在古树溪流的映照下，给人以明快的感觉，素雅清淡，韵味无穷。

想深远。中国古建筑如一幅幅浓墨的写意山水画，传神富有神韵，虚实相互结合，勾勒出超然不凡的建筑形式。中国古建筑空间形象具有无声的诗情之美，无数文人墨客有感于建筑所固有的诗情画意，写下流传千古的文学作品，如《滕王阁序》、《醉翁亭记》等，其蕴涵的深刻哲理和审美情趣，情深意切，隽永高远。中国古建筑追求的是寄情于景、情景交融的境界，通过外在的形象和深厚的文化内涵，激发人们去想象，营造出建筑的艺术空间，这种"意以像尽，得意忘像"的境界，达到了物我同一的境界，升华了人心迹的物化。

以上是关于我国古代建筑的综述，下面我们将分章节细述。

福建武夷山余庆桥

中国传统建筑在注重使用功能的同时，往往也会考虑到其观赏性。如福建武夷山余庆桥在屋顶上又附加飞檐翘角的装饰屋顶，使桥体立面层次更丰富，造型更圆润。

第二章 先秦时期的建筑

第一节 发展综述

中国古代建筑经历了原始社会、奴隶社会和封建社会三个历史发展阶段。原始社会的建筑是中国土木相结合的建筑体系发展的技术渊源。穴居发展序列所积累的土木混合构筑方式成为跨入文明门槛的夏商民众直系延承的建筑文化,也自然成了木构架建筑生成的主要技术渊源。巢居发展序列所积累的木构技术经验,也通过文明初始期的文化交

河南偃师县汤泉沟袋穴

姜寨聚落遗址

姜寨聚落遗址建立于约公元前4600年—前3600年，位于今陕西临潼县城北姜寨。姜寨遗址是黄河流域保存较为完整的以仰韶文化为主的聚落，展现了母系氏族社会的社会结构和生活方式。

窑洞（右图）

下沉式窑洞是由古代穴居演变而来的一种住宅形式。

河南偃师县汤泉沟竖穴

竖穴是指从地面垂直向下挖掘的一种穴居形式，深度较大，面积较小，因其断面呈袋形，也称袋穴。

仰韶文化时期的大房子

在西安半坡村仰韶文化聚落遗址中发现了一座体积较大的建筑，也就是"大房子"。大房子约出现在母系氏族社会，是氏族首领及老人、儿童等弱势群体的居住场所。父系氏族社会依然有大房子，不过在某些方面发生了变化。

流，成为华夏民族木构架建筑生成的另一技术渊源。在生活实践中，人们对原始建筑不断进行改造和作设计上的新尝试，因此在建筑的空间组织已经有了一定的经验。

第二节 原始社会的建筑

我国的原始社会大约是从五十万年前的旧石器时代初期起，到公元前21世纪结束，也就是我国历史上第一个王朝夏朝之前的

一段时间。古代原始社会的居住方式主要有巢居和穴居两种住宅形式。由于我国地域辽阔，各地区的原始文化并不是同步发展的。所以我们只以黄河流域黄土地带的穴居，和长江流域沼泽地带的巢居，这两个中华民族原始建筑的主要发源地为例对这一历史时期的建筑予以阐述。

黄河流域黄土地带的穴居及其以后在此基础上的发展是中国土木混合结构建筑的主要渊源。穴居的发展大致分以下几个环节：原始横穴居、深袋穴居、袋形半穴居、直壁半穴居、地面建筑。这个过程早在母系氏族公社时期就已经完成。原始的穴居是对自然穴居的简单模仿，就是在黄土的崖壁上挖出横穴，但因为这种方式最易于操作且经济实用，所以虽然穴居在以后经不断地发展，许多种早期的穴居形式在其后逐渐被淘汰掉了，但横穴却在不断发展的基础之上保留了下来，这种横穴的现代形式就是窑洞。

由于横穴居受地形的限制，在没有垂直天然崖壁的地方就无法开挖，加上横穴上部的黄土假如没有一定厚度，穴顶就容易塌落等缺陷，人们又开始尝试新的居住形式，经过不断地改进和演变深袋穴居出现了。深袋穴居是在地面上开一小口，垂直下挖超过一人高度，并扩大内部空间，从穴底和穴壁设支柱和登梯的梯架、顶部斜架椽木，再以树叶和茅草土封住。因整个穴形呈袋状而以此得名。此后经过不断实践，人们为了更好地防风防雨和出入的方便，穴口顶部便发展成为了扎结成型的活动顶盖，由于这种顶盖要经常移动还是很不方便，在长期的使用和摸索中，搭建

在穴口上的固定顶盖出现了。地面上看，这种固定顶盖就像是一个个的小窝棚。

随着棚架制作技术的提高，当人们制作出又大又稳定的顶盖的时候，竖穴的深度也随之变浅了。以前的袋形穴就用于储藏了，这时的人们开始进入直壁半穴居期。这种形式的住所不仅出入方便而且利于通风和防潮。这样，建筑就开始了从地下到地上的过渡。在距今六七千年前，位于黄河流域的母系氏族公社达到全盛期。为代表的文化是仰韶文化，其中以当代在西安半坡村所发现的遗址为代表：这个时期的西安半坡遗址直接反映了由直壁半穴居到原始地面建筑的转变。

从被发现的半坡大型氏族聚落来看，半坡建筑的发展大致可表述为：从半穴居形式，到地面形式，再到地面建筑的内部按功能分隔空间形式这三个阶段。半坡遗址整个聚落的特点是，分居住、陶窑和墓葬三区。半地下和初级的地面房屋环立在位于部落中心的广场周围，面向广场有半穴居的大房子，估计是氏族聚会的场所。整个聚落的周围还有壕沟作为防御之用。

半坡村的房屋有方形和圆形两种形式。方形的多为半穴居形式，通常是在地面上挖出 50～100cm 深的凹坑，四壁或排列木桩或用泥墙构成，住房内部竖四根木柱以支撑屋顶，并且有了区隔独立空间的格局。这是已知最早的"前堂后室"的布局。圆形房屋一般是建造在地面上的形式，四壁是用编织的方法以较密的细枝条加以若干木桩间隔排列构成，上部是两坡式的屋顶。这种用柱网构成的建筑已经显现出"间"的雏形。半坡遗址中的房屋已经是明确的地面建筑，这

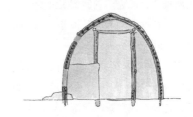

种建造于地面的房屋不仅提高了住房的舒适度，也扩大了住房的内部空间。此外，由于木材的使用促进了人们对木构架的认识以及相关技术和建造经验的增长，也为以后土木混合建筑的发展奠定了基础。

长江流域水网地带的巢居及其发展是中国干栏式木结构和穿斗式木结构的主要渊源。大约七千年前，该地区为沼泽地带，气候温热而湿润，巢居就以其特有的优越性成为这类地区的主要建筑。巢居大致可分为单树巢、多树巢和干栏建筑三个发展阶段。

原始的巢居看起来就像一个大鸟巢，因为它只是在树的枝杈间用枝干等材料构成一个窝。再向后发展，产生了用枝干相交构成的顶篷。为了有更宽阔和平整的居所，人们开始在几棵相邻的树木之间制造居所。但是，寻找地点适宜、相邻几棵树木距离又理想的自然条件的确不易。随着人口的增加，再单纯依靠树木已经不能够满足人们的需要。于是人工栽立桩柱，其上建房的形式诞生了。由于这种方式对木构架的技术要求较高，因此木构件由原始形态发展到了人工制作阶段。现在发现的那个时期的木

古代干栏式民居棚结构

干栏式民居的空间分配是上部住人，下部架空圈养牲畜。

半坡村仰韶文化圆形住房

半坡村仰韶文化时期的住宅主要有两种形式：方形房屋和圆形房屋。方形房屋多为半穴居的形式，圆形房屋一般建在地面上，由细密的木柱搭成框架，再在外部铺茅草或草泥土。

中国古代南方干栏式民居

干栏式民居由巢居发展而来。

卑南生活聚落复原图

台湾屏东县卑南遗址中，出土了大量的石板和石块。考古学家据此推测，卑南人可能是以石头砌筑房屋的地基，再以茅草和木材为材料搭建房屋。

古代干栏式民居梁架结构

早期的干栏式民居结构简单，先用木柱搭建成简易的构架，再在其上铺树枝、茅草等。

仰韶文化时期的半穴居聚落

半穴居是我国新石器时代中期黄河流域的主要建筑形式。

构件已经有了各种榫卯结构，一些地板还有了用于拼接的企口。以浙江余姚市的河姆渡母系氏族聚落为代表。它遗留了大量的干栏长屋木构，这些木构和各种榫卯表明当时的建筑技术已经比较成熟。

所谓干栏式建筑就是在地面打入较密的桩子作为地基，再在上面建筑房屋的建筑形式，这种形式在我国西南、东南地区以及台湾的南部仍被采用。这种结构再向前发展，一种情况是，下部的空间被扩大，逐渐人们在二层以上居住，底部作为存储杂物的空间，这就形成现在的干栏式住宅。但是底层的木柱不再埋入地下，而是直接摆放在地面上竖立。另外，所有的干栏式住宅都在室内保持火塘这样一种兼饮食崇拜的设置。另一种情况是，人们逐渐到地面层来生活，但房屋的木构形式为一柱承一檩，这样就发展成了后来的穿斗式房屋。

远古时代的人由于生产和生活限制，都采用群居的生活方式，这就产生了多座建筑组合而成的聚落。这些聚落不是随便形成的，在建造之前对于聚落的选址、布置、分区和防御性都作了规划，这在母系社会时期的遗址中已经得到了证实。这些聚落就成为后来城市的雏形。我国最早出现可称之为城的时期是在父系氏族社会的中后期，那时由于生产的发展和物质水平的提高，聚落的密度和区域面积都有了较快的发展。在居住建筑方面与母系社会时期的房屋相比，在房屋的用料、结构、室内布局等方面都有了新的变化。室内已经多用白灰面的墙面，且有以泥墙为隔的小房间，房内有火塘和灶房，面积也有所减小，人们多以小家庭形式居住在一起。再由若干小家庭形成部落。由于私有制的建立和权力的集中，以掠夺为目的的战争时有发生。出于安全的需要，人们开始在聚居地的周围筑城，原始的城市由此产生了。

原始社会城市的特点：从它的分布上来看，表现为在一定区域内人们居住地的相对集中。这些城市的组合形式要么是联合型的，要么是主从型的。因此就造成了古城规模的大小不一。因位置的不同，古城的平面形式也有很大差别，有矩形、圆形、梯形等多种形状。总的来说，原始社会的城市都能因地制宜，人们能建造出适合当地的城市形式。这种因地而异的建城方法一直沿袭了下来，成为我国古代城市建设的特色之一。

在城市的设施上，修建城垣是古城重要的防御手段，也是我国古代城市均采用的城池建筑模式。通常城垣外坡陡而内坡缓，是守备的需要。也有的古城干脆建在高高的台地上，再在台地上修筑城的外垣，既节约了用料也节省了人力，这种类型的城市叫做"台城"。通常古城在四面都建有供出入

的门，有时由于城市规模较小也有开两门的例子。也有的古城用天然或人工开凿的河道保护城市的安全，这些都成为我国漫长的古代社会建城的模式。

总的来说，我国原始社会时期的城市及其建筑都处于初级阶段，构制比较粗糙，但是不论在单个建筑还是城市建设中都为后人留下了宝贵的财富。如室内布局、房屋形态、城市制式等都在后人的不断发展和改造中被沿用了几千年，为中国古代建筑及其发展起到了奠基性的作用。

第三节 夏商时代的建筑

大约在距今四千年前，我国出现了历史上的第一个朝代——夏朝。夏朝的活动区域主要在黄河中下游地区，这时有了比较明确的社会分工，农业生产居于主要地位，手工业发展表现为工具制作得更为精细，还出现了少量的铜器。据记载，夏朝已经有挖掘水道以防止洪灾和进行农业灌溉的生产活动，也开始为统治阶级修建宫殿。但这些都只是文字记载，目前还没有实物佐证，所以我们只能从夏朝陵墓出土的文物中隐约地描绘出当时的建筑样式。在夏朝及其晚些时候的陵墓中，人们发现了大量的石器、陶器以及少量的铜器，由此可知，除了陶器在种类和质量上比原始社会时期进步了之外，当时社会的金属冶炼和铸造也都有了初步的发展。以河南偃师二里头一号宫殿遗址为例：

它是晚夏时期的宫殿遗址，是现今发现的最早的大型宫殿遗址，这是一个平整而高度略低的夯土台，其北部正中又有单独的夯土台基，估计就是主体宫殿。在主殿遗址的前面有排列整齐的柱洞。根据今天的推测来看二里头宫殿遗址开创了诸多宫殿建筑的先河：它不仅证明了我国大型建筑在初期就已经采用土木结合的构筑方式，而且建筑也已呈现庭院式的格局，并有了"门""堂"的区分。这些单体建筑形式是我国木构架建筑体系的渊源。

商代是我国第二个奴隶制的朝代，也是奴隶制度的鼎盛时期。它从建立到灭亡约有六百多年的时间，是以父权为中心的政治体系。已经形成了比较固定的象形文字和发

甲骨文中有关建筑的一些文字

四足鬲（商晚）

鬲为古代食器的一种，为炊粥器，新石器时代常见陶鬲。青铜鬲最早出现在商代早期，西周中期以后盛行。图为陕西省历史博物馆藏的商代晚期的四足鬲，圆口、袋足，整体造型浑厚庄重。

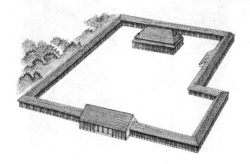

河南偃师二里头夏代宫殿建筑

偃师二里头一号宫殿遗址是迄今为止已发掘的最早的大型宫殿遗址。整体院落布局大体呈折角正方形，四周有回廊环绕。单体建筑采用土木结合的构筑方式，即以夯土为台基，以茅草为屋顶。

第二章　先秦时期的建筑　25

河南安阳殷墟妇好墓平、剖面图

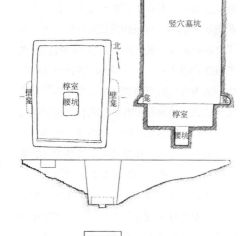

河南安阳后岗殷代墓平、剖面图

殷商时期的墓室构造简单，通常是在土层中挖出一个深坑作为墓穴，两侧有斜面坡道为墓道。大型的墓通常有两个墓道，小型的墓则只有一个墓道。河南安阳后岗殷代墓应属大型墓，从剖面图中可以看到有南、北两条墓道。

河南安阳殷墟妇好墓出土玉人像

殷墟妇好墓中出土文物近2000件，其中有铜器、玉器、石器、骨器、陶器、象牙器、蚌器等，以玉器数量最多。图为妇好墓出土的阴阳玉人。

达的青铜制造工艺，根据当时的象形文字形状和出土的青铜器花纹，我们可以推测到当时房屋的建造有台基式和干栏式两种。从郑州发现的商朝夯土高台的残迹可以看到，这里的夯层均匀、平实且层次清楚，充分说明商代的夯土技术已经非常成熟。

据考古发现，商朝的宫室与平民建筑已经存在巨大区别，宫室建筑大都用夯土的方法建立高大的台基，台基上设置按一定的间距和行列构成的柱网，有以铜盘作为底的柱础，由此可知在商代已经有了规模宏大的建筑群了。在高土台的四周，还有完整的沟壕。在商后期的安阳殷墟宫城遗址中已明显看出依南北轴线组合在一起的建筑组群了。在宫室遗址的附近，考古也发现了一些不规则平面的半穴居，和宫室相比建筑形制要拙劣和低级很多，可见等级制度对建筑的影响。

在这里，我们不能不提及商代的陵墓，因为唐代以前没有留下多少地上的实体建筑，对于早先的建筑形态只能在现存的文献和考古发现中得到认识。相对于很少的有关地上建筑的资料来看，地下当代陵墓为今天的人们留下更多的信息。从商代起，陵墓的建造开始向着复杂化和大规模发展，随葬品也渐渐增多。虽然由于等级的不同而有所差异，但基本上能够比较全面地反映当时的社会风貌。所以作为一个时代的缩影，历代的陵墓和同期出土的随葬品成为我们了解这个时代的一个重要途径。

商代大中型的陵墓内都有数以百计的人殉、乘马及各种器物殉葬，这是早期奴隶社会的重要特点，也为我们认识商代提供了条件。从各地出土的青铜器中我们可以看到，这时的手工技术水平已经相当高超，但由于那时的条件有限，所以青铜器仍属于贵重金属，除少量农具外都用作兵器和祭祀之用器。另据在商代墓穴中的发现，当时的纺织和漆器的制造工艺也具有很高的水平。商墓的形式是，在土层中挖一个长方形深坑作为墓穴，墓底有腰坑，墓壁构小龛。墓穴与地面用斜坡形墓道相连，墓道依穴的大小而数目不等，大型的墓穴一般都按方位设四个墓道。再以夯土回填墓圹，其上不起坟。也有的墓穴不设墓道，商初到商末的贵族多用此种方法，但其原因还未可知。巨大的木料被砍成长方形断面，互相重叠，放置于墓穴底部，构成井干式墓穴，这种墓室称为椁。从其构造可以得知，当时已经有了井干式构造的墙壁了。从出土的青铜器来看，可知当时室内铺席，家具有床、案等。

从原始社会到奴隶社会，是社会形态的一次大的飞跃，也带动了建筑的发展。夏商

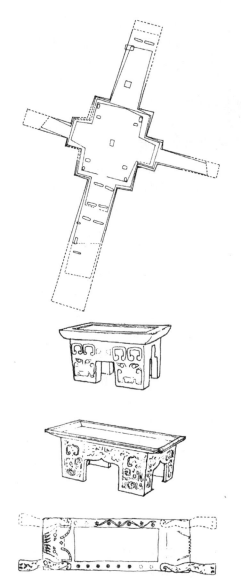

建筑方法了，这项技术经不断发展到商代又有了提高并被广泛应用于屋基、墓圹回填等更多的地方。另外在一些夯土墙的上面还发现了土坯砖的使用，这些砖上下错缝并用黄泥浆黏合，可见当时的建筑构造技术也已经有所进步了。

夏代晚期开始，木构架成为主要的建筑结构形式。因为从商代出土的青铜器中可以看到，部分青铜器是模仿建筑的样式，已经有四坡屋顶和当时木构架的主要使用情况，从当时的宫室遗址上还可以看到有行列整齐的柱孔，商代的宫殿遗址还出现了在柱子底下放置石头为柱础的实例，在柱子与柱础间还有了防止柱子腐烂的特制铜片。现在由于年代的久远而缺乏实物证明，所以我们难以描绘出当时的木构架和它的构造形式。但从上述所发现的实例中，和从已经发掘出的、原始社会时期以榫卯相接的木构架中，我们可以认定，在商代的大型建筑中应该已经主要使用以木构架为主的建筑形式了。另据商代的贵族墓穴中遗存的木制棺椁雕刻纹样和漆器残片来看，商代建筑的内壁已经使用了以红黑为主色调的彩绘。因此推测，在木构件上采用涂漆的形式来保护和装饰也极有可能。

从考古的发现我们可以看到，最迟至晚商，当时的建筑形式已经与现在的建筑有些相似了。因为凡是宫室建筑都是建在土台之上的且平面大都为矩形，这些特点都被继承了下来，并应用到了民间建筑中。且宫室的整体布局已经多以主轴线（主要是南北方向）作对称的布置，从其位置和顺序来看也已经有了功能上的差别。虽然与后世的宫

时期的建筑成就在商代的后期才显现出来，它为中国的传统建筑奠定了基础。中国古代建筑独特的风格是在这个基础上逐渐发展起来的，商代已经逐渐形成了我国古代建筑的雏形。夏商时期的建筑在我国建筑史上起着承上启下的巨大作用。它的成就表现为：

在夏商宫室、王陵和民居等遗址中发现，建筑的主要轴线都大约为北偏东八度，这种朝向可令建筑在冬天获得更充分的阳光。由此说明当时测定方位的技术已经成熟了。用夯土的方法筑城和砌墙是早在原始社会就出现的

河南安阳小屯侯家庄武官村商代大墓平面图

夏商时期建筑的主轴线大约为北偏东八度，以获得更充足的日照。这一点在河南安阳小屯侯家庄武官村商代大墓中也得到了体现。

商代遗址中发现的各式家具（引自刘叙杰主编《中国古代建筑史》第一卷P179）。

河南安阳市妇好墓上享堂复原设想图

妇好墓是商王武丁的配偶之一妇好的墓穴。从墓穴遗址中的夯土台基和柱洞推测，原墓中应建有面阔三间、进深两间的殿堂式建筑，用作祭祀墓主的场所。

第二章 先秦时期的建筑

召陈建筑遗址复原图

从陕西扶风召陈村的西周中期建筑遗址中发现了大量瓦件，表明西周中期的重要殿堂建筑基本上为"瓦"面，完成了由"茅茨"向"瓦屋"的过渡。

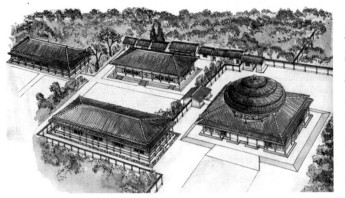

城形式还存有一定的距离，但已经形成了内外二重城垣的制度。这些都是后来被皇城和宫殿建筑所遵从的。

第四节 西周与春秋战国时期的建筑

从武王姬发建立周朝到秦昭襄王灭周，周朝历时七百多年，分西周（公元前1046年~前771年）和东周（公元前770年~前256年）前后两个时期，东周又分为春秋（公元前770~前477年）和战国（公元前476年~前256年）两段。从春秋末期，我国社会开始了向封建社会的转变，到战国时代封建制度逐步确立。因而春秋和战国是中国社会发生巨大变动的时期，这种社会发展的状况必然导致建筑在形式、技术等各个方面的进步。

凤雏建筑遗址复原图

陕西岐山凤雏建筑遗址是西周早期的建筑遗址。从建筑遗址复原图中我们可以看到在建筑的屋脊、屋檐和天沟等主要部位已经开始铺设瓦，标志着中国古代建筑已经突破"茅茨土阶"向"瓦屋"过渡。

西周仍旧奉行"王权至上"的思想，等级制度仍然十分森严，但有了分封土地给其他贵族和大臣形成诸侯国的制度。随着诸侯的势力不断扩大，到了战国初期已形成各个诸侯分立割据称王的局面。因此，周代的建筑无论从建筑的范围和建筑特色上来说都非常丰富。由于民居的用料和结构都很简陋，所以遗留下来的遗址也很少，缺乏代表性。因此这里主要论述宫室建筑。

按照当时的等级制度，周代的宫室建筑因其功能的不同形式也有所不同。但其共同的特点是：宫城建在大城中，宫殿按照中轴线前后依次建设，且已形成了"前朝后寝"的格局，有的还在王宫左右设有宗庙。从西周早期的建筑，陕西岐山凤雏建筑遗址中我们可以较全面地看到当时的建筑风格。

这座建筑是宫室还是宗庙，目前还存在很大的争议，但是从建筑本身来看，不论在其整体布局还是建造技术等多方面都具有典型的代表性。它建造在夯土台基上，整体平面呈长方形，是整齐的两进院格局。从南至北在轴线上依次坐落着屏、门屋、前堂、穿廊、后室。建筑的东西两侧以贯通南北的厢屋相连。整个建筑外垣用夯土墙、内植木桩的方式围合而成，并发现有陶制排水管。这个建筑群落颇具四合院的样式，由此可知，四合院在我国应该有三千多年的历史。

在这座建筑中第一次出现了置于大门前的"屏"，也就是后来的照壁。第一次呈现出明确的"前堂后室"格局，成为以后宫殿格局的基础。另外在这组建筑的遗址中还显示，柱子在纵向上成列，横向则有较大错位排列，加上还发现了少量的瓦，因此可以推断，当时的房屋可能是以纵架和斜架支撑，以夯土筑墙，屋顶部分用瓦的形式建成。由于以上种种的先例和特色，凤雏建筑遗址在我国

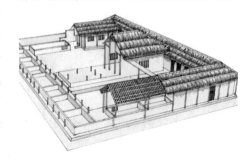

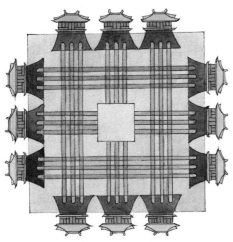

的建筑史上具有里程碑式的意义。

周代的城市按等级可分为周王都城、诸侯都城和宗室的都邑。这些城市在政治上有不同划分，在面积和设施上也有很大的不同。但是这些城市都有了比较完整的建制，各组成部分的职能也十分明确。而且不同诸侯国的城市的差别仅在于规模和各部分的大小上。在战国时期的《考工记》对周王城的记载中，我们可以清楚地描绘出当时都城的样子：都城平面呈方形，分内城与城郭两部分，内城居中，四面各开三座城门，城内有横纵各九条街道垂直相交，并明确地显示了内城为宫城，外城为民居的格局。这说明当时的城市规划和建设已达到相当高的水平，其中宫城居中和方格网似的街道布局方式也成为以后历代都城的建设模式。

我国古人向来有"重殓厚葬"的传统，这在周代表现得也很突出。周代的墓葬大都依血缘和宗族群葬，分为公墓和邦墓。前者是王室和贵族的墓地，后者是平民的墓地。这些墓从形状上来看，都采用矩形平面；从墓穴本身来看，分墓室的大小、封土的深浅以及有无陪葬物等多种制式，西周早期墓穴都不封土，到西周末才逐渐封土并形成定制，以后还发展到在封土上建祭台和祭堂，陵墓外建陵垣等形式；从等级制度和建筑材料上来看，分土圹木椁墓、石墓、空心砖墓以及崖墓等。以土圹木椁墓为最高等级，为帝王贵族所沿用。

另外墓中的棺椁层数和陪葬物的礼器也是区分等级和墓主身份的重要参照物。以礼器为例，一般平民的随葬品只有陶器和少量铜器，而贵族则以铜器为主。西周中后期还形成了以鼎和簋为主的礼器制度，对礼器的数量和制式都做了严格的规定。随葬之物一般都放置在棺内和椁内，但也有另置陪葬墓的。这些各具特点的不同墓穴也反映了当时的风俗习惯、建筑技术水平等社会形态。

春秋至战国是社会发生巨大变动的时期，到战国已经形成七个国家分治天下的局面。随着社会分工细化，社会生产力有了较大发展。各地诸侯国日渐强大，各国的城市随着经济的繁荣，人口的增长，规模也加大了。如齐国的临淄，由于盐业和手工业的发展，已经有了"车毂击，人肩摩"的繁盛局面。位于今河北境内的燕下都遗址，是已知的周代诸侯城中最大的一个。在它的东城民居和手工业作坊区中，有冶铁、兵器及金属货币等多种手工业的制造作坊。由于农业、手工制造业和商业都有进入大发展时期。出现了一系列的铁制工具并被广泛运用，这就为制作复杂的榫卯和花纹雕刻提供了有利条件，加上瓦的发展和砖的出现，又极大地带动了建筑的

周王城示意图

宋人聂崇义在《三礼图》中根据《考工记》所绘的周代王城示意图。城内有9条纵街，9条横街，城四面各有3座城门。

周王城平面图

《考工记》中记载的周王城平面为方形，宫城居中，左右分布宗庙、社稷，也就是所谓的左祖右社。

西周铜鼎

鼎是青铜礼器中的主要食器。在古代社会，鼎是统治阶级等级制度和权力的标志。西周时期的列鼎制度表现得等级制度更为明显。奴隶主等级越高，使用的鼎数越多。

第二章 先秦时期的建筑 29

河北易县燕下都遗址及建筑遗迹实测图

燕下都是战国时代燕国的下都，位于今天河北易县东南，位于中易水和北易水之间。城内外散布着很多夯土台，说明当时燕国的宫室是建在高台之上的。

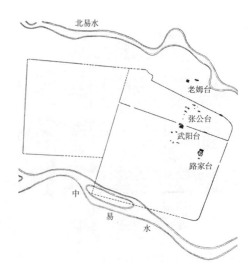

发展。具体表现为：木构建筑的艺术水平和加工技术有了很大的提高，加快了施工效率，从而可以兴建较大规模的宫室和高台建筑。统治阶级出于炫耀权势地位和满足淫靡生活的需要，兴建了大量的台榭建筑。台榭建筑的特点是以阶梯形的土台为核心，分层建木构房屋，带回廊并且出平台并伸出屋檐。这就对木构件的结构样式、制作方法和组合方式都提出了更高的要求。据战国出土的铜器显示，这时的台榭建筑已经出现了勾栏、斗栱、出檐等形象。从河北省境内发掘出土的、战国中山王墓铜版图上所刻的陵园平面图上，我们可看到这块兆域图所显示出的宏大规模和气势，这说明战国时期对大型组群的规划和设计已经达到很高的水平了。

由于春秋战国时期战争频繁，各个国家出于战争防御的目的，还竞相修筑长城。

长城是最为人们所熟知的防御设施。一般来说，人们认为它是建造在北方防御外族入侵的屏障，其实早在春秋时期楚国就已经在今河南境内修筑长城了，其建筑目的是为了防御别国的进攻。到了战国时期，由于各国间的战事频繁，各个国家都开始修筑长城以自保了。长城的建筑形式因地区而有所不同，平原地区的战国长城以夯土墙为主，建于山地的多用在天然陡壁上加筑城墙的方式构成，还有的城墙是用石头砌成的。长城上的防御体系比较完备，由烽燧、戍所、道路等多种部分构成。诸国所建长城中以燕国长城的北段为最长，它西起今河北张家口西，后经河北北部沿内蒙古东南至辽宁阜新开原一带，过辽河后折向东南又经新宾向东，直到朝鲜半岛上。中原一带的长城在秦朝统一天下后多被夷为平地，只有燕国和赵国北疆的长城被秦朝沿用而遗留了下来。

此外春秋战国时期也修建了一些重要的水利工程，如建于安徽省境内的安丰塘相传为春秋时楚国的孙叔敖指挥所建。这座调节性的水库引淠河水停蓄在白芍亭为湖，据说可灌溉一万多平方公里。

战国中山王陵园全景想象复原图

春秋战国时期的宫室、陵墓建筑以高台的形式最为常见。

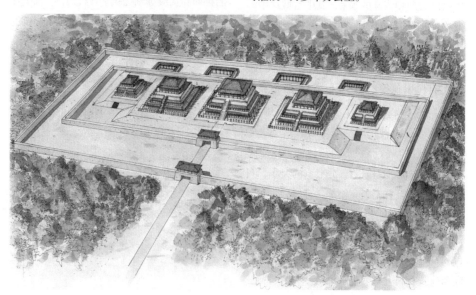

周代大量的金属工具取代了落后的石木工具,随着人们更多更复杂社会实践活动的发展,建筑也在夏商的基础上向前发展了,周代建筑的特点和对后世的影响表现为以下几方面:

建筑中已表现出显著的封建等级制度,周代的等级制度已经形成了体系,并在社会生活的各个方面都付诸了实践,制定出了固定而且细致的法则。建筑在尺度上不仅有严格的规定,而且这些对建筑尺度的规定还上升为国家制度。这些制度在每个地区和国家又有所不同,不仅有高低的等级之分,不同类的建筑物也有不同的衡量标准。例如宫室的面积、城墙的高度、门的数量等都有不同的规定,陵墓墓圹的大小、墓道的多少及棺椁的层数也都按等级分不同的制式。因此还出现了专门丈量建筑尺度的官吏。出土的中山国《兆域图》还说明,当时已经有了按比例把实体建筑缩小的平面图。

木梁架的建筑方式在周代被广泛应用,并且屋面的构架也从原始的随意做法开始向抬梁式过渡。从周代的建筑遗迹中我们还可以看到,为了增加木柱的稳定性已经有了在柱子下面置柱基的做法和把木柱夯在土墙中的做法。并且为了建成高大的建筑,还有利用在天然地形或多层夯土台上建造房屋的做法,这在以后的秦汉时期仍被应用。此外一种对后世影响巨大的建筑构件产生了,它就是斗栱。从周代中后期以来青铜器上原始社会建筑的擎檐柱就已经消失,西周时期的铜器已经有了比较成熟的栌斗形象,在战国的铜器和木器中也已经有了斗栱的组合形象。也许当时斗栱已经成为建筑的主流,这也是周代的建筑特点之一。

我国建筑技术的进步和发展还来自于

长城

春秋战国时期战事频繁,各个国家为加强军事防御,纷纷修筑长城。秦统一全国后,这些长城多被毁,只保留了燕国和赵国北疆的长城。

外双钉板瓦(西周)

周代瓦作技术有了较大的发展,还出现了半圆形的瓦当。图为西周时期带双乳钉的板瓦。

西周车马坑复原图

周代的墓葬制度很复杂,具体反映在墓穴的大小、棺椁的多少、明器的数量、种类以及有无殉人、车马坑等方面。根据这些能判断出墓主生前的身份地位,比如只有在大型的墓中才有随葬的车马坑。

第二章 先秦时期的建筑

内单钉板瓦（西周）

图为西周时期带乳钉的板瓦。

空心砖（西周晚期）

从已知的实物看，空心砖最早应出现在西周晚期。

地和包裹在夯土墙壁外部。陶制水管主要用于给排水，也有陶制的井圈，但由于易碎和口径太小而被以后的砖石所代替，是木制井圈向砖砌井圈的过渡。

周朝已经有了一套比较完善和通用的建筑制式体系，各类建筑都有上下、亲疏、内外之分。此外在建筑的选址和建造方面也都注意突出地位或皇权，如王宫要建造在国都中央，主体宫殿都规模宏大等等。并且这些单体和群落建筑都以中轴线为准对称地进行建设和布置，内部大都依前后顺序分为朝廷和寝宫两大块，并于朝廷左右设置祭祀建筑。这些小至建筑样式、宫门数量，大至城垣角楼制式的建筑布局差别，在以后官式建筑中被保留了下来，并被当作法则予以遵守。

周朝的墓葬仍以土圹木椁为主要形式，但增加了封土和在墓穴上建享堂的内容，从而形成了一个以墓葬为中心的陵园建筑，这种建筑形式被后世的帝王们所承袭。我们今天丰富的文物资源有相当大一部分来自帝王、诸侯和权贵的陵墓。

在周朝还出现了我国最早的专门论述建筑及其制式的文献资料《周礼·考工记》，这为我们全方位的了解当时的建筑情况和建筑布局提供了重要的参考资料。

陶质的砖、瓦等制品被广泛应用到建筑上。它不仅在建筑的外观和装饰方面，在建筑的构造和结构方面也产生了很大影响。

周初期瓦的使用仅在屋脊、檐口等少数部位，分为板瓦和筒瓦两种。到了周中期以后，陶瓦开始被铺设在整个屋顶上，因此瓦的大小和形状发生了变化。还出现了用于保护檐口木椽的半圆形瓦当，经发展瓦当表现被刻以花纹有了装饰的作用。到了战国末期，出现了圆形瓦当，这种样式历经两千年都没有太大的改变。由于瓦的出现与大面积应用，使屋顶负重增加，这就促使屋架向抬梁式转变，推进了屋架的结构发展。用瓦覆顶的房屋有了很强的防水性，改善了建筑质量和居住条件。这些变化就成为了屋顶扩大和建筑物随之扩大的技术基础。

东周瓦当和瓦钉

从已出土的实物可知，东周时期的瓦当以半圆形居多。

陶砖的使用始于西周晚期，一般是体形较大并且表面有花纹的方砖。多用于铺

东周瓦当

第三章 秦汉时期的建筑

第一节 发展综述

战国后期,七国之中的秦国开始强大起来。公元前221年秦终灭六国建立了我国历史上第一个中央集权的封建大帝国。由于统治者残暴的统治,秦朝(公元前221年~前207年)只有15年历史。但是秦始皇统一了度量衡和文字,并且集中了全国的能工巧匠投入大量的人力物力在修建宫院、长城和陵墓上。由于这些措施,使原

阿房宫图轴

据《三辅黄图》、《三辅旧事》等资料记载,阿房宫位于长安西南,建于惠文王时,秦始皇时加以扩建。宫殿的范围相当广大,但现在没有具体的实物得以考证。

蓬莱仙岛图(左图)

秦汉时期的建筑不仅规模宏大,并且多追求奢华靡丽的风格,仿照传说中的海上仙山的意境布置建筑。

秦咸阳宫一号宫殿遗址立面复原图

咸阳宫位于渭北,是秦始皇没有统一全国之前其先祖秦孝公所建。

辽宁绥中县"姜女石"秦代建筑遗址位置图

20世纪80年代初,考古工作者在辽宁省绥中县"姜女石"沿海一带发现了六处秦汉时期建筑遗址,据考证为秦汉时期的离宫及附属建筑。

秦代铜车马

秦始皇陵出土的车马俑,造型规整,生动地再现了秦代车马出行的场景。

来各个地方的建筑形式和不同的技术经验得以融合并相互促进向前发展。

第二节 秦代的宫苑建筑

秦代大兴土木建设,其宫室规模之大,离宫别苑数量之多都是自夏商以来前所未有的。咸阳是秦朝历来的都城,统一各国后秦始皇又在原有都城的基础上兴建数量众多的新宫,形成了以咸阳信宫为各宫中心的建筑群。从咸阳的地形上来看,呈现北高南低的地势特点,在北部的丘陵一带残留有高大的夯土台基,且互相之间又有夯土基台相连,估计是当时流行的高台建筑遗址。

功能上,信宫是大朝,原有的旧宫成为后宫。此外信宫前还建有供太后居住和皇帝避暑的甘泉宫。不仅如此,秦始皇还计划修建更大的一组宫殿,朝宫。众所周知的阿房宫是这组建筑的前殿,但没有等到竣工,秦朝就灭亡了。史传,阿房宫也被项羽付之一炬,并且从此就开创了焚、毁前朝宫殿的先例,使中国的古代宫殿难存于世。现在我们所能看到的只有阿房宫残留的长方形夯土台和秦瓦了,即使是这样,它的面积也有明清紫禁城那么大,可见当年阿房宫宏大的气势和富丽的景象是我们后人难以想象的。

秦朝所建的离宫别苑众多,但大多都已无从考证了,这里以"美女石"宫室建筑群遗址为例来分析其特色:

此处遗址位于辽宁省绥中县的沿海一带。为了最大限度地满足统治者消暑观景和长寿永生的求仙欲,所以宫室主要建造在临海的台地和岩石上,总体布局是根据地形分为三个台面,全部建筑依等级和功能分置其上。以主体建筑石碑地宫殿为中心,其东北是供皇帝起居的场所,西侧是官吏和其他人员的住所。四周环以垣墙,在皇帝的居所等重要地区还加筑第二第三道围墙。从遗址我们可以看到,整个离宫的建筑分布得错落有致,突出了主体建筑的地位。

秦朝的历史短暂,城市多承袭周代已有的城邑,但秦朝的城市早已被人为和自然等因素所毁坏,相关的记载也很少,所以对于秦朝的都城我们不是很了解,只能从城内的

布局大致描摹出整个城市的结构。在渭水以北和以南是宫室部分，宫室又分为正宫、别苑和六国诸侯的宫室。宫区东部和西部有手工业作坊区，从位置上看东部的作坊应该是为宫廷服务的官营作坊。又从西区发现的众多水井来看，这一区的制陶业应十分发达。此外在手工业区内还发现了数量和布置方式不同的陶制排水管，分为多种形式。

由于秦国在营造宫室上就追求大规模和大气势，所以作为我国历史上的第一个皇帝的陵墓，秦始皇陵不但以其前所未有的超大规模和恢宏的气势震惊世界，而且就其格局和形制来说也是古代帝王陵墓的典范。

秦始皇陵位于今陕西省境内的骊山附近，经航测测定为以南北长轴为基准建立的矩形陵城。因陵内大部分建筑都是坐西朝东，因而该陵墓的主轴线为东西向，且主要陵门在东侧。有内外两层城垣，城垣由夯土构筑，四角建有角楼和陵门。内城有大型建筑的基址，据考证应为寝殿和便殿等建筑群。另外在内外城西门以北还发现有三组建筑基址，从出土的金银编钟和铜灯残片来看，这个建筑群有着非常重要的用途。外垣以外分布着陵园陪葬墓、陵园铜车马坑、随葬坑、兵马俑坑、刑徒墓葬和建材加工场等。整个陵园布局合理，充分显示了我国皇室陵寝建筑的布局传统，构思缜密。由于整个皇陵建于骊山脚下，在陵园外修建了防洪大堤，以保证陵园和各附属设施的安全。

经探测，在陵园的中心地带有面积巨大的矩形地宫，以埋置棺椁。但因尚未开掘所以其内部的构造与结构人们并不十分了解，据航空测量只知墓室平面为矩形，南北各有藏室一座。根据商周两代的墓室结构和用料推算，可能仍以木构为其主要结构，但因其规模巨大，因此也可能有金属和石料的梁柱。在地宫中部有汞的异常反应，正符合了史记中对秦始皇"以水银为百川"的论述。

秦始皇陵最具特色和最为人们所熟知的当属兵马俑了，陵园兵马俑坑位于东陵门北侧，由四个坑室组成。总面积达两万多平方米。前三个坑室均为土木混合建筑，四号坑室未完工。一号坑是矩形，平面布局像一个带回廊的九开间殿堂，坑内是38路纵队的陶质步兵和与真马同等大小的76辆马拉战车。值得一提的是，在一号坑内有一段不错缝和无粘结材料的砖砌边墙，且坑底均铺设了条形青砖。这是目前已知条砖用于铺地和砌墙的最早先例。二号坑平面是曲尺形，由夯土墙分为四区，各区以门洞和夹道相连。第一区置步军弩手陶俑；第二区置四马战车64辆，步军192人；第三区是战车、骑兵、步卒的混编军队，第四区以骑兵为主

兵士俑

秦始皇陵中的兵士俑大小与真人相差无几，姿态各异，或立、或跪、或半蹲。根据布阵情况以及兵士动作和车马的组合来看，则有骑兵、步兵、车兵、弩兵等。

车马俑

秦始皇陵出土的车马俑。

秦始皇陵兵马俑一号坑

秦始皇兵马俑一号坑大型军阵模拟场景。

长城山海关澄海楼

秦长城西起临洮（今甘肃岷县），东至辽东，它是把原来秦、燕、赵三国的长城连接修筑而成的。

太阳云纹方砖（秦代）

秦代的砖种类颇为丰富，有空心砖、条砖、拐子砖、券砖等，一般为模制。

圆筒形铜建筑构件（秦代）

从出土的实物可知，秦代建筑中已经使用铜制建筑构件了。

郑国渠灌区示意图

郑国渠开凿于公元前237年，是秦王在水利家郑国的建议下开挖的。据《史记》记载，郑国渠流经今陕西省的泾阳、三原、高陵、临潼、阎良等县，灌溉面积近20万公顷。

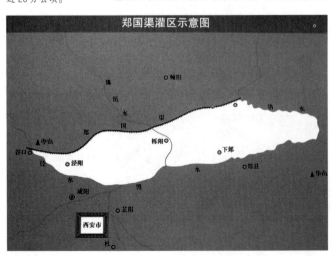

也有四马战车若干。三号坑的平面为"凹"字形，室内除有列步的兵卒外还有祭祀用具，且有职位较高的军官和军俑，因此推断三号坑大概是以上两个坑室兵马俑的指挥机构。

对于长城的建造和修缮自战国以来从未停止过，秦统一六国后，除保留了燕赵北疆及秦国原有的部分长城以外，秦政府毁了七国间的所有长城。而后又对北境长城进行了一次大规模的整修。大致可分为东西两段。东段是原燕长城所在，自辽宁阜新县以北至内蒙古化德与商都两县之间。西段有两道长城，一道是原战国时秦朝的长城，一道是战国赵长城旧址，始皇时大将蒙恬将其用作北击匈奴之用。

因长城沿线地形地貌的不同，使得城墙的建造材料也有所不同，有的借助于山岭用石料筑成，有的用黄土筑墙，还有的以沟堑代墙，还有的在山口处以土石混合砌造而成。现存的秦长城多以石料为主。

秦王朝另一项巨大的工程就是驰道。它是带有军事性质的通往各地方的交通要道。主要是通往各经济、军事、交通上的中心城市，或名山大川和皇帝的别苑，相当于今天的国道。秦代的驰道四通八达，不仅解决了各地的交通问题，而且促进了经济的发展。

秦王朝还修建了许多大型的水利工程，这些工程的建造是与秦兼并六国的进程同步的，由此可见当时的百姓为此付出的代价。以郑国渠为例，它是当时规模最大的水利工程，主要用来灌溉农田，修建完成后被历代所用。从它的位置上看，当时人们已经有了丰富的水利知识和施工经验了，因为它整体是沿山麓而建，位于灌溉区的最高处，所以就能够利用与耕地间的高度差实行自流灌溉，节省了大量的人力物力。

秦朝还开挖了我国最古老的运河之一——灵渠，它位于湘江上游与漓江上游之间，巧妙地将其设计成了"人"字形的堤坝和两道引水渠，使这项工程具有截江、分水和导流三重功用。而且还成为以后历代在南方的交通要道，带动了对我国南部疆土的开发。

由于秦朝统一了各国，在营造建筑上又集中了各地的工匠，因此不但综合运用了各地的建筑经验，还在此基础上有了创新和发展。下面以建筑材料和技术为例向大家作进一步的说明。

夯土在中国古代早期建筑中具有重要地位，秦朝也不例外。加之秦朝大面积建筑宫殿、陵墓和长城，因此夯土工程仍是秦朝建筑的主流，但是其夯土层较薄，层次清晰且质地坚实。

虽然秦代修建了大规模的宫殿，但仍采用在夯土台基上架木构的方式建造多层建筑。皇家建筑是最能够体现所处时代的建筑

技术水平的,但咸阳的宫殿也只有两层,且布局的方式没有新的发展。可以看到当时对于木建筑的多层结构问题还没有很好的解决之道。目前,对于秦朝的木结构实例,我们从兵马俑坑的木构架中有所了解,其他建筑的木构件已无从考证。但从战国后期出土的仿建筑的铜器中,我们已经能够看到像斗栱之类的木构件了。又据秦朝时宏大奢华的宫殿来看,应该已经使用这些构件了。大规模的营造活动使制陶业在秦朝也开始繁盛起来,无论在种类和数量上都有了很大的发展。其中尤以陶瓦最为种类繁多、数量巨大。因为秦代的宫室顶部已经尽铺陶瓦了。当时的陶瓦分板瓦和筒瓦两大类。板瓦较大而筒瓦较小且多具有瓦纹。现在,当我们谈论有关古代建筑的时候常会提及"秦砖汉瓦",其实砖在秦代并没有被广泛应用,只是多用于铺地和修筑城墙,且修筑城墙也只是用于包砌并没有作为主要材料应用。另据考古发现,当时砖的砌法也较为原始。相对来说秦代所使用的砖多是陶砖,有空心、方、条等多种形状,也有用于特定部位的异形砖。空心砖一般体量较大,多用作建筑的踏跺表面,并印有花纹,方砖和条砖表面也刻有花纹,多用于铺设地面。

第三节
秦代的工艺及建筑技术

秦代陶制品的另一项巨大贡献就是举世瞩目的秦始皇陵兵马俑。它是秦代制陶工艺、造型艺术和人文风貌等多方面的展现。令人称奇的是,皇陵中数量巨大的兵马俑及与之相配的战车不仅均为实物大小,且有将军、弩手、步兵等工种之分;各种兵俑不仅站、坐、蹲、跪形态各异,且各人面貌甚至发束也都各有不同。各类陶俑都由多部分组接而成,我们很难想象如此浩大的工程要用多少人力物力。我们先不说数目众多的巨大墓穴是怎么挖掘出来的,也不说宏伟的地面建筑,单就陶俑的制作上来说,就要经过制作、烧制着色、运输安装等诸多环节。加上与之必需的原料、燃料、工具的预置,就已经是前无古人了。我们叹服于秦代劳动人民所创造的这个奇迹和工匠们高超的技艺,并为古今中外都没有与之相媲美的建筑而骄傲不已。

西周时期就被用于城市中给排水的陶管,在秦代不但被大量运用且形状也有改进。呈一头大一头小的陶管道更有利于相互套接,且出现了特制的陶弯头,使陶管道

脊瓦(秦代)

秦汉时期脊瓦有了显著的发展,这说明秦汉时期建筑的脊饰越来越丰富。

陶俑

最能体现秦代制陶工艺水平,非秦始皇陵兵马俑莫属。

第三章 秦汉时期的建筑

铁制构件（秦代）

从已发现的秦代金属构件来看，铁制构件数量很少。

秦始皇陵兵马俑坑

秦始皇陵位于今陕西省临潼县东骊山南麓，建于公元前210年。目前尚未发现陵内建筑情况，但在陵东挖掘出大量的兵马俑，揭示了秦始皇陵的宏大规模。

甘肃玉门关烽火台

秦代长城城墙的结构以夯土为主，图为秦代修筑的长城玉门关烽火台。

的铺设更为方便。除了这些以外还制作出了供排水和给水的陶漏斗和贮物的陶盆。

石材在秦代多用于修建长城、驰道和水利工程，在建筑中应用很少，仅见于柱基和水道等小的部分。在秦始皇陵发现有大的石料加工场遗址，但其产品却未见有大规模的应用，据推测应该都使用在秦始皇陵的地宫之中。至于更深入的情况，只能等到地宫重见天日的那一天才能大白于天下了。

从秦代出土的金属构件来看，可分为铜、铁两类，其中又以铜制品的数量和种类为多数。除有很强的应用价值外，有的还具有很强的装饰性。铁制的构件虽发现不多，但却有了钉子造型的铁器，这在我国营造史上属首次出现。

秦代宫殿的墙面和地面制作技术也相当精良。墙壁按制作方法不同可分为，应用最广泛的夯土墙和全部用土坯砌成的土坯墙等等。墙面的处理方法是，先用麦秸拌泥为基，外用麦糠和泥做面层，再刷白粉。地面多是在夯土基上抹草泥再磨光的方法制成，在咸阳的宫殿中还发现有红色地面，其制作工艺更加复杂且只在少数几处有发现，由此推断红色地面的等级应较高。另外在皇陵内还发现有用石板铺成的地面。

秦朝在我国历史上虽然很短暂，却创造出了古今未有的建筑奇迹，其建筑巨大的规模，辉煌的气势和完整的体系，都是中国古代建筑史上浓重的一笔。在宫室的营建上，由于秦始皇把过去各国宫室都集中于咸阳，且取各国能工巧匠和优良建筑材料于一体建造自己的宫殿，所以可以说是当时建筑

各个方面的总结和集中展示。在皇陵的建筑上，动用了大批人力物力，前后历时三十多年，无论从建筑规模和精巧程度上都是我国古代历朝帝王陵中首屈一指的。皇陵以东西和南北两条轴线为基准，主体部分呈正方形，四周有城垣，地面主要建筑和殿堂建在西侧，附属建筑则置于东侧。整个皇陵有十分完整的体系和显著的特点，这为以后的王陵所效法，是我国古代皇陵建筑史上的一个转折点，因为这在秦朝以前是没有先例的。

秦朝对长城的修筑和扩建对以后各朝治理边疆也大大有益，虽然没有彻底解决外来入侵的问题，但在修筑城台和战备仓库，还有屯田驻军方面却积累了相当的经验，并形成和确立了边城防卫体系，这些都为后来西汉扩建长城奠定了基础，也为后来开通的丝绸之路创造了条件。

秦朝的建筑最主要的特色是宏大。建筑规模大，动用的各方面物资数量大，所涉及的建筑形式种类多，对后世的影响也大。秦始皇对中国的统一，是对战国以前各个国家散乱建筑体制的综合和统一。它施行的诸多建筑制式和建筑传统被后世所继承并发扬光大，至于我国这第一个强盛大帝国对我国其后营造的建筑的影响，因为秦始皇

陵尚未被全部挖掘出土，还有许多谜团没被解开，所以至今还有待于人们的进一步发掘。

秦汉时期的文字纹瓦当（上）秦代的如意纹瓦当（下）

第四节 两汉时期的建筑

汉代（公元前206年～公元220年）分为前后两个时期，前一时期为西汉（公元前202年～公元25年），后一时期称东汉（25年～220年）。秦末农民起义推翻秦的暴政后，大约从公元前206年刘邦统一了中国，建立了一个比秦朝疆域更加广大的王朝，历经二百多年，史称西汉。后经王莽的短期统治和农民起义，汉宗室又建立了另一个统一的国家政权，又历经大约二百年，史称东汉。

汉代铁制工具被大范围地使用，带动了农业、手工业、商业等各个方面的发展，加上西汉初文景两帝的休养生息政策，对汉朝整体国力的增强，人民生活水平的改善，都起了决定性的作用。这种社会的繁荣在当时的建筑上有所体现，如汉都城的规模宏大，宫殿也更加巨大和华美，是世界古代史中的大城市之一。除了都城，还出现了不少有专业职能的新兴城市，如产铁的宛和临邛，产刺绣的襄邑等，许多著名的以商业为主的城市也大量出现，如在春秋和战国的基础之上发展起来的临淄等。由于各具有特色的经济发展区充分发挥了自己的优势，不仅增强了国力，使后来营造大规模奢华的建筑群成为可能，也推动了城市的区域规划发展。

汉武帝（公元前151年～前87年）时为了巩固皇权，实行罢黜百家、独尊儒术的政策，自此形成了中国两千多年的封建统治阶级的主导思想。从东汉起，楼阁建筑逐渐代替了高

台建筑，木质结构的建筑技术水平有了很大提高，木构筑的结构也基本固定为抬梁、穿斗和井干式三种形式。可见中国木构架在汉代已经进入到形成期。受儒家思想影响，汉代陵墓制式更加庞大，但木椁墓也开始减少。除皇帝陵墓外，在秦朝及以前不常用的空心砖、石板等成为陵墓的主要用料，可见当时砖石结构的建筑技术正在迅速发展。

整个汉代是我国封建社会中历史最长久的朝代，兴建了大量的不同风格和功能的建筑，而且由于作为外来文化的佛教在东汉后期才大范围流行起来，所以汉代的建筑依旧保持着粗犷、开阔和布局自由的古典式风格。在建筑实践方面，汉代已经有了很高的技术水平，建筑类别和形式也有颇多类别，所以其后我国大多数的传统建筑都或多或少地有一些汉代建筑形式的

望楼（汉代）

汉代陵墓出土的望楼，陶质的楼阁在一定程度上反映了汉代的同类建筑形象。

第三章　秦汉时期的建筑

西汉长安未央宫第二号建筑遗址平面图

未央宫始建于汉高祖七年（公元前200年），由萧何主持建造。未央宫规模宏大，主要殿堂有万岁、寿安、武台、飞羽、广明、平就、宣明、曲台、宣德等上百座。图为未央宫第二号建筑遗址平面图，据考证，此组建筑应包括正殿、配殿、门殿、庭院等。

影子。汉代的建筑在中国古代建筑史上具有承前启后的作用，也是中国建筑史上最重要的时期之一。但由于东汉末期历经战乱，所以自西汉以来营建的宫殿、城市、庙宇和陵墓大都在那一时期被毁了。

皇室的宫殿建筑历来是权力和财富的象征，汉代的宫殿建设也不例外，甚至比秦代还要奢侈和宏大。下面分别以西汉的未央宫和东汉的洛阳为例说明汉代宫殿的特色：

未央宫是萧何（？～前193年）主持建造的，主体建筑用了九年时间完成，以后经历代不断添造和发展，在汉武帝时才全部完成。是整个西汉政治统治的中心和居住之所。未央宫有前殿，有后宫，有楼阁，有池台，还有种类繁多的附属建筑。近年来又在其遗址上发现了五块建筑遗址，其面积之大，建筑之多，至今仍不能清楚地考察出来其建筑的具体形式。仅以其中的一组建筑遗址为例，这座建筑坐落在未央宫前殿以北，呈以南北为轴的矩形。建筑有正殿、配殿、踏跺、门阙、通道、庭院和其他附属建筑等等，而且有与之相配的水井和排水道。在各殿中的庭院中多以方砖铺地，还发现在

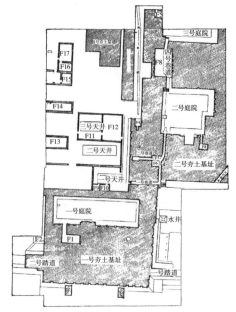

夯土台中有挖掘而成的暗室。

由于秦末的毁灭性战争对于城市的破坏所造成的影响，汉初的宫殿和城市建设还远不及秦代。汉高祖时人们在原秦兴乐宫的基础上扩建为长乐宫，又在其西建未央宫作为朝廷和王室的居所，到了汉武帝时才开始大规模地建设宫室。先在城内建北宫、桂宫、明光宫，又在城西郊营造建章宫。所以汉代

汉建章宫想象复原图

建章宫是上林苑中的离宫，宫中建筑多采用高层，并有河流、山冈和太液池，池中有蓬莱、瀛洲、方丈三座小岛，形成"一池三山"的布局。

的都城长安,是先进行宫殿建设,而后才开始建城垣、道路等其他城市组成部分的。由于长乐和未央宫建设较早,而城墙修建在后,所以就顺地势迁就建成了不规则的形状。

长安的城墙全部由黄土夯筑而成,城内有八条主干道互相交叉,城外有护城河。全城每面有三个门,各门都有并列的门道和门台。长安城中有各个区域的划分,在未央宫附近是官衙和权贵的居所,城西北有九市,其中三个市在街东称东市,六个市在街西称西市。长安居民的住区称闾里,在都城东北。但由于都城的面积有限,且多被宫城所占据,所以推测大多数人是居住在长安城之外的。由此可见,虽然长安的形制不规整,但政治和经济两个区域却区划分明。总的来说,长安城的规划是对秦制的更新和发展,为我国新型封建城市的规划开拓了更新的发展模式。

由于战争的损坏,到了东汉光武帝刘秀时期(公元前6年~公元57年),因长安城残破,故建都洛阳。洛阳自古就是中国重要的政治中心,从东周时期就是都城,秦与西汉又都建有宫殿,且地处中原水陆交通要道。东汉时洛阳城分南北二宫,中间以三

条复道相连。南北城之间是整齐的居民区,主要的官衙在南宫附近,礼制建筑如太庙等则都在城南。

汉代的离宫苑囿建设也很发达,但到了武帝以后这类建筑营造得少了,而原有的苑囿也多被挪作他用,所以遗留不多,由于战争的原因这些剩余的园林也被掘毁了,虽然东汉又有所重建,但无论从数量还是规模上都无法与前汉相比了。

西汉时最具代表性的苑囿是上林苑,它是秦代的旧苑,经西汉的发展和扩建之后在范围和宫室建筑的数量上都可称为当时的第一大苑了。在苑里广植从全国各地进贡来的奇花异草,这表明西汉时期的园艺水平也很高。苑内的宫殿、楼阁和观景台的数量至今仍有争议,但可以肯定的是,它们都是供皇帝休闲和享乐之用。上林苑内的水面也很多,其中以昆明池为最大,它不仅有美化园林的作用,还被引入城中,经未央宫和长乐宫再注入漕渠,一并解决了城中生活用水、排水和漕运等问题,而且皇帝还派专门的人员管理和守卫。可是到了东汉,苑内景观不仅被削减,而且苑内还有居民居住,所以无论从地位和功能上说,上林苑都已不复当年的地位了。

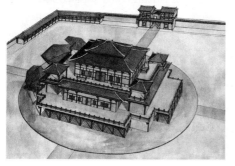

汉苑图

汉代皇家苑囿追求宏阔的气势,建筑形式多为高台楼阁,装饰华丽,金碧重彩,营造出瑰丽、多变的空间氛围。

汉代明堂全景及环境

明堂是汉代最重要的礼制建筑之一。明堂为"明正教之堂",用于宣扬教化。

汉长安城南郊礼制建筑的中心建筑想象复原图

汉代礼制建筑是都城内重要的建筑类型。从等级上看也属于皇家建筑,建筑规制较高。从图中可看出,汉代明堂主殿建在两层的台基上,庑殿顶,四面有廊、水墙、角阁,建置几近完善。

第三章 秦汉时期的建筑 41

北京丰台大葆台汉墓遗址

位于北京市丰台区黄土岗乡大葆台存留有一处汉代墓室。墓室地宫的规制很特殊。整体采用木结构，即《史记》中所记载的"梓宫、便房、黄肠题凑"的形式，是西汉时期等级最高的葬具体系。

由于在汉成帝时（公元前51年～前7年）确立了南郊祭天、北郊祭地的制度，所以汉代的礼制建筑也成为当时的一个重要特色。这里以长安城的礼制建筑作为代表细述，汉长安的礼制建筑分三处；靠东面的明堂、辟雍遗址，靠西而后官社、官稷遗址、居中的"王莽九庙"遗址。

奇怪的是"王莽九庙"的遗址经复原有十二座形式相同的建筑，都是以台榭式的中心建筑和正方形的带四门庭院组成，其十一座建筑在一个大围墙内分三排，另一座在围墙外南面正中比其他建筑大一倍。这个建筑群的排列方式和建筑数量都有待于进一步的研究，但是它巨大的规模却显示出了汉代礼制建筑的发展水平。

汉朝另一个颇具代表性的礼制建筑是大约建于光武帝时期的明堂辟雍，它与王莽九庙东西相对。之所以这么称呼是因为这座建筑是皇帝宣教化和接待宾客的地方，所以兼具明堂与辟雍双重功效。整个遗址平面由圆形和方形互套而成，中心台榭建筑坐落在圆形台基上，四周由方形围墙围合而成，四角建有曲尺形配房，各面均开有院门，墙外有环形水渠相绕。明堂、辟雍遗址向我们展示了以东西和南北双轴对称的典型台榭式建筑形象，是很难得的台榭建筑遗址。因为从东汉后，阁楼建筑逐渐兴起，而曾经创造过辉煌历史的台榭式建筑则从此淡出了历史的舞台。

汉代的墓室由于采用了多种材料而呈现不同的类型，等级最高的皇帝陵墓，在秦的基础上又有所发展，是我国古代陵墓的一个转折点。从现在发掘的汉代墓室来看，它众多的制式和复杂的变化在我国古代陵墓中不能不说是是首屈一指的。虽然由于历史的原因，土圹木椁墓仍是帝王墓葬的主要形式，但其他社会阶层的墓室已经逐渐被其他形式的墓所取代了。那个时期主要的墓葬形式有石墓、空心砖墓、陶砖墓和崖墓四种形式。也有把几种材料混合在一起的形式。后来由于这些形式的发展，到汉末木椁墓就基本绝迹了。

石墓一般是以石条为柱和梁，以石板构墙垣、地面和墓顶建成的。其布局方式模仿地面建筑，对木构建筑的形象和各组成部分的模仿度较高，这就成为了我们复原汉代建筑的有力依据。在战国时期就出现的空心砖墓到西汉已经很流行了，但只局限于中原和关中一带，到东汉则完全绝迹。由于主要是被社会中下层人们所采用，所以布局、构造和装饰都较简单，平面多为长方形和曲尺形。

西汉时期的黄肠题凑是当时等级最高的葬具体系。黄肠是指堆垒在棺椁外的黄心柏木枋，"题凑"指木枋的头一律向内排列。"黄肠题凑"指西汉帝王陵寝棺椁四周用柏木枋堆垒成的框形结构。"黄肠题凑"一名最初见于《汉书·霍光传》，根据汉代礼制，黄肠题凑与玉衣、梓宫、便房、外藏椁同属帝王陵墓中的重要组成部分。

山东肥城县孝堂山汉墓石刻

汉代墓室的建造材料越来越丰富，主要有石墓、空心砖墓、陶砖墓和崖墓。帝王墓葬仍采用土圹木棺墓的形式。图为山东肥城县孝堂山汉墓石刻。

汉墓中出土的木车

这种葬具体系设置具有一定的象征意义：棺椁象征着帝王的寝宫；便房象征着帝王生前饮食起居的地方；而柏木墙则象征着整个王宫的城墙，所以通常做得较厚，象征有很强的防御性。北京丰台区的大葆台汉墓中可见到这种形式。

东汉时期，小块陶砖成为墓室的主要材料，这主要是因为小块陶砖易于被用作砌筑筒墓室拱形式的材料，这种拱券工艺经久不衰一直延续到我国封建社会的晚期。究其原因，大概是因为它的体积小，重量轻，便于运输且可以构成复杂的平面和空间结构，又具有比较大强度的关系。

汉代的帝陵也仿秦朝的制度，动用大批人力、物力，耗时数载，建造规模巨大的陵寝。坟的形状和制式也依旧承袭秦朝，陵内建寝宫与苑囿，设守卫的兵营并且四周围以城垣。此外汉代陵旁还迁移了各地大批的富豪居住形成陵邑。

汉代贵族和官僚的墓也很具有时代特色，多在坟前建有墓碑、神道柱和石象生等，有的墓还建有石碑镂刻死者的官职和姓名。有代表性的汉代贵族陵墓是位于湖南长沙的马王堆一号墓，墓主是西汉国相之妻辛追。它以出土的随葬器完好和数量众多而闻名。

是典型的"一椁四棺"形式。由于在墓底及椁室周围有总重量达五吨的木炭，和厚度达一米以上的白膏泥对整个椁室形成了很好的保护，所以墓中的棺椁、尸体和随葬物都得以很好地保存了下来。在对这个墓的挖掘中，出土了大量的纺织品、乐器、漆器和竹木器及陶器。这些都是十分珍贵的汉代文物，人们利用现代技术甚至还在尸体的原有基础之上复原了辛追的相貌。

东汉时期，小砖墓的结构和构造技术就已经达到很高水平，墓顶的结构也发展到了穹窿顶。小砖券墓的平面分中轴对称与非对称两大类，前者是比照多重庭院的住宅建造而成，四面都有回廊相环绕，棺室一般在中后部。后者则主要依主次之分有形状和排列都不一样的大小墓室组成。

汉代的墓葬地面以上多有建筑，如墓阙、神道、石像生、墓碑等等。

墓阙是建在墓园入口处的一种导引标志，有单出阙、双出阙和三出阙之分。但三出阙只为帝王陵墓所用且现在只见于文献记载之中。现存的汉阙都是石质的，但都以仿木构架的形象出现。这也为我们了解汉代房屋的木构架提供了很好的参考。神道就是由墓园外到达墓园内的墓道，以阙为界分为园内与园外

长沙马王堆墓出土的印花敷彩丝棉袍

湖南长沙马王堆汉墓出土的丝织品数量众多，种类多样。图为马王堆1号汉墓出土的印花敷彩丝棉袍。

汉代墓阙

阙是一种引导或标志性建筑，建在墓园入口前方的神道两侧，或是宫殿、祠庙、宅院的前方。目前所发现的汉阙实物中，以墓阙数量最多，也有少数的庙阙、宫阙。图为河南登封出土的启母庙神道前的庙阙。

霍去病墓前马踏匈奴石雕（西汉）

霍去病墓前石雕马踏匈奴，形象地反映了西汉与匈奴的战争细节，更是对霍去病破匈奴的战功表彰。

第三章 秦汉时期的建筑

汉代居住建筑形象

从墓葬出土的画像砖、明器以及文献资料记载中可了解到汉代居住建筑既有单层的房屋，也有多层的楼阁，建筑形式十分丰富。

两部分，因为现今留存不多，推测多是以石材、陶砖和卵石附在土路上而成。

石像生就是在墓道和墓葬之中的石制动物及石人的雕像，最早设置石像生的记载是在西汉大将霍去病（公元前140年～前117年）的墓。当时石像生的雕刻手法都比较粗犷，反映了当时石刻的特点。

墓碑的历史最早可追溯到周代。西汉的墓碑主要是立在土冢之前，并在石面上刻有墓主的名字、官职和生平等等。还有一种碑置于墓内或石祠中，碑上刻的多是墓主的德行和后人的哀思之情等等。

汉代的民居建筑虽然没有任何地面上的建筑实例留存至今，但从出土的大量汉代石像砖、壁画和金属模具上我们可以大致地描绘出当时的结构和样式。当时已经多采用木架构，所以抬梁、穿斗和干栏三种形式也极为普遍，其中又以抬梁式和穿斗式在建筑规模和变化上为最优。汉代住宅的总体形象，我们可以从四川出土的东汉画像砖上看出来。中型住宅分主体和附属两部分，主体由前后两院组成并用回廊相接，前小后大，附属部分也分前后两院，后院有一方形的木结构楼，可能用作防卫和储藏之用，可以看到此楼已经有了柱、枋和斗拱的样式。这幅庭院图向我们集中展示了汉代中型住宅的建筑状况。至于地位较高的贵族住宅，在大门处常有双阙，且院落也分为多层，四周则环以回廊，厅堂置于后宅，有的还附有园林。

从汉代出土的民居模型和画像来看，建筑多是不对称的布局方式，连大门的位置都比较自由，这与我国传统的对称布局方式有很大不同，但又恰恰可以说明当时的建筑是富于变化和活力的。

汉代的长城在原秦朝的基础上又有所扩建，蜿蜒达一万多里，是历史上将长城修筑的最长的朝代。修建过程大体可分为三个

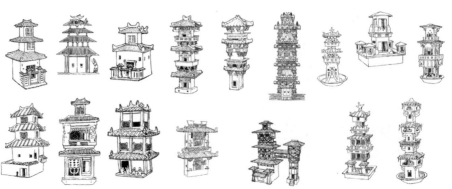

汉代居住建筑形象

汉代长城

同秦代一样，长城仍是汉代最重要的军事防御工程。

时期，其主要的发展期是在西汉武帝时期。汉初匈奴势力日渐强大，屡屡侵犯汉的边境，其势力甚至已经到达中原地区，但由于连年的征战国力衰竭，那时主要以和亲的方式力求与匈奴和平相处。但当时，汉文帝也加强了边城的巩固，并开始了积极的军事准备阶段。到了汉武帝时期，开始实行对匈奴的反击和主动攻击政策，所以对长城进行了大规模的修砌和扩充。不但加强了雁门关一带的防御工事，而且新建了许多边城以加强防卫。经过汉武帝的苦心经营，涉及广大范围和拥有巨大规模的防卫与警戒体系基本建成了。由于匈奴的内部分裂，到了东汉年间已不足为患，所以这个体系一直到东汉末年都没有很大的变化。

汉代的建筑技术和结构体系已经具有很高的水平，为以后各个朝代建筑的发展创造了很好的条件。总的来说已经形成了抬梁、穿斗、干栏、井干四种模式。但还保留了许多前朝的制作手法，如在屋角仍多采用双柱形式，可见木构架在角部的结构仍未能得到很好的解决。

汉代由于大规模宫室的修建，斗栱的类型与外观也有了较大发展，其结构也趋向于合理。这在汉阙和画像砖及壁画上都有突出的体现。而且斗栱也从单纯的起结构作用发展到兼具装饰的功能。汉代的斗栱可分为檐下斗栱和平座斗栱两类，栱身也由早期的平直形短木转变为折线数折和弯曲状等多种形式。多种多样的斗栱发展到了比较活跃的探索期。

汉代是我国历史上处于封建社会上升时期的王朝，外国的文化及思想已经逐渐影响到建筑风格上。比如在东汉末期出现了仿西域天竺式样的我国第一座佛寺——白

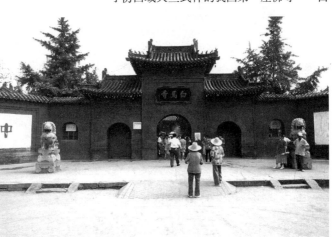

河南洛阳白马寺大门

建于东汉时期的洛阳白马寺是中国最早的佛教寺院。

第三章　秦汉时期的建筑　45

西汉长安城平面图

关于汉长安城的建筑与形制，在《史记》、《汉书》、《三辅黄图》等众多文献中都有记载，如《三辅黄图》中描述长安城的形状为："城南为南斗形，北为北斗形。至今人呼汉京城为斗城是也。"

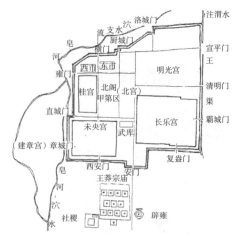

寺。还有兼具我国传统木楼阁与廊殿形式和天竺佛寺形制的建筑——浮屠祠。各种式样建筑的修建为后朝提供了宝贵的经验。而且在汉朝，形成了我国古代建筑的基本类型，包括宫殿、陵墓、园林、礼制建筑和中小型住宅等等。

汉代都城的建制与我国传统有所不同，因为它没有宫城的设置，比如西汉的都城长安。这在我国历史上是绝无仅有的。还有在城墙的修建上，多数的城墙是随地势而建，并不拘泥于形势，这与我国传统上的对称与规整也有很大差别。显示出了当时城市规划上的不成熟。就皇室建筑来说，汉朝也是别具特色的，因为它的建筑多以朝廷、后宫与园林混为一体的形式出现，且在对未央宫的开掘中还发现，有的建筑群并不是按照中轴对称的方式建造的。这些汉代的皇家宫廷与园林是我国古代建筑设计和建造上的综合展示，具有中国古代同类建筑难以比拟的独特性和水平。

汉代统一和定制了祭祀制度，不仅修建了许多的祭祀建筑，而且此时代确定的南郊祭天，北郊祭地的制度，和一庙多室、一室一主的太庙制度等都被以后的历代所依循。所以说汉代是古代祭祀建筑和制度的成熟与定型期。

汉代的墓葬也较之秦朝有了一定的发展，表现为一般墓葬的发展上。与以前的朝代不同的是，处于社会中下层的平民墓葬有了发展，且无论从种类和样式上来说都可谓花样繁多，而且自汉代起，小砖拱券墓普及了起来，并成为以后我国墓葬的主要形式。墓葬的地面建筑在汉代也形成了制度，并且由于采取了较好的保护措施。汉代墓葬中的物品大多保存得较完好，这些都为我们进一步认识汉代建筑、社会、文化提供了重要的参考。

山东省肥城县孝堂山汉墓

肥城县孝堂山汉墓是汉代贵族官僚坟墓的典型，墓室采用方锥平顶的形式，坟墓前建造石享堂。

第四章 三国、两晋、南北朝时期的建筑

第一节 发展综述

从公元220年东汉灭亡到隋王朝（581~618年）建立之间的三百多年，是一个局势动荡的年代。这期间不但朝代更替频繁，而且同时有几个国家共同存在的局面也经常出现。这种政治上的频繁更替造成了文化的大融合。加上从东汉就已经传入我国的佛教被统治者们所提倡，而带来的结果是一大批佛教建筑的出现。这个时期的建筑也就呈现多种不同的风格，总的来说有以下几个特点：

一、佛教及其相关的建筑数量猛增且形式多样，对后世佛教建筑有着深远的影响。

二、由于受统治者南迁政策的影响，东南地区的经济文化得到迅速发展，由此带动了东南地区建筑和城市的发展。

月漫清游图册之一

魏晋南北朝是中国历史上一个动荡的时期，政权更替频繁，统治阶级生活奢靡无度。从后人的绘画《月漫清游图册》中可以窥见魏晋时期官廷生活的状态。

关羽擒将图（明）

三国时期的城市与建筑因统治者各踞一方，而显示出不同的地方特色。曹操居中原、孙权居江南、刘备居巴蜀，地域不同，气候各异，风俗民情也各有特色，这些都反映在当时的建筑中。

三、受士族思想的影响，民间营造了大量的园林建筑，形成了皇家园林与私家园林并举的局面。而私家园林更是以其较小的规模和追求与自然的神似见长。

四、由于人们抛弃了传统的席地而坐的形式，改之为向垂足而坐的生活习惯的转变，而引发了室内空间的变化。

第二节 三国时期的建筑

汉末，由于农民起义和军阀混战，所以两汉时期三百多年的宫殿建筑被毁弃殆尽。到三国时期（220~280年），由于经济的发展各国逐渐在原有地方建筑的基础上各自建造了都城宫殿和城市，下面分别以魏蜀吴三国的宫殿、都城、陵墓等为例进行讲述。

魏国（220~265年）的都城和宫殿等都分为两部分，即曹操（155~220年）时的邺城和曹丕（187~280年）建立魏国后的洛阳。由于邺城的布局极具代表性，且洛阳城大体是按照邺城的模式进行建造的，所以这里以邺城为例讲述。

邺城大约在西汉时就被置为魏郡，已经是当时的北方重镇了，后曹操攻下了邺后，将其作为后方根据地。待曹操挟天子以令诸侯封为魏公后，以邺城为都城，就按都城的体制建立了宫殿和宗庙、祭祀等建筑。至曹操称魏王后，就开始着手修砌洛阳宫殿，后其子曹丕建魏国，以洛阳为都城。故而可见，曹操并不想以邺城为都城，所以也不会按帝王的规格去修建它。

邺城平面呈长方形，南面开三门，北面开两门，东西各开一门。除北面的厩门通内苑外，其余六门都有大道通入城内，主要有五条大道构成邺城的主干道网。干道很宽，中间还有供皇帝专用的驰道。城中有一条横贯东西的大道，把全城分为南北两部分。北部中央的南北轴线上建宫城。宫城位于北半城的西部，呈长方形，东区正门为司马门。宫城居中是一组宫殿建筑及广场，用于举行典礼；东侧为一组宫殿，前半部是曹操的宫室，后半部为官署。西侧为铜雀园，再向西沿城墙一带是仓库和马厩。在这个区的西侧稍北，凭借城墙又建水井、铜雀、金虎三台。宫城以东是贵族居住区和行政官署区。东西轴线的南半部是一般的居民区，有三个市和手工作坊。在居民区的中央，又有一条干道与东西大道交汇于宫城下门之前。相比于同期早些时候的长安和洛阳城，邺城以其明确的功能分区和规则的布局开创了自汉以来城市规划的新局面。

邺城建造时，曹操已掌握政权，所以其宫城的建造已经有了仿天子禁宫的痕迹，如按天子礼仪设的司马门、驰道等。此外还出现了一种新式的附属建筑，就是在宫城西北角设的三座堡垒高台，这也是战争频繁的三国时期政权不稳固的表现。邺城的规划布

曹魏洛阳宫殿平面图

1 披门，2 间阖门，3 披门，4 大司马门，5 东披门，6 云龙门，7 神虎门，8 西披门，9 尚书省，10 朝堂，11 太极殿，12 式乾殿，13 昭阳殿，14 建始殿，15 九龙殿，16 嘉福殿，17 听讼观，18 东堂，19 西堂，20 凌云台。

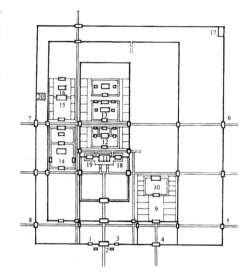

局在古代城市中有重要影响，表现为城市有明显的分区，统治阶级的宫殿与普通民居严格分开。整个城市东西主干道与南北主干道呈丁字形相交于宫城门口，这种布局方法把中轴线对称的手法从一般建筑应用到城市布局中，对后世都城的建筑有很大影响。但由于邺城是在原城址的基础上改建的，所以受原有面积和格局所限，又因其位置也不符合作为军事要地的条件，所以曹操在生前就打算迁都洛阳，并开始着手对洛阳城的建设，到了曹丕称帝后就舍弃了邺城而定都洛阳了。

蜀国（221~263 年）的都城是成都，成都早在秦代就开始设郡，并有大小两座功能不同的城池，称为大城和少城。西汉时它更是西南地区政治、经济和文化中心，并且由于城市的发展又在城外加围了一圈外城称之为郭。外郭辟有十八个郭门，居住区域广大。到了刘备称帝后，仍沿用大、少城并列以大城为主的格局，且在十八郭门和城楼的基础之上又添建了可登上城墙的阁楼和可以望山的长廊。成都作为蜀国的都城又在大城中加建筑宫室、宗庙和官署等。主要的商业区在少城，在当时也有较大的规模。蜀汉以成都为都城，除了一些必要的宫室、衙署等建筑外，并没有按照帝都的体制进行建设改造。究其原因大概有两个：客观上，蜀国在三国中实力最弱，连年的战事，削弱了它的建设能力。主观上，蜀汉有着光复汉室、一统天下的目标，不可能把地处偏僻的成都当作正式首都来建设。至于其城中的具体建筑和布局，因为缺少实物和史料的佐证，现在也只能大概了解它的概貌了。

三国时期的吴国（222~280 年）是在江南地区建立的政权，其历史虽只有八十多年，先后却有吴（苏州）、京（镇江）、武昌、建业（南京）四个都城。这其中以建业为都的时间最长，建业也是三国时期唯一新建的都城。值得一提的是，在孙权（182~252 年）迁都建业之初，在西南部的临江高地上建了一个储存军资财物的场所和重要的军事据点，

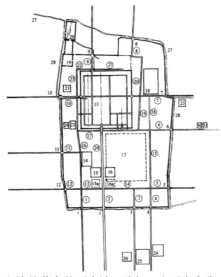

这就是著名的石头城。孙权一生不事夸张，对都城的建设也是满足需要即可。修筑宫殿时也坚持使用原都城宫殿的旧材，所以没有大规模的建筑成果。到了他死后，其子孙才开始修建宗庙和新宫殿。因为建业遗址全部在南京市区，因而早已无法实地考证，所以只能依历史文献描绘出它的大致轮廓，城内可分为南北两区，北部是宫苑区，宫苑区以南有三四条南北大道，主要是太子的东宫、官署和军营。由于主要的宫苑、官署、军营和仓库建筑占整个建业城的三分之二以上，所以主要的居民区和市场都集中在南门以外

魏晋洛阳城平面复原图

1 津阳门，2 宣阳门，3 平昌门，4 开阳门，5 青明门，6 东阳门，建春门，8 广莫门，9 大夏门，10 阊阖门，11 西明门，12 广阳门，13 宫城，14 曹爽宅，15 太社，15a 西晋新太社，16 太庙，16 a 西晋新太庙，17 东汉南宫址，18 东宫，19 金墉城（西宫），20 洛阳小城，21 金市，22 武库，23 马市，24 东汉辟雍址，25 东汉明堂址，26 东汉灵台址，27 榖水，28 阳渠水，29 司马昭宅，30 刘禅宅，31 孙皓宅，①~㉔城内干道二十四街。

曹魏正始八年墓

出土于河南洛阳的曹魏时期砖室墓由前堂、后室、后甬道、后室等几部分组成。

第四章 三国、两晋、南北朝时期的建筑 49

吴国四隅券进式墓室构造示意图

吴国孙权南京紫金山墓用小砖砌筑。

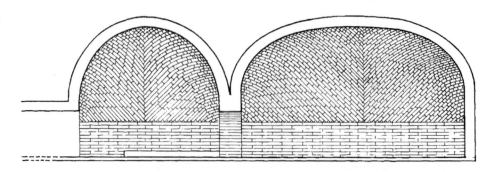

的秦淮河两岸。这在三国时期的都城中是很特殊的。

三国时期的都城布局和城市规划对后世产生深远影响的只有邺城和建业。表现为以下几点，首先，作为维持政权生存必需的官衙、仓库等机构在都城规划中受到重视，逐渐被摆在宫前明显的位置；其次宫殿都集中在一区，如邺城只建一宫，有利于内部的稳定；再次，都城的分区较之汉代更加明确和易于管理；最后，从城市面貌上来看，其豪华程度不断增加，布局也逐渐成为一种制度，尤其以邺城和洛阳为代表，成为了以后都城的典范。

与两汉时期的厚葬不同的是，由于三国时期战事频繁、人口减少、经济凋零又加上当时挖坟掘墓之风盛行，所以无论帝王将相还是平民百姓都没有可能，也不愿实行以前的厚葬了。在墓穴的形制上也就因循汉朝的制式没有太大的创新。

四川雅安县高颐墓阙立面图

雅安县高颐墓阙为双出阙的形式，石制仿木结构，是我们了解当时木构建筑的重要实物资料。

魏的帝陵主要有三座，最初曹操的陵墓还有较大的陵区，陵区内设寝殿，墓前有神道和石像生之类。但曹丕制定了薄葬制度后，拆毁了寝殿。而且在自己及以后的帝陵建造上都不设寝殿，不造陵园也不设神道了。

蜀国的历史短暂，只建有刘备一陵，其建制已不可考。

吴国孙权的陵墓在南京紫金山一带，因年代久远其建制也大多不可考，值得一提的是，在吴国的一座将军墓中发现了一种在三国时为吴国所独有的墓室的砌法。这种砌法从开始砌券起，每层券向内呈45度倾斜，逐渐向中央聚拢形成穹顶。这种墓室顶部和真正的穹庐顶的区别在于，穹庐顶是半球形，而这种墓室的穹顶在平面上始终保持着长方形或正方形，从剖面看，都近似穹顶。也就是说，这种穹庐顶是方形的穹庐顶，而不是真正的圆形平面。这种砌法比旧时的砌法更具整体性，所以沿用到东晋和南朝。

三国时，各国都建有宗庙，但由于蜀、吴两国庙制和具体建筑情况已没有多少历史文献可查，所以现在只知道刘备死后曾在成都建造昭烈庙，孙权死后在建业建太祖庙。而对于魏国的宗庙则记载颇多，我们只能从中概述那个时期宗庙建筑的大体特点了。

早在曹操被封为魏公时就在邺城建有魏宗庙。后建立魏国后，在洛阳建造太庙后才将历代君王的神位迁于其中。据文献资料记载在太庙中，太祖庙居中，左右各三庙，各庙自成庭院布局。

三国时代的建筑留存至今得极少，只有位于四川境内的高颐阙和平杨府君阙两座石阙能给我们些有益的参考。这两座阙在风格

河南洛阳龙门石窟

石窟是现存魏晋南北朝时期最重要的建筑类型。河南洛阳龙门石窟始凿于北魏孝文帝时（公元471～477年），后由以后各朝相继开凿，历经400多年，到唐代基本完成。

和构造上与东汉时期没有太大的区别。高颐阙由台基、阙身和阙楼三部分组成，严格地模仿了木构阙的形式，在柱子、斗栱等部都真实地再现了木构件的尺寸和形式，这是我们了解当时木构架建筑的重要资料。平杨府君阙大致与前者类似，不同之处在于子阙没有台基，母阙阙身的柱子为双柱形式，用双柱或四柱是古代就有的一种做法，但在现存的阙中却是独一无二的。

三国时期各国的建设都是在东汉末年的大规模破坏之后进行的，且各国的统治者都非常重视建设事业，于是一些新的技术出现，并且在原有基础上得到了发展。

对于砖石结构的运用，三国除承袭汉时主要用于墓室的传统之外，已经开始用于地面建筑了。最初多是用来建筑石室和阙，之后在曹魏时，洛阳城中的高台建筑中已经有用砖砌成道路地记载了。这就为晋朝以后用砖建造佛塔奠定了基础。

在木结构方面，也在汉代的基础上有了新的发展。以斗栱为例，已经开始了从单纯的挑檐构件向梁架组合为一个整体的方向转变。这一时期，斗栱呈多种过渡形式，如，在栌斗上置栱，有些是把栱身直接放在柱子或墙壁上，也有的在跳头上再放一两层横栱以承托屋檐。也出现了一些全木构架的建筑，其中一些重要殿堂为了增加其稳定性，总要加土墙或土墩。这种情形一直被后世所采用，到了初唐以后才逐渐被淘汰。

第三节 两晋、南北朝时期的建筑

两晋（265~420年）和南北朝时期（420~581年）是长期处于大混战的历史阶段和思想文化的大融合期。由于政治动荡和战争频繁，统治者为了麻痹人民的斗争性，除继续推行儒学之外，也更着重提倡宗教，于是出现了儒、道、佛三种思想相互交融的局面。反映在建筑上，就出现了许多宗教建筑，包括佛塔、道观和石窟等，这也成为当时建筑的一大特色。

西晋（265~316年）、十六国

湖北黄陂吴末晋初墓出土青瓷院落住宅（引自傅熹年主编《中国古代建筑史》第二卷）

由于魏晋时期社会局面动荡不安，人们生活不安定，因此就住宅的质量而言远不如汉代。从结构和材料上来看，以木材为主的抬梁式、穿斗式、干栏式、井干式仍为住宅建筑中最常见的形式。

第四章　三国、两晋、南北朝时期的建筑

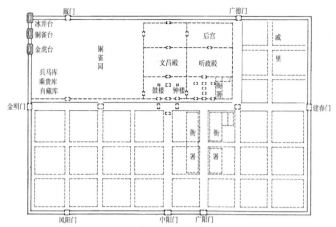

曹魏邺城平面想像图

邺城是东汉时期的旧城，曹操时得以扩建，并作为其政权的中心。城的外围是高墙，墙上辟有七座城门。城内分为南北两大部分，北为宫殿、衙署，南为居住区和商业区。

北魏洛阳城平面想象图

（304~439年）和北朝（386~581年）分别修建了许多都城和宫殿，其中较具代表性的是邺城和洛阳，东晋（317~420年）和南朝（420~589年）则都建都于建康。

邺城早在曹丕称帝时就已经降为邺县，西晋初还完好地保存着宫室和城市，到西晋末经八王之乱后宫室就被毁了。到了十六国时，后赵沿用曹魏旧城的布局，又把邺城重造了起来，其城墙外用砖建造，城墙上建有许多城楼，城墙拐角处有角楼。在邺城里建了东西两宫和正殿。大朝左右还有处理日常政务的东西堂，此外还有华林园和台观四十多所，以庞大和奢华见称，已初具未被毁前的样子了。不同的是，由于社会大混乱，邺城无论是城市还是宫中都大建台观角楼，还移邺城的主轴线于城南，已经顾不上都城建设的祖制，而只以城防建设为主。但是好景不长，因为后赵内乱，只十几年的功夫这些宫殿和园林以及城中的街道又被战争所毁灭了。

以后直到东魏自洛阳迁都到邺城，在旧城的南部增建了新城，邺城才又渐渐繁荣起来。因新城在旧城以南所以又称邺南城。东魏的统治者不但自洛阳迁移了大批宫殿，就连城中的布局方式也是继承北魏洛阳的形式。旧城东部成为贵族的居住区，西部是大规模的苑囿。在新城中建宫城，宫城位于城的南北向轴线上，北面是苑囿，内部大朝主殿的两侧除有东西堂外，还建有含元、凉风两殿，主殿后又建两殿，有了"三朝"的布局方式。这也是隋朝以后废两堂而只采用"三朝"制度的前序曲。宫城以南是官署和居民用的里坊，城外东西郊建有东市和西市。新旧邺城的增建和重建一直到北齐末还在进行，但公元577年北周灭北齐后，因为战争的破坏邺城又逐渐沦为了废墟。

洛阳是东汉、魏、晋三朝的都城，但在公元311年被匈奴破坏夷为废墟，此后被废弃了近二百年。到了北魏孝文帝（467~499年）迁都于此才重新被建造了起来。但由于要重新规划和建设，且重建的规模又很巨大，所以进度很慢。从初定洛阳为都开始建设，大体建成时已是北魏末期了。

北魏洛阳有宫城和都城两层城垣，都城就是汉魏时的旧城，南西各开四门，东三门，北二门。西面的西阳门外是当时很著名的商业区洛阳大市，附近是商人及手工业者的居住区。西市的西面是北魏贵族的居住地，交易贵重货物和外国商人聚居的区域在都城南门外，交易农产品和牲畜的市场则在都城以外的东部。宫城和苑囿位于都城的中央偏北，基本上还是曹魏时期的位置。宫城前面有一条贯穿南北的大干道，干道南端东西两边是太庙和太社，在道的两侧分布着官署和寺院。当时洛阳最大的寺院永宁寺就坐落在干道北端的西侧。其他的部分是居住区，各居住区之间有方格型道路相连。

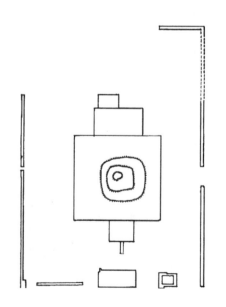

洛阳城重建工程基本完成后，北魏即进入衰败边缘，原规划中许多工程尚未完善。随后又进入战乱时期，其间城市几经拆毁，虽也有重建但还是走向毁灭的边缘。至隋炀帝时期，这个经几代帝王精心规划，无数劳动人民呕心沥血建造的城市彻底地被废毁了。

建康的前身是三国时吴国孙权的都城建业，后在西晋为避皇帝的名讳改称建康。从司马睿建立东晋定都于此，经历了宋、齐、梁、陈，直到隋灭陈统一全国，建康被下令荡平为止，一直是中国南部各朝代的都城。作为五朝都城的古城，建康的发展大致分为三个阶段：第一阶段是东晋时期，历经103年，基本上已形成了都城的规模；第二阶段从宋建国到梁灭亡，这期间在东晋的基础上又进行增添和改建，形成了更为繁华的都城；第三阶段是从陈建立到被隋所灭，三十多年间旧时繁荣的盛世已去，城市不但没有什么新的发展反而走向衰落。至隋文帝杨坚时期下令将整座城荡平耕垦，建康城被毁。

建康城处于长江的东南岸，城北有玄武湖，东北依钟山，西侧是丘陵，东侧湖泊和青溪围绕，城外南西两面有秦淮河绕城而过。出于军事需要，城外东南建有东府城，西北建有石头城。建康城南北长，平面呈长方形，南面设三座城门，其余三面各设两座城门。城南北轴线上有大道一直向南伸展到南郊，其间经秦淮河，有桥连接两岸。道两旁有民居、商店和佛寺。贵族们多居住在青溪附近的风景区。由于两晋、南北朝时期的城市规划多是秉承汉代的城市，所以建康的宫城在城的北部略偏东，南面有两个门，其他三面各一门。宫殿的布局也仿魏晋的形式。苑囿位于城外东北一带。到了东晋中期，又建了军政中心东府城和安置诸王的西州城，形成了宫城、东府城、西州城三城并立，三城之间是居住区及商市的布局形式。

从东晋建都到梁，建康城的各方面发展迅速，成为了全国政治、经济和文化的中心城市。所以南朝各个时期都不断地对建康城予以扩建，又因为建康所处的正是起伏的丘陵地区，所以整个城市平面除宫城部分外，都极不规则，这也成了我国古代城市不规则平面的典型。

东晋南朝建康平面想象图

东晋都城建康是三国时吴国的都城建业的所在地，即今天的南京。东晋对建康的营建基本沿袭东吴旧式，并有所发展。南朝各王定都建康后，在东晋的基础上加以改造、添建，成为当时最繁华的都城之一。

北魏宁懋石室石刻

北魏宁懋石室石刻

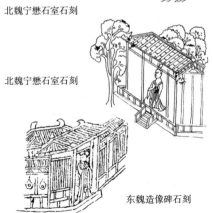

东魏造像碑石刻

北魏石刻中的南北朝住宅形象

在北魏石刻中能了解到当时一些大型住宅的情况，厅堂和回廊组成的院落是基本的布局形式。有些住宅后面还建有园林，园中有山池、花木、重阁楼台等，营造出自然清新的庭院空间。

王羲之观鹅图

魏晋时期，一些文人士大夫追求旷达风流、恣意盎然的生活，这种风气对园林的建造起到了一定影响，使园林情趣开始走向高雅。

两晋南北朝家具

南北朝时期是我国家具的重要转折期，人们由早期的席地而坐逐渐向垂足而坐过渡，坐具的升高带来了建筑室内空间的提升，影响了建筑形态。

1 床榻，2 胡床，3 床榻，4 凳几，5 凳几及牛车中的凳几，6 束腰形圆凳，7 方凳，8 椅子，9 椅子。

由于西晋十六国时期的战事频繁，所以城乡住宅的规模和豪华程度都不是很高。到了南北朝时由于社会的安定时期相对长些，才出现了一些大规模的住宅和民居。

魏晋南北朝时期的住宅沿袭了汉以来民居的布局方式，在一些官宦人家或豪门望族的住宅中，整个院落分前后二区，前区用来接待宾客，后区用于自家人居住。前后区又建大量辅助房屋以形成不同的院落。住宅的正门建筑多用庑殿式屋顶并在正脊上设置鸱尾，这时的屋面逐渐由平面向凹曲面变化，屋檐也开始产生向两端翘起的曲线变化，这时有中国特色的飞檐屋顶形象就开始形成了。宅外设坞壁，使整个住宅区像一座小城堡。而在都城中的权贵们则在其官邸设望楼，还有自己的武器储备和兵力储备。这时的民居还出现了一种在前区厅堂旁设供主人休息用的建筑，这种建筑大多建得十分精美，被称为斋。此外这个时期宅第还有另一个新发展，就是这些豪宅的主人们竞相在宅第中修建私人园林，出现了许多有代表性的私家园林，成为当时住宅建筑的一大特色。

随着南北朝各民族大融合局面的出现以及住宅形式和布局的发展，室内的家具发生了巨大的变化。由于西北民族入主中原，给室内家具带来了变革，不仅东汉后期传入的胡床得到了普及，各种高坐具和卧具也有了发展。如睡眠的床，其底部被增高，上部加了床顶，四周有可以拆卸的屏风。人们不仅可以席地坐在床上，而且可以垂足于床沿。由于人们的起居高度被加大，这就为以后废弃床榻和席地而坐的习惯奠定了基础，也影响了日后室内空间的变化。

两晋南北朝的陵墓众多，但墓地上的建筑基本无处可寻，地下的建筑部分有的只留下断壁残垣，有的完好如初，情况大不相同，这里只细述其中具代表性的几例。

晋朝的陵墓大多还受曹操时期节葬的影响，所以晋朝的历代皇帝陵墓都十分简约。

那个时期所留至今的遗物只有在四川的三座墓葬前的阙了。墓前建阙的传统延续到西晋，但在中原和江南地区已经绝迹了。现今的三座阙是晋代遗留至今的仅有建筑，它们是对那个时期木结构阙的忠实记录。

东晋共有十一个皇帝，其中有十个皇帝建有陵墓，都位于今南京九华山到紫金山一带。通过近年已被挖掘的永平陵和冲平陵，我们可以大致了解到那个时期的陵墓概况。永平陵平面呈长方形，内部底和四壁用砖砌成，墓室前有甬道和墓门，墓顶部是砖砌的筒壳，地面留有集水和排水口。冲平陵也是平面呈长方形，石穴底和四壁砌砖，有甬道和排水沟，顶部也用砖砌成券顶。据史料记载，其地上还建有宫殿等建筑，但现今没有发现地面建筑的痕迹。

据文献记载及从永平陵和冲平陵的遗迹的考察中可知，晋帝陵都依山而建，墓室多为矩形，并用砖砌墓室及顶部，墓室前有

北魏世宗宣武皇帝景陵前石人

南北朝时期的墓葬建筑有一定的发展，至今仍有较多的墓葬地面建筑留存。陵墓的地下部分一般由墓道、墓室和甬道组成，主要以砖材料砌筑，墓室顶部为筒拱顶、拱壳顶或尖拱顶，基本承袭汉代以来的墓顶结构。图为河南洛阳北魏世宗宣武皇帝景陵前石雕。

甬道，墓前有宫殿，神道两侧立麒麟等石雕。

南朝四代的陵墓分布在今江苏省境内，宋和陈的帝陵主要在南京，齐和梁的帝陵则集中在今江苏丹阳一带，在陵区入口处有一对石兽作为标志。这时期的帝陵中墓室里多有复杂的模制花砖，墓室外大都没有墓阙，取而代之的是在神道两旁的石兽，颇具特色的还有石兽之后的墓表及石碑。石兽分等级，皇帝的陵墓用麒麟，贵族的陵墓用辟邪。墓表的形式多继承汉晋，但也有其特色，如南朝梁萧景墓的墓表，下部为方形柱础，四面雕人物和异兽，方座上有圆形鼓盘，柱身介于方圆之间，上部微向内收，正面嵌小方石以承石板，板上刻墓主职衔等内容。柱顶部覆有莲状圆盘，圆盘上蹲坐一小辟邪。整个柱子挺拔、简洁而又不失精致，从柱身的凹槽和莲状圆盘以及蹲兽来看，带有融合了印度阿育王柱和希腊石柱的风格。

在河南还发现了同期的一座彩色壁画砖墓，到现在其券门上的壁画仍色彩艳丽，这组壁画包含了三十多种不同的题材。另外在河北省还发现了北齐时期的一件纪念性石柱，有莲花状柱基和小八角形柱身。柱身两端内收，柱顶的方形盖板上有一座造型精美的小石屋，屋顶上梭柱、栌斗、额枋以及椽子等一应俱全，石屋正面和背面各有火焰券佛龛一个，内供小佛。石柱与石屋比例匀称，

河北省定兴县北齐义慈惠石柱

（中、下图）

定兴北齐义慈惠石柱底部为莲花基座，上为八角形柱身，柱身上部为一石屋。石屋面阔三间，进深两间，全部为仿木结构，从一定程度上反映了当时建筑的屋顶形象。

第四章 三国、两晋、南北朝时期的建筑

山西大同云冈石窟第十一窟外景

云冈石窟始凿于北魏文成帝兴安二年（公元453年），位于山西大同西北的武周川，洞窟开凿在其北岸陡峭的崖壁上。图为第十一窟外景。

洛阳永宁寺塔

据洛阳永宁寺塔基遗址及有关文献记载，北魏洛阳永宁寺塔是一座体量高大的木构楼阁式塔。《魏书·释老志》中记载："浮图九层，高四十余丈。"

体现了当时的时代风格，且小石屋是当时建筑的模型，极具参考价值。

佛教从西汉后期就已经传入我国了，东汉时期兴建了我国的第一座佛寺，即位于洛阳的白马寺（建于永平十年，公元67年）。但由于当时的思想领域主要是儒家学派的天下，所以佛教一直没有流行开来。从东汉末期起，我国古代社会进入长期分裂与战乱的时代，不仅汉族内部争权斗争严重，北方少数民族也纷纷在汉地建立政权，动荡的局势也对几百年来相对稳定的思想体系造成了冲击，这就为佛教的广泛传播提供了社会条件。起先佛教在上层社会中传播，得到了统治者的肯定和上层社会的认同，遂开始了广泛传播。

从东晋十六国时起，佛教就在国家政权的倡导和资助下大肆流行开来，并建了数量众多、规模较大、功能较完善的寺院。到了南北朝时期，国家更是耗费了大量人力物力建造寺庙、佛塔和石窟。

佛教传入中国主要以统治者阶层为宣传对象，所以外来僧人们大多先进入政治和经济的中心进行宣传，所以佛寺也最先出现于政治中心城市。最初建立的佛寺是由国家供养，后来贵族和士大夫以及官僚们以舍宅为寺为时尚纷纷建寺庙，也出现有经济力量雄厚的僧人自建寺庙的。这种风气一直延续到南北朝后期，所以到南北朝时期，各种大小佛寺已经遍布全国各地了。

当时寺庙主要有两种形式，其一是上文提到的官僚贵族舍宅为寺的模式，即将住宅建筑形式融合到佛寺建筑中，并在其中开凿山池、栽植花木，形成既庄严肃穆又清雅秀丽的建筑形式，这也是寺庙园林的发展渊源。另一种是源于印度早期模式的中心塔形寺庙，即以塔为中心，用廊庑或院墙围成院落的布局方式，其代表建筑是洛阳的永宁寺（建于516年，焚毁于534年）。

据北魏《洛阳伽蓝记》记载，永宁寺建于北魏时期，寺的平面为方形，采用在中轴

线上设置主要建筑的布局方式。前有寺门，门内建有藏置舍利子的九层佛塔一座，塔后是佛殿。四周围绕塔和殿堂楼观一千多间以供僧侣们住宿。围墙四面各开一门，门有三层或二层的门楼。这种中间是主体建筑的布局方法来自于印度，而后又结合当时中国的礼制制度建成了当时最大的永宁寺；其二是士族官僚们建寺的产物，也就是宅院型寺庙，却以庭院为基础，前厅为佛殿，后堂为讲堂，而不建塔的一种布局方式。这种寺庙虽然规模较小，但数量众多。以北齐时期建造的佛殿型石窟为其形象的代表。

塔的概念和形制同样来源于印度，但是传入中国后又融入了中国建筑的形式，创造出了独具中国特色的塔的形象。佛塔通常由基座、塔身、塔顶三部分组成，其主要功能是供奉佛像、舍利和作为墓。在外观和造型上没有太大的区别。佛塔有多种形制，我国主要采用的是楼阁式和密檐式两种，这也成为了以后中国塔的两种基本形制。前者以洛阳的永宁寺为典型，后者以河南的嵩岳寺塔为代表。

我国现存最早的塔大约是建于十六国的中后期，但尺寸仅有几十厘米，因而还算不上是真实的建筑，但它的造型是最接近印度原型的塔。它的下部是八角柱形基础，中部上段为主体，刻有八个拱券佛龛，每龛内有一佛，塔身上部刻有覆莲、相轮、华盖。以后的密檐式佛塔就是从这些小石塔的相轮演化而成的。

中国现存最早的塔是一座砖塔，是现存北朝唯一的地面建筑，也是唯一的一座平面为十二边形的塔。这就是位于河南登封市的嵩岳寺塔（建于523年）。是用灰黄色砖砌的密檐式塔。从残存的石灰面上看可知塔身原为白色。塔全高近40米，底层外径10.6米，内径约5米，壁体厚2.5米。塔身分上下两段，下段为十二边形平面，上段为八边形平面。塔基简单素朴，塔身由塔腰部的一组挑出的砖叠涩，将塔分为上下两部分。上段四面辟券门贯通上下两段，门上有火焰面的装饰。其余八面各有一单层方塔形的壁龛，由壸门和狮子作为装饰。再上段于每面转角处砌壁柱，有覆莲的柱础和宝珠莲花瓣的柱心。塔身上部是十五层的砖砌叠涩檐。各层檐之间只有短短的一段塔身，且每面都有龛和小窗。塔顶的刹全部用石头造就，在壮硕的覆莲上，以仰莲来承托。整个塔的总体轮廓呈饱满的抛物线形，尤其是券门和券窗上的火焰状券面和角柱的莲瓣柱头柱基，都带有很强的异域风格。它的出现不但标志着中国砖构技术的重要进步，也说明我国密檐塔的建筑已经

河南登封嵩岳寺塔

嵩岳寺原为北魏宣武皇帝（508~524年）的离宫，后舍宫为寺，隋文帝仁寿元年（601年）改称嵩岳寺。寺庙早已不存，寺内的塔保存完好。现存的嵩岳寺塔为十五层的密檐式塔，平面为十二边形。

河南登封嵩岳寺塔细部

嵩岳寺塔为砖砌密檐式塔，塔身部分每层用叠涩做成塔檐，两层塔檐之间的塔身上有壁龛装饰。

第四章 三国、两晋、南北朝时期的建筑

河南登封嵩岳寺塔内部

大同云冈石窟第九、十窟外景（右图）

云冈石窟第九、十窟是双窟的形式，窟前方有柱廊，对内部雕像起到了很好的保护作用。廊前立石柱，已经风化，但廊内洞壁雕刻保存完好。

河南洛阳龙门石窟莲花洞藻井（左图）

龙门石窟莲花洞位于龙门西山中部偏南方向，开凿时间大约在北魏明帝孝昌年间（525~527年），是龙门石窟开凿于北魏后期的大型洞窟。洞顶藻井雕刻成莲花的形状，并采用高浮雕的手法，将莲花分三层雕刻，层次丰富，立体感很强。

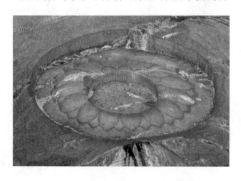

到达了成熟的水平。

楼阁式塔借鉴汉代的楼阁和印度宗教建筑的双重特点，早期的楼阁式塔以方形平面居多，有楼阁式的整体造型又在顶部和细节上带有印度情调。位于洛阳的永宁寺佛塔就是那个时代的骄傲。虽然它被毁于大火，但从考古发现的宏大的塔基仍能想象出它的雄姿。据《洛阳伽蓝记》记载可知，永宁寺塔共有九层，它沿用了台榭建筑的遗构，以六层高的土木合构为台，塔基是方形的土台，其外用砖包砌。台基上有纵横九间的柱网，核心更是以密集的十六根木柱为桩束。塔的四角各由六根柱子组成转角支撑结构。

可惜的是，南北朝时期的数千座木塔都未能逃脱历史的劫数，以至一直到唐代都没能有一座木塔遗留下来。据记载当时仅洛阳城就有大小佛寺一千多所，难以想象当时全城佛寺众多、佛塔云集和香烟缭绕的样子，也难以想象整个国家沉迷于宗教的状态，要不是如痴如醉的追随又怎么会连石壁上也凿刻出大规模的佛寺呢。

虽然石窟寺的概念起源于印度，但在中国用建筑的手法处理开凿的山崖则在汉代就已经开始了。只不过那时主要是用作墓葬而已。大规模的凿壁造寺是在南北朝时代，南朝统治者中很少有人热衷于开凿石窟，所以其中又以北方和中原地区为代表。以北方为代表的另一原因是当时中国南北方的政治文化环境不同。北方僧人多集体坐窟行禅，而南方僧人偏重义理，对坐禅环境没有特殊要求。所以这也就是中国的石窟寺多集中于北方的原因之一了。

开凿石窟与地面建筑最大的不同在于，它不像土木砖砌建筑那样，可以拆搭，如果在建造时稍有失误，就难以补救。虽然石窟和窟室多仿造地面建筑，但建造顺序却与地面建筑自下而上的建筑顺序截然相反，须从上而下开凿。这就要求在上至石窟群体的整体规划，下至单体窟室的个体设计都必须在建造前进行大量的前期策划。而且就当时的开凿工具来说也都十分简单，所以仅一座窟室的建造少说也要几年，如果岩质坚硬的话，甚至要十几年甚至几十年。开凿石窟也是北朝统治者十分重视的一件大事，所以基于以上几点的原因，在当时还设有专门负责石窟工程的部门，而这种部门的设立最早可追溯到北魏时期。可说，在当时已经形成了整套对石窟设计、施工和管理的体制。

石窟寺大多出于两种功能建造，一是作为寺内的主要建筑，就是佛堂、僧房和库房等都为石窟室；二是作为寺内的主要标志，

就是在石窟前还建有殿堂、僧房等其他地面建筑物。石窟寺在内部的空间和外观形式上大都参照地面建筑的形象。如依照窟室的不同功能而面积也有大有小；窟室内顶部表现出建筑的室内特点，有拱顶、帐顶形象；在窟室的内外相应部位以雕刻和绘画的方式做出斗栱、柱额、椽枋的形象等等。这些不同地区的不同窟室，由于反映的是各地佛寺的不同面貌，所以在没有当时佛寺留存的今天，是我们了解各地佛殿建筑的重要参考。由于受崖面的限制，因而在洞窟建筑中，总体布局和建筑形态与地面建筑又有所不同。

南北朝时代的石窟东到山东，西到新疆，南至浙江，北到辽宁，不但范围十分广大，而且这些石窟还以其精美的雕刻和壁画著称于世。最重要的石窟有山西的大同云冈石窟和太原天龙山石窟、甘肃的敦煌莫高窟和天水麦积山石窟、河南的洛阳龙门石窟等等。其中敦煌莫高窟和洛阳龙门石窟在隋、唐以后又有大量的开凿。

石窟的发展大体可分为三个阶段：

一、初期阶段：这时石窟的特点是窟内主像特大，洞顶和壁面大多没有处理，窟外可能有木构的殿廊。这类石窟数量很少，如云冈的第十六至二十窟，其中第十六和十七窟完成时间较晚，其主像与窟壁之间的距离较之以前加大了，并且有了侧后之分和前壁开龛的做法，已经出现了向佛殿窟的转型。

二、中期的石窟：这时的石窟内部已经有所处理，除了佛像外，在石窟壁上大多有精美的雕像和壁画，又或佛教故事和装饰用的花纹。它们大多规模较大，或具有前后两室，或在窟中央以佛像和塔作为中心柱。内部佛像的比例也相配合，因而显得内部十分宽阔。窟的外部多有火焰形券装饰的门并且门上开窗，又被称为中心柱式窟。

三、后期的石窟：向大规模的仿照地面建筑的方向发展，使整个石窟外貌呈现木构殿廊的形式。如麦积山的第四窟，又称七佛阁，不但有庑殿式屋顶，正脊上两端还有鸱尾，前廊的方形立柱上置栌斗以承受檐额，栌斗口内有梁头伸出。又如这个时期最后阶段的作品天龙山石窟，在廊子高度、宽度以及和后面窟门的比例上，在栌斗与阑额和它上面斗栱的比例上，都表现得恰到好处。这类石窟不但真实地再现了木建筑的结构式样，而且就其本身来说也是十分精美的。这时的石

大同云冈石窟第六窟外景

麦积山第62窟正壁、左壁北周菩萨

麦积山石窟开凿在甘肃省天水市东南的麦积山的崖壁上。据记载，麦积山石窟始凿于十六国的后秦时期，而兴盛时，也就是造像的高潮期，则在北魏、西魏和北周。图为麦积山石窟第62窟正壁、左壁北周菩萨。

北魏石刻中的园林

魏晋时期的皇家园林从功能上看，仍是供帝王享乐的场所，就园林的内容而言，自然景象增多。从北魏石刻中的园林可以看到，筑山凿池和丰富的植物景观在园林景致中占了很大的比重。

窟摆脱了西域及印度等外来风格的影响，已经成为具有浓郁的中华民族特色的建筑。

两晋、南北朝时期随着城市的发展，各个帝王也兴建皇家园林和苑囿。但由于这一时期多战乱的关系，此时的园林在规模上已经不能和汉代相比。两晋和十六国时期沿用了曹魏的园林，不但沿袭了华林苑的旧名，也保持了自汉以来苑囿的游观、求仙等功能。虽然东晋在其园林中建有比较奢华的宫殿，但总的来说园林建设上没有大的发展；华林苑从刘宋（420~479年）起开始了大规模的建设，除添建了诸多的宫殿外，还开凿了天渊池，虽在以后的侯景之乱中被毁，但在陈（557~589年）时又加以建设，是南朝最繁华的建筑。但它已成为宫的一部分，不能再称其为苑了。此外在建康城外依玄武湖和长江边还建有乐游苑、上游苑等，有时还会对公众开放。

南朝时太子和诸王也都有兴建自己的苑囿，总的来说南朝园林的建造主要有两种形式：一是全为临摹自然景观的人工造景园，二是在自然环境中建筑少量建筑构成的自然景观。这两种景物布置虽不同，但都以追求自然、增添情趣为主，以精美见长。

北朝的苑囿与南朝不同，它注重建筑的巨大美观和人工的技巧。其中以邺城的新城，即邺南城的苑囿为代表，从东魏（534~550年）建南城起就建有华林园，后经北齐扩建改称玄洲苑。这时的园林建造受大一统思想的影响，所以其布局为五山五池形，以象征五岳四海归一。北朝园林建筑的特色是在浮船上建水殿，这是为北朝所独有的。

魏晋以来，形成了一个特殊阶层——士族阶层。他们凭借祖辈的功劳享有大量的财富，又借士族特权兼并了大量的土地，因而修建了许多著名的私家园林。这时期的私家园林大致可分为两类：一是建在住宅旁边的园林，一是挑选山水俱佳的环境建园林化的庄园。总体上南方园林有较高的文化内

绍兴兰亭鹅池碑亭

南北朝时期，私家园林开始兴盛，并且因受到玄学思想的影响而表现出追求自然山林野趣的倾向。园林的主人多为隐逸江湖的文人，从而使园林的建置朴素优雅。

涵，注重在园林中蕴含思想和哲理，北方园林则大多注重朴实。这时期无论从造园的技巧还是手法上来说都有很大进步。

住宅旁的园林大多是官僚们筑山挖池之作，其目的是表现自然之美和追求清雅。

园林化的庄园以西晋石崇（249~300年）的金谷园为典型，也最为著名。他的庄园建在山谷中，所有建筑物依地势起伏而建，并有水渠围绕其中，外围还有果园、水池和田园等，是兼顾居住和游赏功能的极其奢华的大庄园。南朝时的大庄园也很多，如东晋时谢玄之孙谢灵运（385~433年）的庄园、孔灵符的庄园等等。

园林的设计在两晋南北朝时期主要受人们追求自然、享受自然的思想影响，虽然也有极尽奢华之作，但园林大都力求表现自然，并追求园林在意趣和境界上的文化内涵。并且南方以其浓厚的文学基底，对于上述方面在园林中的体现又较之北方园林略胜一筹。

三国至东晋前期和十六国时，建筑形式基本是东汉的延续，仍是在原有基础上加大了奢华的程度布局，在建筑艺术和技术上没有较大发展。南北朝后社会才逐渐稳定，对于当时的建筑我们也只能从留存的石窟中大概了解其风貌。

这时期的建筑材料的发展主要体现在砖瓦与金属材料的运用上。金属材料主要用作装饰，如檐角、塔顶和门上等等。砖和瓦在产量和质量上都有了进步，也开始大规模地应用到地面建筑上来，如上文提到的嵩岳寺塔就是砖结构技术进步的标志。

我们不能不提到这一时期的石工技术，因为在大规模的石窟建筑中，石工们精湛的手工艺不但给我们留下了丰富的历史遗产，而且以麦积山、天龙山上的石窟为代表的对木结构建筑的准确再现也体现了当时木结构的艺术风格。这在没有那一时代任何木构建筑实例仍然存在的今天，对于我们了解当时的木构架建筑提供了很大的帮助。在两晋南北朝时期，从西域传来了琉璃的制作工艺，并且开始施之于建筑构件。这就给当时及以后的建筑增添了一些亮色。

从石窟中所反应的形象我们可以看出，建筑的木构件已经在传统上有所发展，更加

河南登封嵩岳寺塔内部

三国、魏晋时期，砖石技术有了新的发展。砖结构中的拱券、筒壳、叠涩的多种砌筑形式，使砖结构建筑造型更为丰富。河南登封县的嵩岳寺塔是现存唯一魏晋时期的砖塔。塔的内部实际上是一个上下贯通的空筒，只是在顶部有叠涩的砌法封顶。

大同云冈石窟第九窟内的石刻门楼

云冈石窟第九窟墙壁上石刻门楼完全仿木结构，屋脊的鸱尾、檐下的斗栱、额枋上的门簪等都表现得十分细致。

第四章　三国、两晋、南北朝时期的建筑

大同云冈石窟第六窟石刻中表现的屋宇建筑形象

多样化，不但出现了许多新的构件，而且其形象也更柔和更具装饰性。更多的歇山式屋顶的出现，屋顶的组合形式又增加了勾连搭和悬山式屋顶加左右庇两种形式。屋脊由瓦叠砌，正脊也由于鸱尾的使用而更突出。在房屋的梁架上，人字叉手在中央加蜀柱或横木以加强其牢固度和承载能力。

柱子的断面也有了方形、八角形以及梭柱等样式。从石窟所反映的栱的形象看，斗栱有单双之分，除支撑檐以外还支撑枋。不出跳的人字形补间铺作或单独使用或组合使用，形式也逐步由平直向弯曲发展。从东晋起还有了屋角翘起的新式样子，它使那些大型的屋顶显得轻盈了，也给整个沉重的建筑又加入了一缕活泼的阳光。

南北朝时，国家专设了工程管理部门，也出现了一批技艺精湛的匠师和工官。但这些人多是在军队中以建筑成绩留存于史册，与隋唐时期所留存的工匠名字不同，所以说明当时工匠的地位还很低微。当时见于史册的建筑匠人只限于宫室建造上。

以北朝的蒋少游（？~501年）为例，他是士族出身，在北魏的都城和宫室建造上有重要地位。当时的华林园和金墉门都是他建造的，他在创建洛阳新都的宫殿上也起主要作用。可以说其贡献和功绩是不可忽视的，但同时代的文学作品却多反映出对他的惋惜和偏见。

受社会、民族、西域和印度的佛教艺术等因素的影响，这个时期的建筑除秉承了秦汉以来建筑的成就以外，又融入了各种不同的风格和建筑技法，并加以丰富的创造，是中国古代建筑风格走向成熟的转折点，它不但具有那个时期鲜明的特色，也为以后隋唐建筑的发展铺平了道路。这一时期建筑中的诸多变化也影响了后世中国建筑的风格。

北朝木构架建筑
（引自傅熹年主编《中国古代建筑史》第二卷）

1构架示意图，2敦煌莫高窟420窟隋代壁画，3龙门路洞北魏末浮雕，4河南省博物馆藏北朝或隋代陶屋，5甘肃天水麦积山5窟隋代窟檐。

第五章　隋唐时期的建筑

第一节　发展综述

隋唐时期是中国封建社会的鼎盛时期，也是中国古代建筑发展成熟的时期。这个时期的建筑在继承两汉以来建筑成就的基础上，又融合了外来建筑的风格，形成了一个新的完整的体系。隋朝的历史短暂，这一时期的中国建筑既有对南北朝时期建筑风格的继承，也有自己的新发展，为以后唐朝建筑的发展奠定了一定的基础。初唐、盛唐时期，无论是建筑的规模、皇宫的建筑与占地面积以及石窟寺建造的数量等，都达到了空前的水平。唐中期爆发"安史之乱"以后，北方的经济受到重创，从此以后唐朝就逐渐衰落。公元907年，朱温灭唐，中国进入到五代十国时期（907~960年）。在约半个世纪的时间里，历史重演，中国重新陷入战乱割据的局面，南北方都经历着政权更替频繁之苦。这时，只在南方的南唐、吴越和西南的前、后蜀战争较少，建筑有小幅发展，并对北宋初期建筑产生了影响。鉴于这一时期历史短暂，对唐代建筑风格很少产生变化，所以本章以唐代时期为重点，细述这一时期的建筑类型及其影响。

隋朝的历史虽然只有不到40年，但在这有限的时间当中却写下了在中国乃至世界建筑史上堪称辉煌的一笔。隋朝用了六年时间开凿大运河，形成了南至杭州，北至通县，西至西安，全长达2000多公里的完整水运体系；只用了不到一年的时间就建成了世界古代史中规模最大的城市之一——大兴城（唐时称长安）；隋大业年间建造的赵州安济桥，是目前所知世界上最早的敞肩拱桥。这些都说明当时无论是设计、技术还是组织施工都已经具有相当高的水平了。

山西平遥镇国寺

隋唐时期是中国封建社会的鼎盛时期，在安享了三百多年的繁荣盛世后，随着各地割据政权纷纷建立，中国历史进入五代十国时期，再次陷入四分五裂的局面。建筑从侧面反映了社会政治局势的转变和经济发展的状态。图为五代时期建筑遗物平遥镇国寺。

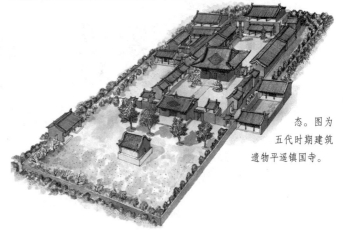

唐墓出土石雕中的双阙

唐代的阙虽然没有汉代普遍，但在陵墓、宫殿建筑中仍大量存在。图为唐代陵墓中出土石雕中所表现的带有子阙的左右连墙的双阙。

唐代在隋朝的基础上将中国建筑文化推到了更高的境界。经过魏晋南北朝的大混战和隋朝的短暂繁盛之后，到了唐朝时，由于统治者采取了发展生产、巩固统一等一系列固国兴邦的政策，所以不仅经济实力超过了以前的历朝历代，在思想文化方面也有了辉煌的成就。这时，借助于全国统一后的安定局面，进行了空前规模的建设工作。由于当时已经有了成套的设计规划方法和施工组织原则，所以能够在短时间内建筑规模巨大而布局严整的建筑群。唐代的建筑主要呈现以下几个特点：

一、由于国力的强盛，经济繁荣，这一时期所营造的城市与建筑的规模宏大。在隋朝的首都大兴城基础上建造起来的长安城是当时世界上最大的城市之一。

二、建筑的布局模式，尤其是首都的布局模式有所改变，小到局部与单体与整体的联系，大到城市、宫殿和寺院的建设规划上都体现出了有机的结合。

三、建筑材料发展成熟，木构架技术迈入了体系发展的成熟阶段，木构件的形式和用料都向着制度化的方向发展，砖石结构的建筑也有了很大的进步，主要体现在塔的

唐长安明德门外观复原图

明德门是长安城的正南门，因此比东、西、北三面的大门多出两个门道，共有五个门洞。城门的墙体立面呈梯形，上为庑殿顶的城门楼，整体气势庄重。

建造技术上。此外琉璃的烧制水平更加提高，使用范围更加广泛。

四、隋唐时期的建筑是我国古代建筑营造继汉朝以来的第二个发展高峰，并影响了朝鲜半岛和日本的建筑风格。是中国建筑艺术对海外影响最大的一个时期。

第二节
隋唐的都城与宫殿

隋唐两代是中国古代城市建设发展的重要时期。由于常年的战争，到隋朝建立时，前朝各代的都城、重镇都有不同程度的破坏。隋政府统一全国前后分别建造了大兴城和洛阳城作为首都。两座城市不仅规模宏大，其繁华程度也前所未有。

随着政治局面的安定和经济的发展，隋唐两代修复了大量的旧城，并新建一批大中型城市，到唐代极盛时期，全国共有328个郡府，1573个县，比前代郡府数量大大增加。城市的大量兴建改变了人们的生活方式，促进了手工业、商业的发展。隋唐城市布置的方式采用里坊制，外为郭，内为城，子城内为衙署集聚区，居住区分布在子城外，居住区被划分成若干方形或矩形区域，外部用坊墙围封，称为里或坊，在坊之间建封闭的市，市与坊之间形成规整的方格网道路。里坊是隋唐城市的基本组成单元，城市的大小依坊数而定。

长安是隋唐两代的首都，始建于隋文帝时期。由于当时的汉长安城不但规模小，宫室与闾里混杂，而且经过多年的战争建筑大多已经残破不堪，加上汉长安位于塬上，地势高，因而生活水质也不好。所以隋文帝（541~604年）命大臣宇文恺（555~612年）在原都址的东南塬下地势较低的地方修建新的都城，用时不到一年，就基本完成并投入了使用。此城以皇帝曾经的封号为名，称为大兴城。整个都城分宫城、皇城和郭城三部分。其中宫殿和官署建筑大都从汉长安拆建而成，郭城每面有三座城门，除正南的明德门设五条道路外，其余每座门都分为三道。城门上都建有高大的城楼，其中宫城的城楼先建，宫城城门上的城楼建完后，

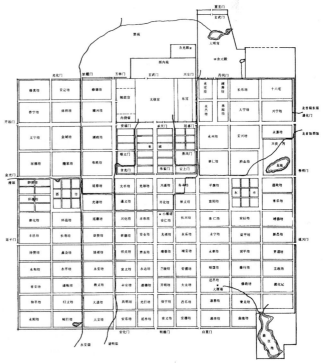

唐长安平面图

唐朝建立政权后继续沿用隋代大兴城，只是将城的名称改为长安城，另外部分殿堂的名称也有所改变。

第五章　隋唐时期的建筑　65

唐长安城全景示意图

唐长安城平面近似方形，由外到内为郭城、皇城、宫城，建筑布置由疏而密，建筑体量由矮小到高大，建筑规制由简单到繁复，建筑色彩由淡雅到浓艳，节奏越来越紧凑，气氛越来越庄重。

唐长安城大明宫玄武门立面复原图

唐代在长安城东北建大明宫，作为皇帝日常处理朝政、生活起居的场所。本图为大明宫的北门玄武门。

又建皇城城门上的城楼，郭城是在隋炀帝（569~618年）时期（604~618年）增建的。唐代基本延续了隋代首都大兴的格局，但还是有所增建，主要是皇宫。唐代在郭城北墙外增建大明宫，城东郭城内增建兴庆宫，城东南角又修建了芙蓉苑景区，芙蓉苑景区与大明宫通过东侧城墙及其夹城之间的夹道相连。

长安城北和城东都有河流，运输相当方便，而且由于城内南高北低且南部地形起伏，有若干渠水流经整个城市，用水也相当方便。长安城总结了邺城、洛阳城等前朝各个时期的建城经验，在方整对称的原则下，将宫城和皇城置于城中的主要位置。城内由棋盘式的道路分成各个不同功能的区域。

宫城位于全城最北的中部，平面为横长方形。宫城以南是皇城。皇城再向南在其两侧设东西二市，作为商业交易场所，因为当时还没有沿街店铺的出现。城市的其他区域是里坊，即住宅区及寺院区，城内还建有少量的官署。宫城建在都城的最北面居中位置，东部设一门，北部与西部各两门，南面五门，北出玄武门是禁苑。宫城内部由中部皇帝听政和居住的太极宫、西部宫人居住的掖庭宫、东部太子居住的东宫三区宫殿组成。

皇城在宫城之南，隔着一条宽220米的横街与宫城在路南北两侧对峙。皇城是隋唐二代的中央军政衙署和宗庙的所在地，城中主要建筑是寺、监、省、府、卫等的署衙，在其中轴线左右设有太庙和太社，分别祭祀皇家的祖宗和社稷，符合自古以来的左祖右社规制。

长安郭城区有南北向街道11条，东西向街道14条。通向南面三门的街道和沟通东西三门的街道为全城的主干道，合称六街。这些主干街道路面都很宽阔，为排水的方便，除了有道路中间较高的处理外，两侧还挖有排水沟，排水沟两旁种有槐树。但就是这样，遇到暴雨时排水仍有困难，在大雪过后的融雪天常常因为道路泥泞，大臣的鞋下粘有重如石块的泥砣而影响上朝。

长安城内被街道分为114坊，由于将手工业和商业店集中固定在某一市场内是古代都城的规划特点，所以东西两市各占去两坊，加上城东南的芙蓉苑和曲江池占去两坊，实际为108坊。东西两市周围用墙垣包围，四面开门，中间设管理市的机构——市署和平

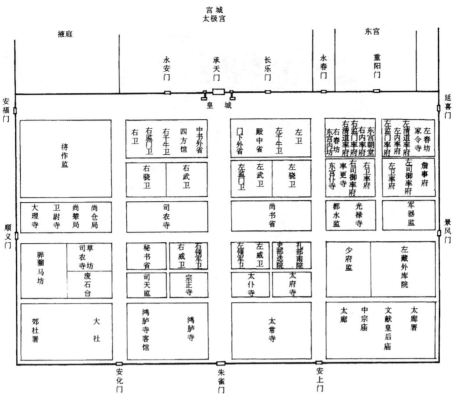

唐长安城皇城平面图

唐长安城皇城是唐朝的军政机构和宗庙所在地，主要建筑有太庙、太社和六省、九寺、一台等官署。皇城北面是宫城，宽度与皇城相同。

准局。东市是各行各业的商店，西市里面还设有外国商店。里坊四周也多用高大的夯土墙包围，小坊只有东西二门，大坊中则有十字街且四面开门，坊中较窄的巷道称为曲。坊的外部沿街部分是权贵、官吏的住宅以及寺院，一般民居散落这些建筑之后，通过巷曲与坊相连，有些里坊也有店铺。

长安城虽然规模巨大，经济繁荣，但也有其不足，比如过分追求面积的巨大，致使在盛唐时期的长安城内仍有无人居住的里坊，在这些荒废的坊中甚至出现了阡陌交通的垦田耕种现象。还有上面提及的没有用石或砖铺设路面的问题，都反映出当时工程技术与城市规模不能同步发展的局限性。

隋唐二代都有设两个都城的制度，并且都以洛阳为第二都。但洛阳无论在面积还是在规模上都较之长安要小很多，它的面积只有长安的一半大小。其中宫城和皇城都在洛阳的北区西部，除皇家建有很大的苑囿外，很多官僚也在洛阳南区大肆修建住宅和园林，所以洛阳又以园林著称。洛阳分南、西、北三市，尤以北市附近最为繁华。郭城的

南区和北区有一百多个坊，虽规格都比长安的里坊小，但其布局却比长安紧凑得多。唐代在边疆新建或改建了许多军政重镇，这在唐代的城市功能中也是一个重要的类型。边城的城墙多以夯土筑成，只用砖包砌城门和角楼，边城的城门在门道两侧设有密排的木柱，起加固壁面和承托木构架的双重功效，而且也为防止敌人挖掘城墙而引起塌陷，起到了很好的预防作用。而且当时还每隔一定高度铺设一层垂直的木椽，以增加土筑墙的牢固性。这种方法在唐代的宫殿建设中也被广泛采用，唐代的城门一般在门道内还有一重木板门以保障安全。边城城外多建有城壕，城壕上的交通桥梁还做成翻板的形式。城壕之内又建矮墙，其作用是增

	坊北门		
西北隅	北门之西	北门之东	东北隅
西门之北	十字街西之北	十字街东之北	东门之北
西门之南	十字街西之南	十字街东之南	东门之南
西南隅	南门之西	南门之东	东南隅
	坊南门		

唐长安城坊内十字街示意图

坊是隋唐城市的基本单元，坊内布置住宅或寺庙。东西两面开门的坊，坊内东西向的街为横街。东西南北四面开门的坊，坊内的街称十字街。十字街把坊分为四部分，每一部分内又有十字街，将坊分为十六个小区。这十六个小区按其所在的位置有对应的名称，分别是（西）门之南（北），南（北）门之东（西），十字街东（西）之南（北），东（西）南（北）隅。

唐代大明宫含元殿复原图

唐大明宫前区的含元殿是大明宫内的一处重要殿宇，其平面为倒凹形，这种平面形式对以后宫殿殿堂的影响深远。明清紫禁城的午门即为倒凹形。含元殿主体建筑建在高大的城台之上，左右各建一座阙楼，大殿前是长长的龙尾道烘托出大殿庄重的气势。

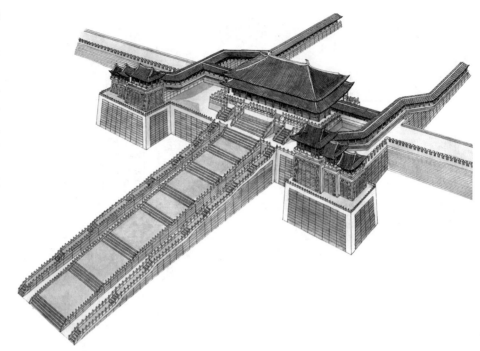

加一道防线，这道矮墙被称之为羊马墙，据文献记载，这种羊马墙可能出现在安史之乱（755~762年）以后，是唐代新出现的城防设施之一。

由隋入唐，没有经历毁灭性的战争。所以唐朝建立后，不管是长安还是洛阳都沿用了隋代的旧宫，在唐贞观八年（634年）才为太上皇李渊（566~635年）建造了永安宫，并于次年改称大明宫。此宫从唐高宗起一直在进行扩建和整修，不但是唐代主要的朝会场所，也是唐代帝王长住的宫殿。大明宫高踞在长安东北龙首原上，平面呈不规则的长方形，群殿依山而建气势磅礴，可以俯瞰整个长安城。大明宫分外朝和内廷。外朝主要是办公、会议和外交之地，规模宏大，在轴线南端从前向后依次坐落着大朝含元殿，日朝宣政殿和常朝紫宸殿。在各殿左右还建有对称的宫殿楼阁等配套建筑。内廷主要是供皇帝及嫔妃们居住和游宴之用。

宫的北部就低洼的地势开凿有太液池，池中有山，池周围有回廊和亭台楼阁等，是大明宫的园林区。

作为主殿的含元殿为单层建筑，外观呈重檐庑殿形象。总平面是凹字形，坐落在十米多高的夯土台上。台中心又筑两层台基，下层是陛，上层是阶，殿的主体就建在阶上。连下部墩台，含元殿有三层台阶，都用石料包砌，装有青石雕花的栏杆。殿前有长达七十多米的龙尾道，也就是类似于台阶的大坡道，分七段渐渐起伏，其平面地段铺素面砖，坡面地段铺莲花砖。从考古发现的遗址上看，含元殿建筑面宽十一间，殿身处柱网密布，但在殿后身和两侧山墙却没有立柱的柱础痕迹。只靠单薄的素夯土墙是怎么支撑厚重的上檐？至今还是一个谜。含元殿两侧还建有翔鸾、栖凤两阁，以曲尺型廊庑与含元殿相连。整个建筑加上龙尾道相呼应，其建筑尺度、台基高度、整体气势等都要超过明清故宫的太和殿，气势恢宏，充分显示出大唐的繁盛与威仪，也是进入营造体系成熟阶段的中国建筑之代表。

在大明宫太液池的西部高地上，还建有一处大规模的建筑——麟德殿，它是皇帝

陕西西安市唐大明宫重玄门发掘平面图

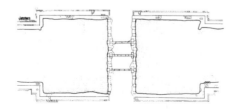

举行宴会，观看杂耍和做佛事的地方。单是这座附属宫殿就是明清紫禁城最重要的宫殿太和殿的三倍。整个宫殿由前、中、后纵向的三座殿阁组成，三殿的两侧还有建筑在高台之上的亭台和楼阁等。三殿连同所有的楼阁亭榭都由登楼的阶道、天桥相接，并且相互之间错落有致，是由台榭建筑的聚合型向庭殿建筑的离散型转变之中的产物。因此，麟德殿的设计手法灵活，造型丰富，空间变幻高低错落，是一座集艺术性与技术性为一体的、艺术价值和技术难度都相当高的殿堂建筑。

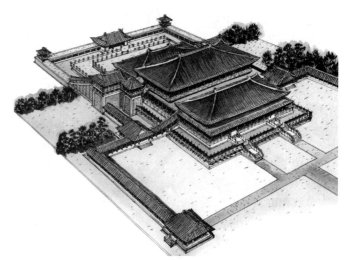

唐代大明宫麟德殿复原图

大明宫后御苑中的麟德殿是皇帝宴饮群臣、观看马球比赛和游赏的场所。建筑造型采用前中后三座殿阁建在一座二层台基上的形式，前后两殿体量较小，中间殿堂体量较大，使建筑富有层次感，外形更为美观。

第三节
隋唐时期的礼制及陵墓建筑

从南北朝时期开始，当时的一些政府机构就有在首都南大路东侧建立圜丘，在都城的北侧建方丘，以"天圆地方"这种古老的宇宙观念，分别祭祀天、地之神的制度。这种制度一直延续到明清。和前朝一样，隋唐时期都建有各种礼制建筑。宗庙，也就是皇家的祠堂，或叫做太庙。唐代的太庙主要在隋代的基础上扩建而成，仍遵从"左祖右社"之制，将太庙和社稷建在皇城的东西两侧。唐初太庙沿用隋制，设四室，祭祀四世祖先，后又改为六室、七室、九室，至会昌六年（公元846年）太庙祀九世，设十一室，所以就形成了狭长形的建筑。这种形式影响了以后两宋和金的太庙，它们的殿宇也都以横长方形的狭长为主要模式。

明堂是古时天子宣明政教的场所，朝会、祭祀、庆赏、选士、教学等活动都在明堂举行。但到了唐朝，已无人知晓古代明堂的具体模式。而且，自隋朝以来，儒臣们都存在着古代明堂设计模式究竟是什么样的这样一种学术争论。具体地说，主要是明堂建筑究竟是五室还是九室的建筑模式，再加上朝代更替时的社会状况不稳，皇家也一直不具备营造的条件，所以明堂一直没有建成。到了武则天（624~705年）时期，因为武氏要通过祭明堂表示以周代唐的合法性，所以在她的高压和杀戮威胁下，儒臣们也不敢有所异议了。于是拆毁了东都洛阳皇宫的正殿乾元殿建明堂。由于动用了大批人力、物力，因而只一年就建成了。隋唐两朝只建有唯一的一座明堂，这座明堂也是初唐超大型殿阁的一个代表，也是中国历史上的最后一个明堂。

据《唐会要·明堂制度》记载，这座明堂高294尺，中心有巨木十围，上下贯通，是一座大尺寸的三层崇楼（崇楼，古代指三层以上的高楼）。第一层为正方形，太室在中间，四个正面是青阳、明堂、总章、玄堂四室。太室与四室之间有巷道相连，太室正

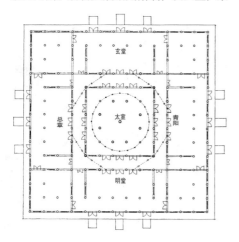

唐洛阳宫武则天明堂平面复原示意图

据《唐会要·明堂制度记载》，武则天时期的明堂建在洛阳宫城乾元殿南面。第一层平面为正方形，太室居中，四个正面是青阳、明堂、总章、玄堂四室。

唐洛阳宫武则天明堂立面复原示意图

唐洛阳宫由武则天改建成的乾元殿立面复原示意图（傅熹年主编《中国古代建筑史》第二卷）

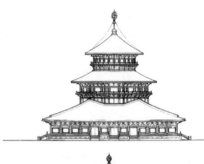

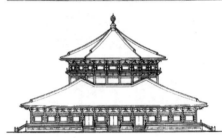

中有巨柱贯通上下，其四周有太室中央三间四面明间柱八根，构成八角形柱网，它以梁与巨柱相连，构成第二、三层的核心构架。第二层是十二边形，第三层是二十四边形，均为圆形屋顶。它整体上沿袭了上圆下方的明堂传统形态，主体为中心堂柱的木结构，表明了这座明堂已经是一座大型木结构殿阁。摆脱了在此之前以土台为核心的大型殿堂建筑的设计模式。

然而当时的纯木结构还不完善，由于建筑的尺度过于高大，武氏明堂存在着结构和材料强度等问题，建筑的坚固度一直存在安全隐患。所以待武则天死后，又对这座建筑进行了改造修理，除改回原名乾元殿外，还拆除了顶层，把二层的十二边改为八边，随之屋顶也改为复瓦的八角攒尖顶。

除太庙、明堂以外，隋唐秉承南北朝以来的旧制，在都城以南建圜丘，都城之北建方丘，分别祭祀天、地，另在皇城南面建祭祀土地之神的太社和祭五谷之神的太稷，两坛并列，社东稷西，均北向。

隋唐礼制建筑延承旧制，但在建筑形制和规模上更加宏阔，大气，以示隆重，表现出泱泱大国的气派和威严。

唐朝的皇帝陵墓采用了与前朝制度不同的方式建造，即利用山丘建造，以山为坟。

这种建造方式始于唐太宗（598~649年）时期，后来竟成为修建唐陵的主流，在唐朝十八座帝陵中，有十四座依山而建。以乾陵也就是唐高宗（628~683年）和武则天的陵墓在选址和利用地形上所取得的成就最高。

唐朝的陵域里都设有两重围墙，内重围墙在陵丘四周，一般是方形平面，每面开一门，门外有阙和石像生。以南门为正门，门内建祭殿。内重墙内都有陵墓和寝宫两大部分，陵墓就是地下建筑，包括甬道和墓室等，在祭殿之后，是埋尸之处。陵墓的西南建有寝宫，分朝和寝两种建制。寝宫内设神座，有宫人专门服侍。

唐乾陵全景示意图

唐代皇家陵墓主要建在唐长安城附近，也就是现在的陕西西安附近。陕西省唐代陵墓共有十八座，称唐十八陵。目前经考古发掘，遗迹较为完整的有唐太宗的昭陵、唐高宗的乾陵、唐肃宗的建陵等，其中以昭陵和乾陵最具代表性。图为唐乾陵全景示意图。

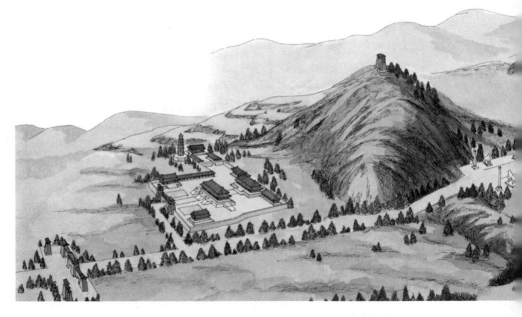

陕西乾县唐代永泰公主墓墓室剖视图

永泰公主墓是乾陵的一座陪葬墓，墓主人是唐高宗李治和武则天的孙女永泰公主李仙惠。墓高14米，四周有围墙。地下部分主要由墓道、便房、甬道和墓室等几部分组成。

唐高宗李治和武则天的合葬墓，位于现在的陕西乾县梁山，叫做乾陵（始建于683年）。陵园整体模仿长安城的平面布局模式，以梁山主峰为陵，有方形的陵墙，四面各辟一门。在南门约四公里长的神道上分别设三道门阙。第一道为土门阙，这一区在神道两侧是皇帝近亲与功臣的陪葬墓；第二道门阙依山而建，神道两边是对称的石像生和石碑；第三道在南门以内，象征皇帝的宫城，门内建有祭祀用宫殿。

唐代的皇帝和皇室成员陵墓还有一最大的特点，就是通过壁画和地下的墓室表现墓主生前所住的宫室，使得现在我们可以通过对这些地下宫殿的认识了解唐代宫殿的情况。以永泰公主墓为例：永泰公主（死于701年）是唐高宗与武则天的孙女，其墓位于乾陵东南角。以精美的壁画著称。陵墓以南北轴线为序，大概是出于防盗的目的，地下部分比地上部分的轴线向东偏移了几米，依次为向下倾斜的墓道，砖砌的甬道和前后两个墓室，后室有石制石椁一具。其墓道两旁绘有精美的龙、虎以及阙楼和仪仗队等，甬道绘有宝相花平棋图案和云鹤图，墓室顶部以传统方法绘天象图，四壁则是以

第五章 隋唐时期的建筑

陕西乾县乾陵永泰公主墓壁画

永泰公主墓地下的墓道和墓室内壁绘有多幅侍女壁画，主要表现的是公主生前的生活场景。

人物题材为主的壁画。永泰公主墓中的壁画是现已发现的唐代墓壁画中少有的精品。

在唐代的陵墓中还发现有仿地面庭院的一种建筑形式，叫做天井。它最初可能是一个从上部地面的部分垂直向下，到一个理想的深度时开挖成的一个长方体空间，其功能是让更多的工匠便于从多处同时沿轴线向前或后方开挖隧道，后来成为唐代墓制的一部分，而后还被赋予了象征意义。天井把隧道分成若干个过洞，每个过洞的两侧和顶部都有壁画装饰，天井的四壁也画柱子等进行装饰。由于墓室与等级的规则有着密切联系，所以从天井和过洞数量的多少和墓室的数目也可以看出墓的规格。在已经发现的唐墓中，除帝王墓和个别特例外，一般贵族只有一个墓室。

唐代的皇帝陵在具体设计手法上各有各的特点，并不相同。从利用自然地势的角度来说，唐朝第二代皇帝李世民（599~649年）的陵墓，是气势和规模最大的一座。它位于陕西省礼泉县城东北20多公里处。陵园周长60多公里，总面积20000多公顷，陪葬墓160多座，陵园建设持续了107年（636~743年）。著名的昭陵六骏就是这个皇

陵的石质浮雕。

昭陵最大的特点在于非常巧妙地利用了山势。作为皇陵的主山，也就是皇帝灵柩下葬之地，气势异常雄伟，而主山前面的远处，环绕着连绵不断的山脉，这些山脉又微微低于主山的高度。使前来参观的人，在第一时间就被群山构成的整体气势所震撼。由于这种绝佳的地貌不可多得，后世皇陵很难再找

唐昭陵六骏石雕之飒露紫

昭陵是唐太宗李世民的陵墓。本图为昭陵石刻"昭陵六骏"之一的飒露紫。飒露紫是李世民所骑乘的战马的名字。

长江积雪图（唐）

唐人绘制的《长江积雪图》中表现了盛行于晚唐时期的山居住宅的形象。

到类似昭陵这样理想的基址，对皇陵建设影响不大，因而对后世皇帝建设影响最大的还是乾陵。尤其是乾陵的布局模式对于明清皇陵的影响十分巨大。明清皇陵的设计思维基本是从乾陵的营造经验中获得的参考信息。

第四节 隋唐时期的住宅与园林

隋唐时期的住宅在形式上有严格的等级制度予以制约，从屋子的间架数目，到屋顶的形式和房屋的细部装饰等各个方面，官方文件都做了明确的限定。在目前所知的隋唐时期的房屋的整体布局上，出现了几种常见的形式：贵族的宅第有用外部设有直棂窗的设置在主房与倒座房之间东西两侧的回廊连接而成的四合院，也有用回廊组成的庭院。乡村的住宅有以房屋相围绕，构成平面呈长方形的四合院，以及茅屋和木篱围合而成的三合院两种，可见当时宅院的布局已经比较普遍地使用中轴线和左右对称的布局方法了。而且虽然不设东西厢房的廊院式的住宅还在发展，但已经呈现出东西南北四个方位都设有房屋的合院式的住宅模式。

官僚和贵族的宅第大都是规模广大且内部装饰奢华，这些豪宅多以高级木料为梁柱，这时已经很注重室内的装饰，地面一般铺方砖或花砖，也有较高等级的磨光石铺地。墙面比较豪华的装饰是用红粉香泥抹墙。唐代大墓中所绘壁画，墓室内部多画有柱子、斗栱等。斗栱在柱上的结构多画为一斗三升。根据补间的人字栱来看，所表现的已经是全木构的建筑。而且当时的美术作品也表现出

甘肃敦煌莫高窟唐代壁画中的住宅

甘肃敦煌莫高窟壁画中表现的住宅院落为由回廊围合成的合院的形式，还能看到两进院落的庭院住宅。

沉香亭图

这是清代画家采用界画（采用界尺等工具作画）法描绘的唐代宫苑图《沉香亭图》。沉香亭是唐代内廷宫苑兴庆宫内的一座亭子，亭名因周围种植牡丹而得。李白在诗中也曾有过记述："名花倾国两相欢，长得君王带笑看。解释春风无限恨，沉香亭北倚阑干"。

雪溪图（唐·王维）

唐代私家园林发展繁盛，其主要类型有达官贵人的山池庭院和文人士大夫的别业、草堂等。很多文人不仅吟诗作画，还广筑园池，以作修身养性之所。图为唐代大诗人王维的绘画作品《雪溪图》。

院落中仅正堂为全木构，其他房屋都是明显的土木混合结构。这就说明，全木结构的房屋是当时等级较高的住宅。只有非常富有的人家才能使用。而且多用在正房等主要房屋上。当时的中型住宅还是以土木混合结构为主，很少有全木结构的房屋，那么小型的一般住宅就更应是如此了。

穿斗式构架与抬梁式构架相比，木料不一定非得使用大型的好木料，这样就使房屋的造价大大降低，普通民众方便就地取材营造住宅。在广州和江西等地，从出土的东汉时期的陶屋中我们已经可以看到穿斗架式房屋的构架了，而且至今在江南、西南和两广地区仍存在大量的穿斗式民居，那么我们可以推论，唐代应该也广泛地应用着这种形式。

此外，南北朝时期宅内造园林郊外建别墅的风气被唐朝的官僚贵族和文人雅士普遍实行开来。他们住宅内的园林呈现出三种不同的自然融合建园方式：一种是在庭院点缀少许花草树木、假山和水池，构成具有自然情趣的小院落；一种是建筑人工山水，将奇石、假山和园林、池水巧妙地融入住宅中；还有一种是选自然环境良好的基址建住宅，形成山居之势。

这就不能不提到隋唐时期园林的发展了。经济和文化是园林发展的两个必要条件，一个是物质条件，一个为精神条件。经济的发展，决定着园林的数量的多寡，没有雄厚的经济基础，不可能建造园林；文化的发展程度，影响着园林的质量，中国古典园林的特点之一就是：文化意蕴丰富。隋唐时期，无论是政治局面还是经济文化，都出现了前无仅有的和平安定、繁荣、昌盛，因此这一时期的园林，自然会有了很大发展，成为中国古典园林发展的全盛时期。

皇家所建的苑囿数目众多，以洛阳的西苑和长安城的禁苑面积最为广大，以至于这些园林比洛阳和长安整个城的面积还要大几倍，禁苑中一般建有大量的宫殿和亭台楼阁等建筑，除了供游赏以外还具有其他功能，如苑中有供打猎的猎场和养殖场，有

相当多的富有人家的全木构的住宅建筑形象。

根据敦煌莫高窟壁画所反映的晚唐官僚地主的宅院来看，不管是院落式还是廊院式住宅，大都有前后两进院落。从平面上看，一般前院较扁，主院较方，前廊与中廊正中分建有两层高的大门和一层高的中门。主院正中建有两层高的主屋，门和主屋形成院落的主轴线，在主院的一侧有版筑墙围合的马厩。西安出土的一件明器显示，这个

供农垦的生产用地等等。也有些离宫的宫苑有专门功用，如华清宫因其地下有温泉，可以反季节种植一些蔬菜，因此成为专门供应早熟的时新蔬菜的种植基地。

以长安的禁苑为例，它的面积很广大，是长安城的两倍多，其间只有二十几座建筑稀疏地坐落其中，它是皇帝的庄园兼猎场，苑中有供比赛龙舟的鱼藻池和皇帝养鱼的凝碧池两大水域，《唐六要·司农寺》中记有："上林署令掌苑囿园池之事。凡植果树蔬菜，以供朝会、祭祀；其尚食进御及诸司常料亦有差"。从文中可知，苑中设有专门的机构和人员掌管园中的园艺和养殖等事物。

隋唐的禁苑还有一项特殊的功能，就是屯驻禁军。唐代在首都的驻军分为由政府管辖保卫都城的十六卫，和由皇帝的亲信管辖直接对皇帝负责的六军。六军也就是皇帝的禁军，由于禁军与帝位的更替和政权存亡有着极重要的关系，所以在禁苑中屯驻禁军不仅可以保卫宫城的安全，也可以使十六卫与禁军互相制约，因为禁苑的面积非常大，所以敌军很难全部包围禁苑，从而为统治者保留一条不必经城内的撤退

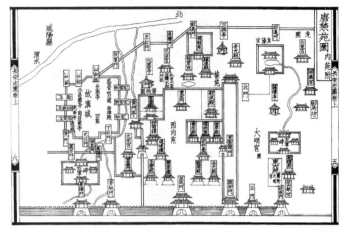

之路。可以说唐朝的苑囿是兼具游赏、养殖、农业和护卫等多种功能于一身的园林。

作为唐代园林一个重要的组成部分，私家园林在唐朝两百多年的时间里有了迅猛的发展。从风格上说，初唐和盛唐由于国势昌盛，人们大都积极开拓进取，追求豪迈，所以那时的园林秉承了南北朝时北朝的风格，多以园林为游乐园，规模宏大且追求热闹。

士人阶层对于隐逸最浅显的信条为"邦有道则仕，邦无道则隐"。唐初由于整个社会风气都有一种向上的趋向，所以对于山居或山林的建设热衷的人并不太多。社会安

《长安志图》中的唐禁苑

禁苑是唐代宫廷园林的一种形式，是皇帝的庄园兼猎场，面积十分广阔。

草堂十志（唐·卢鸿）

唐代文人园林得到大力发展，很多文人雅士喜欢在自然山林之间选择一方清幽之地作为宅园，并往往以"草堂"名之。

辋川图卷（局部）

辋川别业是王维的在陕西蓝田构筑的别墅。王维与好友裴迪在游辋川别业时，写下了吟咏别业景致的诗达四十多首，结为《辋川集》。王维作画卷《辋川图》对别业中的景致进行了更为形象、细致的描绘。

四川成都杜甫草堂碑亭

杜甫草堂是在唐代诗人杜甫浣花溪草堂的旧址上营建的。原草堂中的建筑已无存，但仍保留了草堂质朴、自然的园林风格。

定、政治清明，人们生活安居乐业，为此没有必要跑到山郊野外，去抒情发心，至多也是游山玩水，以作消遣。盛唐时期，虽然社会仍呈现空前的繁荣，但内在的危机已显露，于是人们对于山水隐遁的兴趣再度提高。在文学领域出现了所谓的山水田园诗人，在绘画方面产生了青绿山水和泼墨山水画家。同样在现实生活中也有了像王维的辋川别业、白居易的庐山草堂那样的隐遁山居。唐朝后期，经过安史之乱，尽管唐朝又归于平静，但是导致唐朝灭亡的藩镇割据已经形成，并且统治集团内部的倾轧不断加剧。

盛唐时期诗人王维（701~761年）辋川别业，是中国历史上极为有名的一座山水庄园。位于唐长安城附近蓝田县的辋川谷（今陕西省蓝田县南）。以天然的山丘、河谷、湖面和树木为景再在其间建造亭馆，将乡居的景观和诗情画意的田园情致发挥到了极点，是庄园式园林的代表之作。

唐代的另一位大诗人白居易（772~846年）是官僚出身，由于身居城市，不可能长期纵情于山水之间，所以在其住宅后部修建了小型的园林，其实不过是在庭院中种植林木和点缀奇石水池而已，是极袖珍的园林。尽管客观上的实际园林不大，但白居易却有"宽窄在心中"的豁然，因此给后人留下了"卧房阶下插渔竿"的闲散意境。

安史之乱后，唐政府为了解决财政匮乏和尖锐的阶级矛盾，先后实行了榷盐制度和两税法，以增加财政收入和缓和阶级矛盾。榷盐制度的实施，使唐政府获得了大利，成为一项重要财政收入。两税法以财产的多少为征税标准，扩大了赋税承担面，多少改变了课役集中在贫苦农民头上的情况。但是，这种制度导致了土地买卖成为封建地主取得土地的重要手段，使土地兼并不受任何限制，出现了"富者兼地数万亩，贫者无容足之居"的现象。官员们通过收买和各种手段兼并大量的土地，用以租给佃农，坐收渔利，另一方面置建庄园，作为暇时消闲的地方，也预为颐养天年之所。

唐代贵族显官所建的庄园的面积自然比宅园大，由于位于乡间，因而有较多的自然景观为依托，庄园内还可进行农林养殖。除了利用自然景观作为园林要素外，还兼以人为加工创造，构筑出以自然景观为主，人为景观为辅的自然园林。庄园与宅园相比具有

四川成都杜甫草堂月洞门

展日益兴盛。长安渐渐出现"公卿近郭，皆有园池，以至樊、杜数十里间泉石占胜，布满川陆"。这一时期城市园林虽然也有很多奢靡之风，但在魏晋以来山水审美情趣普遍深化之后，已经不再有两汉那种"柱壁雕镂，加以桐漆，窗牖皆有绮疏青锁，图以云气仙灵"以及"多柘林苑，禁同王家"，"禽兽，飞走其间"的景象。

在唐朝，官府不仅修筑各自的园林供官员们休闲观赏和设宴，也向外出借，具有一定的公园性质。甚至皇帝的御苑也定期向公众开放。位于长安城东南的芙蓉园和曲江池是皇帝的御苑，园内以水景为主体，河岸曲折，以芙蓉花著称。郭城平行的两道城墙之间还专辟有夹道使曲江池与大明宫相连以供皇帝往来，但这个园林却也定期向公众开放供大家游赏。据史料记载，每逢这时则"都人竞趋而至"。这种皇家的御苑，还允许公众游览，在我国古代的封建社会历史上是极为罕见的。

大约可从三个方面论述隋唐时期我国的园林发展的情况：帝王宫苑繁盛，兴建了大批的大内御苑、离宫御苑和行宫御苑；私家园林兴建频繁，出现了一批优秀的私家园林代表；城市及其近郊的风景点或风景区的建设明显得到发展。

这时的园林建设已经不再像以前那样单纯的以射猎和游乐为目的，开始与文学结缘，从而开始了从粗放、质朴的风格向清新、淡雅和追求如诗中意境般风格的转变。同时，修建园林已不仅仅限于帝王将相和权贵富豪，

拟九成宫图意屏

九成宫是唐代著名的一处离宫，宫四面建宫城，城内有正殿丹霞殿，具体形制暂时还没有史料记载。图为后人所绘九成宫的景象。

景物开阔、布局疏朗、风格朴素等特点。

无论是城市园林还是山林别业，受当时社会风尚的影响是显而易见的。贞观（627~649年）前期，唐太宗（599~649年）力行节俭，反对奢侈，因此城市园林府邸也受到限制。到贞观后期，由于经济发展以及权贵们的聚敛财富，已经难以克制他们在生活上的追求欲望，而此时的皇帝本人也放弃了即位之初节俭的治世主张，开始放松了有关限制。于是城市府邸园林发

骊山华清宫

华清宫是唐代最具代表性的离宫式苑囿。宫内因有温泉而名，凿有御汤、贵妃汤、太子汤、尚食汤、星辰汤等温泉水池，分别为皇帝、贵妃、太子等皇室成员使用。

第五章　隋唐时期的建筑

山西五台山南禅寺大殿内佛像

南禅寺大殿是南禅寺中仅存的一座主要殿堂，大殿构架基本保持唐代原貌，檐椽和屋顶虽经历代修补有所改变，近年也依唐制进行了复原修整，所以它基本反映了唐代佛教殿堂建筑的特点。本图为南禅寺大殿内佛雕像。

一般官员和平民都开始了造园的尝试。所以园林的规模也开始了从大型化向小型化的转变。

第五节
隋唐时期的宗教建筑

隋唐时期是中国宗教发展的重要时期，由于统治者对宗教信仰的大力推崇，使宗教建筑成为当时建筑的一个重要组成部分。尤其是佛教，此时的佛教已不是外来的宗教，它已经成为饱含中国文化和风俗的中国式佛教，无论国家还是民间都积极致力于佛教建筑的建设。

我国的佛寺与西方宗教建筑清冷严峻的风格截然相反，它兼具宗教中心和公共文化中心的双重作用，不仅在平时朝拜信徒众多，而且还经常有歌舞和戏剧的演出，加上寺院大多有雄厚的经济实力，所以当时建造的各种佛教建筑在数量和规模上都大得惊人。比如在一些里坊和村落之中虽然只有佛堂以供参拜，但因为佛堂对应的居民有时也多达五百户，所以即使是佛堂建筑通常也具有一定的规模。佛教及其相关建筑的兴盛连带了同期与其相关的附属艺术也都具有很高的水平。唐代佛寺的另一重要特点是，不仅与社会的层次相对应有等级的差别，而且寺院在性质上也有官、庶的分别。

此后由于佛寺无度地发展，影响了国库的财政收入，所以在唐武宗（841~846年）和以后五代的周世宗（921~959年）时期先后进行了两次大规模的镇压佛教的运动。佛教徒对此称之为"灭法"，这两次运动虽然时间短暂，而且很快就恢复了原先佛寺的香火，但灭法运动不仅是终止佛教活动，而且也强行摧毁佛教建筑。因此这两次灭佛运动对于隋唐五代的佛寺、殿塔建筑造成了灾难性的破坏，以至于唐代的建筑留存至今的只有四座木构佛殿和不多的砖石塔而已。

从敦煌壁画中我们可以清楚地看到，隋唐寺院的布局依然遵照前朝的传统，即佛寺仍旧以多层楼阁为中心，平面布局模式也同样由殿、堂、门、廊四面围合组成庭院作为建筑组群的一个单元，再以若干个单元组合后的建筑群体构成寺院。有的寺院规模较大可由数十进院组成。

唐代的佛寺无论从建筑、雕刻、塑像、绘画等几个单方面来说，还是在这几个方面的结合上来说，都有很大发展。但木构殿堂建筑留存到现在的只有几座，它们都位于山西，按年代顺序依次为五台山的南禅寺大殿（建于782年）、佛光寺大殿

唐长安慈恩寺复原鸟瞰图

慈恩寺建于唐贞观二十二年（公元648年），是当时身为太子的李治为其母长孙皇后所造。寺内的山门、大雄宝殿、法堂等建筑都是先期建造。后永徽三年（公元652年）在寺庙的后部建造了一座塔，即大雁塔。

和平顺天台庵（建于 907 年）。由于南禅寺大殿和平顺天台庵的建筑等级较低，而且经过后世重建，很多唐代的建筑特色都已经不突出，所以这里只以佛光寺大殿为例作详细的说明。

佛光寺是唐朝时五台山上的十大寺之一，因为坐落在一面向西的山坡上，因而采用了东西向的主轴，整个寺的建筑平面布局也顺应地形由三个平面构成。第一层平台，北侧有金代所建文殊殿（1137 年建），目前仍然还在，南侧与之对应的观音殿已不存在；第二层是近代建造的附属建筑，据推测唐代时可能在这个位置上建有一座三层的弥勒佛阁；保存完好的正殿东大殿就坐落在由高峻的挡土墙砌成的第三层级台地上。这座建筑建于唐大中十一年（857 年），不仅规模较大，而且只经过后世很少的修缮和改动，它虽然不是按照唐代宫殿的规格建造，仍属于一座地方性建筑，但建筑的造型与特点完全体现了大唐建筑的精髓。

佛光寺东大殿为庑殿式屋顶，正脊微凹，两边的鸱尾显得苍劲有力，且对位置要求极为严格，正对准左右第二缝梁架。屋面平缓并配有长长的出檐，尽显柔和之美。

大殿宽七间，进深四间，由内外两周柱网形成宽五间、进深两间的内部空间和独立的外部空间两部分。内部空间宽大，规整，与佛像的比例匀称，室内后半部设一大佛坛，正中置三座主佛和服侍菩萨，另还散置二十多尊菩萨雕像。佛坛背面和左右，由扇面墙和夹山墙围合而成，沿山墙和后壁列置有罗汉像。大殿中央五间设板门，两端开直棂窗。其他三面围以厚墙，在山墙后部也开有小窗。整个大殿外观虽简洁，却给人以稳健，气势宏大之感。

佛光寺东大殿最有研究价值的是大殿的木构架，它是现存唐宋时期同类建筑中尺度最大、形制最典型且建筑时间最早的

作品之一。东大殿的木构架为殿堂型，由上层屋架层、中层铺作层、下层柱网层、水平层叠加而成，使得整个木构架清晰有序，组成严谨。特别值得提到的是，东大殿的柱网中所有的柱子，无论是檐柱还是金柱，高度都一样。在同高的柱头上再设铺作层，最后在上部设置屋架层，其上放置檩子。这种做法在现存的其后的建筑中很少见到。

辽代河北蓟县独乐寺的观音阁大殿（建于 984 年）基本还是沿用的这种方法。但是辽代的山西太原晋祠的圣母殿（建于 1023 年）

山西五台山南禅寺大殿

南禅寺大殿面阔三开间，中央一间开双扇板门，两侧为直棂窗，其余为土坯墙；殿身外檐用柱 12 根，但只有前檐 4 根柱子和后檐两侧角柱突出在外，其余柱子都半砌在墙内；殿内梁架中使用了驼峰、叉手、托脚等构件，这些都显示了唐代建筑的重要特征。

山西五台山佛光寺大殿内部梁架结构

山西五台山佛光寺大殿立面

山西五台山佛光寺大殿是现存不多的几座唐代佛殿建筑之一，虽然经过历代重修，仍保持着唐代建筑特色。如，鸱尾巨大，正脊宽厚，屋顶线条舒缓流畅，殿身稳健等。

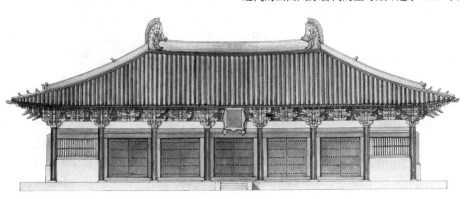

第五章　隋唐时期的建筑

山西五台山佛光寺大殿梁架透视图

佛光寺大殿整个殿身由水平分层的柱网、斗栱、梁架组成，上下叠合，是唐代殿堂建筑的重要特征。

等建筑都已经不是这种做法了。而且宋《营造法式》中有关殿堂建筑的做法也与此不同。因此，就更显示出佛光寺东大殿的宝贵价值。

佛光寺东大殿左、右、后三面的外檐柱因为都砌入土坯墙中，对柱网的稳定起了很大的作用。各列柱上置栏额，且利用斗栱、柱头枋和墙把内外部空间完全隔开。巨大的斗栱是屋檐下的主要结构，它的高度达到了檐柱高度的一半，并且一跳接一跳地叠加向外向上，形成了长长的出檐。其出跳层数之多和出檐距离之远，在我国古建筑的斗栱中是处于第一位的。大殿共有七种斗栱，它以夸张的语言承托屋顶，成就了这座殿堂，使之成为我国现存古建筑中的登峰之作。

佛光寺大殿达到了建筑在平面、架构、外观、内景上的高度协调统一，在简单的平面上创造了丰富的空间艺术，是实用性与观赏性完美交融的杰作。

隋唐时期，塔虽然已经不是佛教建筑组群的中心性建筑了。但祈福建塔仍是佛教建筑活动不可或缺的一部分。所以与存留至今的那一时期稀少的佛寺相比，佛塔无论在数量上还是在形式上都可以说是比较多的。僧侣墓塔的建造在隋唐也十分普遍，而且多采用砖石材料，平面与外观的形式也很丰富多样。

佛塔在造型上以楼阁式塔、密檐式塔、单层塔为主。塔的平面除极少数的特例外，平面都是方形的。修建佛塔的材料虽仍以木材和砖石为主，但由于木构架的塔易于损坏，所以用砖石代替木材建塔，并模仿木塔的形式，也就成为了一种必然的趋势。楼阁式砖塔的外观主要是以砖叠涩出檐，并隐出柱、额的仿木楼阁式样；还有现存的一种亭阁式砖塔，均为一层，有的在顶部设有一个小阁，其平面虽仍以方形居多，但也出现了六角、八角和圆形的样式。凡是内部可以上去的砖塔，内部往往是用木板为隔层，不是整体都用砖砌成的。

位于今陕西境内的一座楼阁式的砖塔，是我国佛教史上著名的高僧玄奘602~664年）法师的墓塔，也是我国古代体量最大的墓塔。塔平面是方形，高五层全部用砖砌成，在最底层辟有拱门和龛室用作供奉之用。这座塔是典型的仿木结构。除第一层经后代修缮已

陕西西安大雁塔

大雁塔平面为方形，立面上看则是上窄下宽的锥形。塔体为砖材料砌筑，但细部构件如斗栱等为砖仿木结构，这是砖塔发展过程中的一个过渡形式。

呈平素的墙面外，以上每层都用砖砌成八角柱倚柱状，倚柱上隐起额枋、斗栱，再在斗栱上伸出的两道菱角"牙子"上叠涩出较长的檐。塔整体比例匀称，且收分显著，是中国现存楼阁式砖塔中年代最早且形制简练的代表作。著名的西安慈恩寺大雁塔也是那个时期建造的楼阁式砖塔，用于存放玄奘法师从印度带回的经书，原有五层，武则天时期曾倒塌过，重建后高十层，后只剩七层了。现在的大雁塔在明代万历年间（1573~1620年）重修过，已不是原来的模样了。

位于南京东北栖霞山上的栖霞寺舍利塔是密檐式塔的典型，这在江南地区很是罕见。塔建成较晚，属五代十国南唐时期（937~975年）作品。它是一座八角五层的小石塔，仿木结构以精美的石刻著称。较特别的是，它的基座部分周围有栏杆，基座上以覆莲、须弥座、仰莲形象的装饰构件来承受塔身，尤其是以华丽的雕刻突显出基座和须弥座，这是中国密檐式塔的一种新形式，这在以前的密檐式塔中从没出现过。开创了密檐式塔注重繁复和华丽的新趋势。

唐朝所遗留的单层式塔大多也是墓塔，有石造也有砖造，但以位于河南省登封县城的八角形净藏禅师塔为代表。因为其八角形平面的造型可以说是开后世盛行的八角形平面塔的先声。这座塔建于唐天宝年间

江苏南京栖霞寺舍利塔南立面图

南京栖霞寺舍利塔建于南唐时期，是典型的密檐式塔。塔平面为八角形，密檐部分由底层到顶层逐渐收缩，极富韵律感。

（742~755年），是现存八角形平面的砖塔中最早的一座。虽然在两个世纪以后，八角形平面的塔成为最普遍的塔形，但在塔普遍以正方形为平面的唐代，还是十分罕有的。

总之，唐代的塔以正方形平面为主要形式。塔的各层屋檐都向外平缓地出挑，而且出檐的尺度较大。塔底部往往有较大的三层基座，每面基座的正中设有一个拱起的，从侧面看是上凸的曲线形的像桥一样的坡道，联系地面和基座顶层。每层塔的平座（也就是围栏部分）下面有斗栱。塔的顶部有一个高大的塔刹。这种造型的三维参照物可以看陕西法门寺出土文物中的塔和日本早期的木塔。

凿制石窟寺在隋朝恢复，在唐朝更是达到了顶峰。其范围也在原有基础上扩展

河北正定开元寺塔

正定开元寺内的须弥塔约建于唐贞观元年（636年），塔建在方形的砖砌台基上，平面方形，共有九层，每层用砖砌叠涩檐，檐角挂风铃。

第五章 隋唐时期的建筑 81

甘肃天水麦积山石窟

石窟在隋唐时期得到显著发展，甘肃麦积山石窟、敦煌莫高窟、河南洛阳龙门石窟等都有不同程度的凿建。

甘肃敦煌莫高窟全景

敦煌莫高窟始建于前秦苻坚建元二年（366年），后又经十六国、北魏、西魏、北周、隋、唐、五代、宋、西夏、元等各代增建，形成了拥有洞窟492个，彩塑2415身，壁画45000多平方米，唐宋木结构建筑5座的佛教艺术宝库。

到了四川盆地和新疆地区。唐代主要是在敦煌和龙门两地开凿石窟。初唐多在龙门石窟，中唐开始在四川开凿，而对于敦煌石窟的开凿则一直没有间断过，并一直延续到了宋元时期。

隋朝的石窟类型基本和北朝相同，采用中心柱式。所谓中心柱式，就是石窟开凿时，洞窟并不是一个完全开敞的大空间，而是在洞窟的中心留下一个柱式的结构，这个柱式结构的体块往往很大，常见的形式为下面是须弥座，中部四个面各设置一个佛龛，上部为伞形结构，使中心柱能起到筒拱一样的结构作用，增强石窟的结构强度。而到了唐代，佛殿窟成为主要的窟型，佛殿窟是在人们开挖石窟积累一定经验后所开创的新形式，也就是洞窟为一完整的大空间，在洞窟的顶部处理成近似于穹窿的各种形式，其中藻井为较为常见的模式。佛殿窟的大型完整空间，为在洞窟内设置大尺度的佛像提供了可能，也使更多的人能同时进入洞窟，更加烘托了洞窟的气势。

此外隋唐时期所造之窟呈现出大型佛阁的形象，还出现了为纪念圆寂的高僧所开凿的影窟（供养人造像必须是高僧影像）等极具唐代特色的窟型。大型佛阁是指在山体内开凿一个几十米高的通透空间，内雕一尊或若干尊尺度巨大的佛像。但是在山体的外部并不上下贯通地开设一个大门，将石窟完全对外展露，而是像楼房立面的处理方式一样，将山体全部水平划分为若干楼层，每层水平地设置一定数量的门窗。当山体陡直，不利于设置水平道路供人到上层去参观时，便在山体外部用木结构搭建一个附属在山体前侧的多层楼阁式建筑，这种石窟的形式，叫做大型佛阁。南北朝时极力再现木构建筑形式的石窟也被隋唐所摒弃，取而代之的是在石窟外壁加筑真实的木构窟檐。

初唐时曾盛行前室供人活动，后室供佛像的前后二室的石窟形式，在盛唐时石窟寺则改为接近木构等建筑的寺院大殿平面的形式了。隋唐时的石窟中都有大量的雕塑、绘画和彩画的装饰，在这些图案中比较详尽地反映出了当时建筑物的整体和细部的面貌，为我们研究唐代的建筑提供了极为可贵的资料。

因唐代帝王与老子（约前580年～前500年）同姓并尊其为祖，而且老子是道家的创始人，所以在唐朝道教是仅次于佛教的第二大宗教。由于天子的推崇，在唐朝，历代君王和大贵族也热衷于修建道观，甚至出家为道。可惜的是，现存的唐代道教建筑只有山西的芮城五龙庙，且殿内四壁装修及设像都已不是原来的风貌。从它简单的歇山屋顶做法来看，建筑的等级似不高，反映不出当时道观建筑的特点。

第六节
隋唐建筑的技术与艺术

隋、唐代是中国的木构技术大发展和取得突出成就的时期，而且木结构已经成为宫室建筑的通用结构形式。从原始社会就开始应用的土木混合结构逐步被官式建筑所淘汰，形成了殿堂、厅堂、亭榭三种基

五台山佛光寺大殿柱头及转角铺作

唐代的斗栱尺寸较大，作为承重构件出现在建筑中。图为山西五台山佛光寺大殿柱头铺作及转角铺作。

河南洛阳龙门石窟（左图）

在龙门石窟现存的洞窟中，唐代开凿的石窟占60%，其中奉先寺是唐代石窟中规模最大的一座。

本的构架形式。此时，对房屋明间的柱子与开间的比例作了严格的要求，即其高度不能超过中心开间的宽度，即所谓的"柱高不逾间之广"。这样的比例关系使唐代的房屋立面宽阔而不是高耸，有了一种沉稳的风格。

木构架的大发展又以斗栱为其代表，斗栱从初唐的不成熟到成熟的过渡，到盛唐达到成熟状态。斗栱是建筑的承重构件，并不单纯是装饰。斗栱的尺寸大都比较大，而且品种众多，形制丰富，出现了人字栱，在木构架中发挥着非常重要的结构功能。初期的斗栱主要设置在每根檐柱的上部，因此只有柱头和转角两种斗栱，柱子与柱子之间只有人字栱。但人字栱对于出挑出来的屋檐起不到承托的作用，因此建筑在使用一段时间后，屋檐不再整齐。有斗栱承托处的屋檐保持原位，而柱子与柱子之间部位前方的屋檐会软榻变形，使屋檐的水平直线变为波浪形的上下起伏的曲线，因而后来又在两个柱子之间补间的位置各增加一朵斗栱。

此外，还发现在唐代梁和枋的断面已经采取1：2的比例，也就是当梁枋断面宽度为1时，高度为2，这样节省木料，减少重量，而构架本身强度不变，符合材料的力学原则。这也说明以"材分"为模数的设计方法，在唐代就已经开始使用，不论构件大小，其材料断面比例一致的手法也已经被应用于建筑中了。这时门和窗的形式没有大的发展，还采用直棂窗和板门的形式，缺乏美感和通透感。板门的比例多为正方形或横长方形，而且门关上后，室内的光线非常昏暗。这种情况到了宋代出现棂格窗以后才得以改进。

隋唐时期砖石结构建筑技术也有了较大的发展，尤其以唐代为甚。以台基为例，唐代有三种主要形式：一种是主要应用于小型殿屋的砖砌，周边设散水的素方基；一种是用于塔座和殿座的须弥座台基；还有一种是上下坊台基，这种台基的主要特点是木质勾栏已向石质演变。这时的台基已经走向了完备。其他的砖石结构发展主要表现在砖石塔的建造和垒砌墓室方面，上文已分别细述，此处就不加说明了。

从造型上分析，唐代建筑的屋顶坡度都十分平缓，这也被宋代所普遍采用。屋顶的形式除后期由于砖的发展而出现的硬山顶外，其他的很多种屋顶形式基本已经齐备，

山西五台山南禅寺大殿板门

南禅寺大殿面阔三间，中央一间开门，门为木质板门，显得厚实庄重，两侧开间下部为石墙，上部设直棂窗，这些都是唐代建筑典型的特点。

第五章 隋唐时期的建筑

山西五台山南禅寺大殿正脊鸱尾

鸱尾据说是指一种生活在海里的鱼，能喷雨降水，用于屋顶装饰寓意能防火。中国古代建筑从汉代就有这种装饰，一直延续到明清时期，只是各个朝代的名称不同，形象也有所变化。南禅寺大殿鸱尾造型优美，与屋顶的曲线相呼应，十分和谐。

并有了级别之分。屋顶正脊两端的传统鸱尾也已呈现向鸱吻的过渡。无论是单体的屋顶还是组合的屋顶，此时期的屋顶艺术造型都已趋向成熟。

总之，隋唐时期的建筑还部分地保留了中国早期高台建筑的特点。这一点从敦煌壁画、唐代墓葬壁画中所表现的建筑以及大明宫建筑遗址中可以得到佐证。夯土形成的高台可以大大增加建筑的气势。由于台基的高大，所以建筑台基前的坡道也很长，这样就形成一种磅礴的气势。隋唐时期宫殿和一些重要宗教建筑的尺度很大，而且这种大建筑的绝对尺度在明清的建筑中再也没有出现过。

唐代建筑的造型十分灵活，其艺术形式多样，有麟德殿这样的由三幢巨大建筑合在一起，并带有两层楼的庞大单体建筑，也有用游廊将两侧附属建筑高台建筑与中心殿堂建筑联系在一起的含元殿那样极富艺术震撼力的宫殿建筑。由于位于台基座之上的木构大型建筑的一周一般还设有平座围合，因而建筑造型在最下面有这样一种内敛的感觉，就像是水上的浮莲一样轻盈可爱。

唐代建筑的木构架部分没有复杂的漆

涂彩绘，感人的艺术手段是通过优美的造型来实现的。唐代建筑硕大的斗栱和巨大的出檐为后代建筑所没有，因而唐代建筑是完全依靠内敛的张力和尺度的震撼力来吸引人的眼球的。

不仅是木构殿堂建筑达到空前绝后的水平，隋唐时期的工程建筑也令人瞩目。只是因为时间的久远，我们无法获得更多的资料。但隋唐时期还有一项被载入史册的著名建筑，这就是建于隋朝大业年间（605~616年）的河北赵县安济桥。赵县安济桥又称赵州桥，是由隋代的李春设计建造的单拱敞肩式石拱桥，虽历经了1400多年的风霜雨雪和洪水的冲击，至今仍屹立不倒。桥身部分以极平缓的弧形拱券降低了桥的坡度，在大拱两边各开有两个小的敞肩券。这种设计不仅使整个桥身的线条柔和，显得通透匀

敦煌莫高窟第231窟壁画中的台基

唐代殿堂建筑延续了秦汉时期高台建筑的特点。用尺度高大、装饰华美的台基烘托出建筑壮丽的形象和雍容的气质。图为唐代敦煌莫高窟第231窟壁画中表现的台基。

河北赵县安济桥

敞肩、单孔和圆弧拱形式是河北赵县安济桥的三大特点。

称,也便于行人的交通。最重要的是两个小券的设置,既节省了石料、减轻了桥自身的重量又加大了排水量,使洪水来临时可以迅速通过,不但有美化作用还有保护桥身的作用。由于这种敞肩拱的造桥方式比欧洲早了1200多年,所以赵州桥是世界上保存至今的最早的一座敞肩式拱桥。这不能不说是我国古代匠人在石拱桥技术上的一大创造。

隋唐两代,特别是唐代的建筑及其活动不仅对我国后世的建筑有很大影响,对周边的各个国家也影响深远,如朝鲜半岛和日本等国。

朝鲜半岛上的高丽、新罗和百济三国从南北朝时就与我国有着密切的联系。到隋

河北赵县安济桥拱券

安济桥主拱券的上边两端又各加设了两个小拱,这样一是可节省石料,二是能减少桥身的自重,而且可以增加桥下河水的泄流量,另外,还使桥身更加美观。

第五章　隋唐时期的建筑

日本奈良东大寺金堂外观

始建于公元710年的日本奈良城从城市、宫殿到城内的建筑都模仿了隋唐长安城的模式。东大寺是奈良城内最宏伟的佛教建筑，建筑布局、形制与唐代寺院建筑十分相似。图为东大寺金堂外观。

唐两代，虽然发生过短暂的侵略战争，但主流却是和平的。尤其是新罗统一了朝鲜半岛（668年）以后，同唐朝的交往更加密切，不仅其都城是仿长安建造的，在建筑的布局和建筑手法上也多承袭唐风，如岛内建筑以木构为主，有的建筑群采用封闭的院落布局等等。

日本是受中国文化影响最大的国家，尤以隋唐时期的影响为最深。其实早在南北朝时期，日本就已经通过朝鲜半岛的三国为中介吸取中国的建筑文化了。但由于这种文化传播是辗转海外，所以风格相对滞后。在隋建国后，日本还追随南北朝时的样式建造有佛寺。到了隋炀帝以后和唐朝，日本开始逐渐地加大向中国派遣使臣的数量，全面学习中国的先进文化，并且在建筑上也依照唐朝建筑的样式建造宫殿和佛寺。以至于到了20世纪初，梁思成（1901~1972年）和林徽因（1904~1955年）没有找到佛光寺并证明它是唐代建筑之前，日本人曾断言，要想研究唐代建筑，只有到日本奈良去。因为向唐代学习文化最多的时候是日本建都奈良的一段时间，而且日本至今仍保留一批相当于中国唐代的建筑，所以史称"奈良时代"（710~794年）。在奈良时代之后，由于唐朝的安史之乱，日本才停止派人来唐朝。从那之后日本才开始在此基础上发展属于自己国家的文化和建筑形式。

河北正定开元寺钟楼

河北正定开元寺内的钟楼建于唐乾宁年间（894～897年），建筑采用砖木结构，面阔进深各三间，单檐歇山顶，其大木结构、柱网、斗栱都展示了唐代建筑艺术特点，是河北省现存年代最早的一座木结构钟楼，也是国内现存唯一的唐代钟楼实例。

隋唐时期是我国在各个方面都空前发达的一个时期，建筑也不例外。在这一时期进行的大量建筑活动是我国封建社会建筑发展的第二个高峰，规模超大而且整齐规整的都城，富于各地特色的地方城市；气势磅礴的各式宫殿和皇家园林；数量众多的宗教建筑；贯通南北的大运河还有设计、建造俱佳的传世石桥，都是那个空前繁荣的时代给我们留下的珍贵遗产。

第六章 宋辽金时期的建筑

第一节 发展综述

宋（960~1279年）、辽（916~1125年）、金（1115~1234年）时期大约是从公元10世纪至13世纪末这300年的时间内，这一时期中国大都处于南北分裂的局面，多个政权并存和交替。但是与以往的大分裂不同的是，这期间的几大政权虽呈对峙的态势，但也创建了各自灿烂的文明，并相互吸收。这时地处中原地区的北宋（960~1127年）和南宋（1127~1279年）虽然政治比不上唐朝时的统一安定，但其经济、文化等方面却比唐朝时毫不逊色。基于农业、手工业和商业的繁荣，这期间的建筑艺术、技术水平在中国古代建筑史上处于最高阶段。

同时，其他民族政权也在向宋朝各方

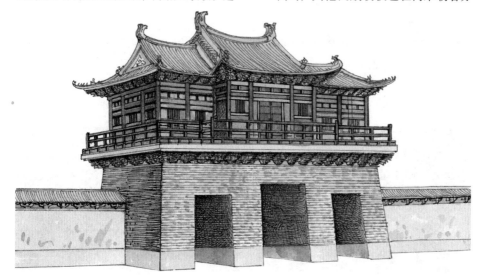

宋代城门

宋代城门是城市防御系统中的重要组成部分。城门下部开方形的门洞，上部为城楼，城楼由三部分组成，中间为主楼，两侧各建形制相同的角楼，楼底部为平座，四周有栏杆围护，整体形象丰满柔和。

宋式建筑

宋代建筑在技术上更加成熟、完善，形象轻盈、俊美。

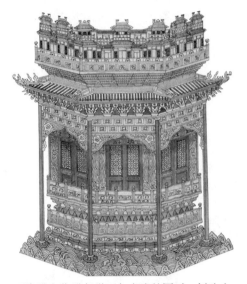

面先进文化进行学习与交流的同时，创造出了有自己特色的各种建筑形式，其营造与设计经验也或多或少地被中原建筑所吸收采纳。所以说，中国的古代建筑在这300多年间，不仅发展到了高峰期，同时也是不同风格建筑相互交融的历史阶段。但总的说来，外族建筑多数还是参照宋的汉制所建，所以本章主要以宋，尤其是从北宋的建筑及其特点来作介绍。

建筑在风格上体现出了木构等形式十分成熟的特色和一些地域特色；出现了更多的建筑类型。由于受这一时期的经济、文化和对外贸易的发展以及建筑不同风格的影响，在城市中以商铺、酒楼、茶肆以及娱乐等不同功能划分的新建筑形式被大量兴建了起来，而且有些规模较大；建筑的总体规模和唐代相比缩小了，无论是单体建筑还是组群建筑，与唐代建筑追求气势宏大的总体特点所不同的是，这一期的建筑开始向秀丽、精致和富于变化的方向发展。当然这也是建筑技术发展的体现；这时期的建筑技术在总结了前人的经验并形成严密的定制后，开始强化结构的作用，以前在建筑中尺度比例很大的斗栱开始缩小。在建筑细节上，各小构件也有了新的发展，上至窗部的结构，下至装饰的彩绘都向着多姿多彩和小巧细腻的方向发展。

本章主要以当时先后并存的宋、辽、金、西夏（1038~1227年）的建筑为例作横向的比较和介绍，以便于认识以上所提及的建筑特色在不同时期、不同政权下的概况。

第二节 宋辽金时期的城市建设

宋朝主要按国家的疆域变化分为北宋、南宋两个时期。北宋结束五代十国的纷乱局面后，采取了一系列发展生产的政策，使得城市建设有了突飞猛进的发展。即使是在国势强大的唐代，人口在十万户以上的城市不过十多个，而到了北宋年间这个数字翻了四倍。而且由于城市经济的大发展，尤其是商业和进出口贸易的发展，使得这一时期城市的布局和面貌都有了令人耳目一新的改变。

北宋的都城东京汴梁，就是今天的开封市，因为它位于黄河与运河的交汇点处，处于大运河的中枢地带，城内又有汴河、蔡河、金水河、五丈河四条水路贯通，所以水陆交通便利，手工业和商业都相当发达。战

宋式彩画

宋代彩画根据建筑等级的差别，有五彩遍装、青绿彩画、土朱刷饰三类，以五彩遍装等级最高。彩画绘在梁、枋和天花等处。其中的梁枋彩画大多由如意头和枋心两部分构成，精美大方又富有吉祥寓意。彩画的题材内容多为卷草、凤鸟、飞天等。

张择端《清明上河图》中的东京城

北宋都城东京汴梁地处京杭大运河的中枢，无论是水路还是陆路交通都很便利，并且交通发达，成为当时政治、经济、文化的中心。图为张择端所绘《清明上河图》中表现的东京城内繁忙的水路运输景象。

国时期的魏国就在此建都，加上五代时期各国也竞相设都于此，到宋代时这座城市已经是历经六朝的古都了。北宋为了利用南方丰富的资源，在此建都长达167年，是开封历史上鼎盛的时期。这时的开封城由于前朝的建筑尤其是后周时的改造和扩建，旧的城市制度已经有了很大的变革，此时与唐朝都城最大的不同是在街上开店营业已经合法化，已经开始呈现出向北宋时城市所采用的坊巷制过渡的迹象。

东京城由宫城、内城和外城三重城绕而成，每重城外都有护城壕保护。外城东、北各开四门，南面有三座旱门和两座水门，西面设五门。每座城门都设有瓮城，并且上面建城楼和敌楼等附属建筑，城墙每隔百步左右还设置有在平面上向外凸出的"马面"以加强防御能力。内城在外城中央偏西北方位，每面各设三门，城中采用井字形道路系统，但也有斜街的形式，这是在原有城市基础上扩建的结果。道路间的部分是衙署、寺院和住宅、商业区。

宫城是在原有节度使衙署的基础上扩建而成的，与以往的宫城位置不同的是，它位于内城的中央偏西北方位。除每面各开一座城门外，在四个城角还建有角楼。宫城的南面正门有五个门洞，中央的门洞与内城的正门间有宽阔的主干道，成为全城的纵轴大街。宫城南北轴线的南区上依次排列着：大朝大庆殿、常朝紫宸殿等，另外还有外朝的主要宫殿。西区上建有与之平行的日朝文德殿和供皇帝饮宴用的垂拱殿两组建筑。各组建筑的正殿都采用"工"字殿形式，这是一种创新，影响了以后的金、元宫殿的形式。外朝区以北，设寝宫与内苑。这种三城相套宫城居中的格局，为后世的金、元、明、清所沿用，是后世都城布局的原型。

随着东京城的发展，城中的人口已经比唐时的长安城多出了近一半，而东京城的面积比长安城的要小将近一半。城小而人多的变通方法就是，拆除里坊和市场的围墙，建造多层建筑。东京城也不例外。东京城由以前的里坊式城市布局逐渐转变为开放的街巷制。而且这时的东京城中，定期与不定期的商业市场众多、专业性市街与综合性的市街

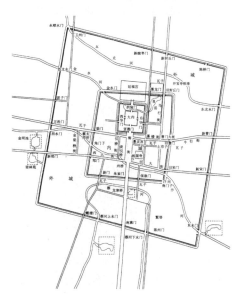

北宋东京城市结构图

第六章 宋辽金时期的建筑

南宋李嵩画中的宫苑建筑

南宋画家李嵩所绘的宫苑图,图中描绘了一组重檐歇山顶的大殿,四周回廊环绕,形成庭院,院内树木葱茏,山石小景雅致盎然。整组宫苑内既有金碧辉煌的殿堂,又有清新的景致,这正是南宋苑囿的一个重要特色。

张择端《清明上河图》中的虹桥

北宋东京城内有汴、蔡等四条河道贯穿其中。每条河上都建有许多座桥梁。据有关资料记载,汴河上有十三座桥,蔡河上有十一座桥。在宋代画家张择端的《清明上河图》中就描绘了汴河上虹桥的场景。

相间,市肆与住宅区混杂,在街道两旁还建造有店铺和作坊,所以除非是通向城门的各条大街,比较宽阔以外,其他街道都比较狭窄。

由于面积有限,人口和建筑的密度都很大。因此,政府有关部门对于城市的公共设施建设也有一定考虑。所以东京城中还设有防火、防疫等各种附属设施,社会服务业也比较完备。值得一提的是,当时已经有了供市民娱乐的游艺场所,因其功能的特殊,创造了新的建筑类型"瓦子",这种建筑都有两个区域,即称之为勾栏的表演区和称之为棚的观赏区,所以规模一般较大,甚至可容纳千人观看演出。

我国现存北宋时期张择端(1085~1145年)所作《清明上河图》,生动地再现了当时东京城内及近郊熙熙攘攘的景象,其繁华的景象丝毫不比现代的大都市差。东京城的崛起,说明我国古代城市的发展已经超过了以往任何一个朝代。并且以其区域划分、公共设施、服务项目等位居当时世界先进城市之列。

另外后来南宋的临安(今杭州)在北宋时就已经是全国最大的商港之一,经济十分发达。临安城在经济结构、空间布局和生态环境上,都充分显示出它作为一个南方都城的特色。在古代的城市建设上同样占有重要的地位。由于对外贸易的发展,沿海地区还涌现了广州、明州(今浙江宁波)、泉州等以进出口商业为主的繁荣城市带。可以说当时全国无论大中小城市都有了长足的进步和发展。我国现存最早的城市地图《平江图》显示当时苏州城的概况，它的城市布局和重要建筑的基址竟然现在仍在沿用，如此悠久的城市历史，在中国的城市史中都是少有的。

与此同时，在北方先后建立的辽、金两朝也在仿北宋东京的基础上建设了自己的都城。辽建有中京城，金建有五座都城，其中金中都最为重要，它就是古都北京成为都城的起始。

宋辽金时期的宫殿都未能保存下来。各具特色的北宋都城东京的宫殿、南宋都城临安的宫殿和金中都的宫殿为这一时期的建筑代表。东京宫殿对宫前广场的设置对以后的宫殿建设影响很大。临安的宫殿内利用自然的山水来营建苑囿；金中都宫前广场的千步廊来烘托宫殿气势，都具有非常重要的研究价值。

东京的宫殿基本上保持了传统的前朝后寝的模式，但是在外朝所在地却平行地设立了两列建筑物，将官署纳入到了宫城之中，这是受原有基址的影响而变通的结果。此外在宫城正门宣德楼以外有一条极为宽阔的御街，两旁建有御廊，中心种植了各种植物，从而形成了一个别具特色的宫前广场。

金中都的宫殿是比照东京城中的宫殿建造的，因为是开建的新城，所以它的主要建筑都建在了南北向中轴线上。在金中都建造的时候不仅启用宋朝的工匠参与营造，

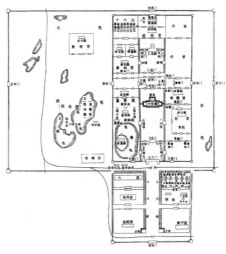

金中都皇城宫城总体布局示意图

金中都皇城平面为T形，设置四座城门，宫城位于皇城中部偏东，宫城西面是西苑，东部有东苑。

还有专门的人去东京绘制图样，并且拆卸了宋宫殿的一些建筑构件迁移到上都来，这座宫殿以华丽著称。不同的是，中都的正宫大殿与后宫殿前左右庑都建鼓楼和钟楼，是第一例在宫殿左右庑建楼的。它在依照东京宫殿留的宫前广场之外，还继承宋代御道制度，在广场中间的御道两侧建造了千步廊，并且此时的广场已经演变成为丁字形平面的宫前广场空间。

第三节
宋辽金时期的礼制和陵墓建筑

由于古代的君主都自诩为天之子，所以祭祀天地也就成为了历代帝王极为重视和事必躬亲的重大礼仪活动。在唐末和五代十国的战乱中，先后有许多皇帝不是被囚就是被弑，皇权神授的观念不断遭到冲击和人们的质疑。所以宋的统治者就急需要采取加强礼制的国策，意在从思想上改变人们的看法，以维护其统治。在两宋时代，不仅恢复了许多已经被废除的礼制，还制定了许多新的礼制，改变了前朝的礼制规模，而且修建了各种类型的礼制建筑，所以宋代也是我国礼制建筑发展的鼎盛时期。

南宋佚名《悬圃春深图》

宋代成立了宫廷画院，有许多专门为皇家作画的御用画家。这幅《悬圃春深图》即是当时宫廷画家所表现的宫苑。楼台高耸，廊庑纵横，殿阁楼廊皆为绿色琉璃瓦顶，红色隔扇门窗，这正是皇家宫苑才有的华美景象。

第六章　宋辽金时期的建筑　91

山西太原晋祠全景图

　　山西太原晋祠是宋代祠庙建筑中保存较为完好的一座。它是周代唐叔虞和其母邑姜的纪念祠。祠内主体建筑圣母殿、鱼沼飞梁、献殿、金人台等为宋代所建，其余都是后代重建或添建。

　　这一时期的礼制建筑大致分为三类：祭坛、祠庙和明堂。其中祠庙规模较之其他的礼制建筑要大，因为它主要以建筑群的形式出现的。这类建筑集祭祀和布政功能于一身，有等级的区分且规章限制极为严格。位于今山西太原市西南郊的北宋时期修建的圣母殿（1023~1032年建）是宋代在原有晋祠的基础上增建的，它是宋代礼制建筑的代表，也以其精美的结构和精湛的技术成为宋代建筑的代表。

　　圣母殿坐西朝东，殿阔七间，深六间，是殿堂型构架单槽形式，采用重檐歇山式屋顶，坡面缓和，檐角微翘，大殿柱身上雕有盘旋的龙饰，并且有显著的侧脚和生起，尤其是上檐檐口与屋脊，形成柔和的曲线，这是北宋建筑典型的风格，但屋顶的琉璃花脊兽等装饰为明代更换。殿身四周环有一间深的回廊，是典型的单槽副阶周匝式

山西太原晋祠圣母殿

圣母殿是晋祠内的主体建筑，大殿面阔七开间，重檐歇山顶，四周带回廊。殿内采用了减柱法，扩大了室内空间，使殿内更适宜放置主供像及40多尊侍从塑像，前廊也更加空敞。

建筑，也是现存宋代唯一用单槽副阶周匝的建筑实例。

所谓单槽，也叫做"身内单槽"。简单地说，是指建筑平面柱网的排列上，除一周柱子外，中间横向还有一排柱子。简言之，有些像"曰"字形的柱网平面布局形式。副阶，则是指在主体建筑之外，另加一个廊屋。圣母殿的廊屋是加在大殿前侧的，进深为两间。值得一提的是，它的前廊构架做

第六章 宋辽金时期的建筑　93

山西太原晋祠圣母殿柱网平面

晋祠圣母殿柱网采用副阶周匝的形式。

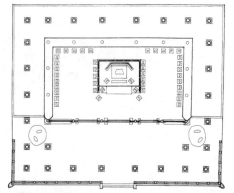

了减柱处理，也就是没有按照正常的柱网跨距在柱网交汇点上来一一设置柱子，而将减去的四根柱子上的前后方向的每一根梁架由原来应该承担两椽的跨度加长到了四椽，再在其上叠架三椽。由于殿身的内柱尺度高于前面的檐柱，因此只得将前面部分的梁尾插入殿身的内柱上，殿身的四根前柱不落地，做成短柱，立在叠架的三椽上。从而形成了较开阔的前廊，这样不仅与环境相协调，也有了更宽敞的祭拜空间。

圣母殿殿身部分采用通长三间，也就是六架椽的通梁承载上部的重量。按照当时的普通做法，每两根柱子之间为一个两架椽的距离，而圣母殿加长了前后横梁的长度，因而内殿空间的柱子大大减少，这样就形成一个巨大的通透空间。再加上室内采用彻上露明造，没有天花板，因而殿内空间完整，并且格外高敞，不会造成压抑感。

山西太原晋祠圣母殿内圣母塑像

圣母殿内供奉圣母邑姜及侍女塑像40多尊，均为宋代彩塑作品。

宋辽金时期的木构殿堂式建筑留存至今的数量不多。在业内经常提及的具有代表性意义的实例也不过十几幢，而这十几幢的实例建筑中还包括初祖庵、独乐寺山门、晋祠献殿等中小尺度的作品。因此，晋祠圣母殿是一幢非常珍贵的古代文物建筑。它巨大的尺度、双重的屋顶、灵活的设计、优美的造型使之成为宋辽金时期留存的建筑中的优秀实例。圣母殿不仅建筑技术手艺杰出，室内的雕塑艺术性也极高。

圣母殿中设有高大的神龛供奉主像，主像四周还有数量众多的宋代彩色侍女塑像，以其合适的比例、艳丽的服饰和万千的姿态成为宋塑中的杰出之作。

圣母殿前是鱼沼飞梁，鱼沼是一个平面为方形的水池，在古代，方形的水池称"沼"，圆形的水池称"池"。飞梁是横跨鱼沼之上的梁桥，平面为十字形，造型优美，状如飞燕，故称飞梁。北魏《水经注》中有"水侧有凉亭，结飞梁于水上"的描述，由此可知飞梁这种建筑形式的产生年代应在北魏之前。桥四向通到对岸，东西向的桥为平桥，桥面较宽，南北向的桥略有坡度，斜搭在东西向的桥上。桥下共有34根石柱，排列成十字形，柱为八角形断面，石柱上施木质斗栱，承托木梁枋和石质桥面板。桥下石柱上部有木枋纵横相连。桥下石柱、斗栱和梁木都为宋朝原造。鱼沼飞梁别致的造型和木石相结合的结构在中国古代桥梁史上十分少见，是宋代遗存建筑中的珍贵实例。

山西太原晋祠鱼沼飞梁

鱼沼飞梁位于圣母殿和献殿之间，桥平面为十字形，桥面为砖铺，桥面下有34根断面为八角形的石柱支撑，桥面两侧有汉白玉石栏杆挡护。

飞梁前是献殿，重建于金大定八年（1168年），面阔三间，单檐歇山顶，建筑形制、风格与圣母殿和谐呼应。尽管建筑的尺度不大，但建筑中的蜀柱、叉手、托脚等构件的做法都是很规矩的宋式做法。献殿的屋顶举高与撩檐方向的高宽之比为1∶4左右，因此屋顶平缓，呈现出典型的宋代建筑的优雅、轻盈之美。

宋代祠庙采用建筑群的形式，以主祭殿为中心，沿着纵轴线向前后发展，主体建筑所在的空间通常以回廊围成院落，前后各有院落，中轴线两侧安排附属建筑比如，建筑群外围有墙垣、角楼等，建筑构筑模式鲜明。宋朝的祠庙建筑分为三个等级，每个等级的建筑形制和规模都有所不同。位于山西万荣县的汾阴后土庙是按照最高等级标准建造的。

汾阴后土庙建于北宋景德三年（1006年），毁于16世纪末的水灾。庙内立有一方石碑至今保存完好，碑上刻绘了当时建筑的总平面图及主要建筑的立面图。可据此绘制出建筑当时大致的布局面貌。后土庙位于汾河和黄河交汇处东南侧，共有八进院落组成，庙门前建三座棂星门，左右出廊。进入大门，经过三重院落才能到达庙的主体建筑部分。

后土庙的主殿——坤柔殿即位于这里，大殿面阔九间，重檐庑殿顶，基座较高，前面左右各设台阶。坤柔殿设寝殿，两殿之间以廊屋连成工字形平面，与北宋东京宫殿建筑布局大致相同。这种工字形殿与四周围廊的布局方式，对后代建筑产生了一定影响。

在北宋前期，皇帝的祭礼活动频繁，而且声势浩大，往往需要有巨资才能成行，所以就必然对人民横征暴敛，为其后期的灭亡埋下了隐患。在北宋后期，特别是宋代皇室南渡以后，由于财政的窘困，虽然仍大力恢复礼制建筑并继续祭祀活动，但这时已将各种祭祀场所归于一体，且这些活动多从室外迁至室内进行，缩小了规模也节省了开支。变化最大的是原来在明堂中举行的一些祭祀活动，已被郊祀活动所代替，原有在明堂中举行礼仪活动的含义已经被弱化了，这也是宋代郊祀的重要特点。

北宋帝王的陵寝设置形式，开启了以后历史上各帝王陵墓建造上的多个先例，对我国后期帝王陵墓的建制起了非常重要的作用。

山西太原晋祠献殿

献殿是用作放置供奉圣母祭品的享殿，建于金大定八年（1168年），大殿梁架结构、斗栱与圣母殿有很多相似之处。

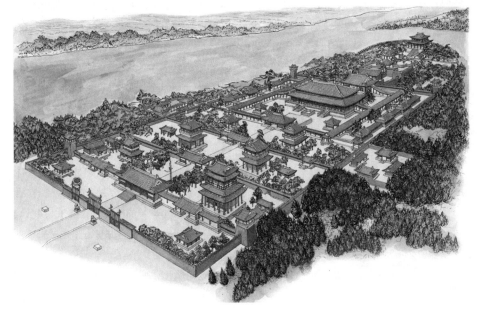

山西汾阴后土祠想象复原图

根据碑刻的内容可知汾阴后土祠的布局为：以中轴线贯穿的前后相连的八个院落形式，外围平面由前方后圆的墙垣环绕，象征着"天圆地方"，这是我国古代坛庙建筑都具备的特点之一。

山西汾阴后土祠内宋真宗碑楼

宋真宗碑楼位于汾阴后土祠第四进院落内，碑楼两层，每层都是双重檐，两层楼体之间还突出一层平座，正是宋代楼阁建筑的重要特征之一。

河南禹县白沙宋墓第一号墓（中图）

河南禹县白沙宋墓建造于宋元符二年（1099年），是宋代富商、地主墓的代表。墓室采用砖砌，有前后两室，两室之间有甬道相连，周围墙壁上绘满壁画，表现了墓主人的生活情况和当时住宅的形象。

北宋皇陵献殿复原立面想象图

宋代皇家陵墓的规模较隋唐时期缩小，规制也简单，地上部分的木构建筑数量较少，主要有祭祀用的献殿等殿堂建筑。

与汉唐时候不同的是，北宋时皇帝的陵寝都集中葬在一个区域，再加上同葬的皇后、皇亲贵族、功臣墓等陵墓形成了一个庞大的陵墓群。这种将皇家陵墓集中建筑的形制为明清诸代的皇帝们所采用，明清两代皇家也是效仿宋陵，集中建陵区。

北宋的帝后陵区位于河南省巩义市境内洛河的沿岸，共有七位皇帝的陵寝，另外还有宋太祖父亲的永安陵以及皇后、皇亲、皇族等墓室，共计300多座陵墓。墓区中以帝陵为主体，陵体本身称为上宫，上宫的北偏西建下宫，是供奉和守陵祭祀的场所。帝陵的西北部都有附葬的后陵埋葬皇后。上宫的造型是三阶方锥体的夯土台，四周是方形围墙，四面墙体各开一门，称为神门，通常在南神门外设石像生。

因为宋代帝王生前不建陵墓，要等到皇帝死后才开始建陵，所以受营造时间的限制，宋陵的规模远小于唐陵。宋陵还有一重要的特点，即各陵地势均东南高而西北低。这可能是因为整个陵区的东南为嵩山，西北为洛水，但另一重要原因是，陵墓的建制要根据风水来选择地形。这种东南高，西北低的小地势是因风水原因而选定的。宋人盛行"五音姓利"的风水之说，因为皇帝姓赵，据风水说须"东南地穹，西北地垂"。所以八座皇陵布局地形都基本一致选择这种陵址。这与以往的主体建于最高处，而次要建筑的台基高度逐渐降低的模式也恰恰相反。

以北宋永昭陵为例：

帝陵由上下宫所组成，上宫西北附有后陵（这里的"后"是皇后的后，不是前后的后）。上宫中心为截顶方锥形陵台，又称为"方上"。

在其四周建有围墙，每面正中开有神门，门外都设一对石狮，门上建门楼，四角建角楼。正南门为正门，外设神道，神道两旁有鹊台、望柱及石像生等。唐代不同皇帝陵墓中的石像生无论数量、内容、造型还是种类都相差很大，但宋代每座皇陵中石像生的数量、形制和尺寸却比较近似、统一，这点也是与隋唐以前的朝代有很大的不同。宋朝统一的石像生制度也为后来明朝的石像生制度所采用。

南宋时候，诸帝因都怀有将来归葬中原的心愿，所以陵墓建制更为简单些。在今绍兴有南宋各皇帝的陵墓，很具有临时性。比如，陵墓设有上下宫并且串联在了一条轴线上，将梓棺藏于上宫献殿后面的龟头屋内，再以石条封闭，叫做"攒宫"，这种攒宫经过演变后来成为明清皇陵的明楼，而龟头屋则变为了宝城。

各外族政权统治区域的陵墓建设，总的来说是吸取汉制陵墓建造又具有本族的特点。以西夏国的王陵为例，其陵墓是依照宋陵的制度建造而成的，并且也按汉地之风俗以陵墓占地多寡、建制是否齐备、墓室装饰内容等来作为区分陵墓等级的标准。但在王陵各组成部分的位置构成和布局模式上也有党项族自身的特点。如采用夫妻合葬制而没有后妃的陵墓设置，也不设下宫等。而且由于西夏人以陵寝中间供奉神灵，所以王陵的主要建筑大都偏离中轴线，而把轴线部分让位给神，另外大概是受生产力水平所限，其工艺技术还没有达到宋代中原地区的水平，所以即使是王陵的基座、门阙、角门和其他建筑等大多采用夯土制成。

宋朝富商和地主的墓葬也非常有代表性，据现存墓穴中出土的明器显示，当时的住宅已经是前堂后寝的布局方式。当时富有人家的墓室都是以砖仿木的形式建造而成。有单身墓、合葬墓和分室合葬墓等多种类型，而且墓室也有单、多等不同形式，以及圆、方、八角等多种平面形状。在这些墓中还发现有砖雕的五铺作斗栱，墓壁上和建筑构件上都有五彩遍装的彩画，这些做法都是有违当时的建筑制度的。可见，在北宋后期建筑的等级制度已经被富人悄悄打破了。富人墓室砖雕的艺术性也很高，譬如仿木的门上的棂格花纹，在同一个墓室中就会有几种不同的图案，另外"妇人启门"等形式还是很有生活气息的。

墓室中的雕刻除了仿木构件以外，还雕有家具和墓主夫妇的形象等。在金代的墓室中砖雕技术非常高超，常有各种花形图案和人物故事等被雕于墓室内的砖上，后来发展到在墓砖上雕刻墓主人生前家庭的生活场景和活动。有的墓中雕刻装饰的面积还相当大，其中表现的建筑和人物众多，其雕刻的构图与内容都非常复杂，由此可见当时的雕刻工艺水平之高。

宋太宗元德李后陵墓室剖透视图

李后为宋真宗的生母，宋太宗之妃，咸平三年（1001年）下葬在永熙陵的西北。李后陵地宫由墓道、甬道、墓室三部分组成。墓室采用砖木混合结构，顶部涂有彩绘。

第四节
宋辽金时期的住宅和园林建筑

宋朝的民间居住建筑，是在中国封建社会时期平均水平上处于较高位置的一个历史阶段。但这种情况仅限于宋的统治区域内，在辽、金和西夏地区的民间住宅建筑还与汉存在着较大的水平差距。对于宋时的住宅形式的了解，我们多依赖于宋代的绘画中的形象、文学作品中的描述和陵墓中的壁画表现，当时的很多文艺作品都不同程度地表现了精美的住宅及其装饰。从住宅中还体

宋墓中的"妇人启门"图

在河南洛阳新安县发现的宋墓中看到了许多具有生活情趣的壁画，如"交租图"、"仕女牡丹图"、"妇人启门图"等。其中"妇人启门图"是宋金时期墓葬画像中较为常见的题材，通常绘两扇半开的门，一女子开门正要出来。此画暗示门后还有庭院、房屋，以表现墓主人殷实的家业。

宋墓石刻中的家具
（上、下图）

宋金时期家具已经完全转变为垂足而坐的形式，家具的风格更加简约。河南金代邹瑨墓四壁线刻中表现的金代家具中有靠背椅、四角方桌，椅背上有镂空的花卉图案，装饰性很强。

现出了等级制度。

宋时，官僚贵族的宅第前堂后寝式的住宅布局已经定型。一个完整的住宅应包括有独立的门屋、多进的院落和宅后的配套园林。宋画《文姬归汉图》对当时贵族官僚的大宅第进行了比较细致的描绘，在住宅外部都建有乌头门或门屋，门屋的基座多采用"断砌造"的方法建成，以便于车马的出入。庭院虽仍然沿用前堂后寝的布局方式，但为了增加居住面积，多以廊屋代替了唐代时流行的两侧围合以回廊的形式。在前堂和后寝室的两侧都建有耳房或偏院，其间以穿廊相连。但受等级制度所限，不得采用斗栱及彩绘等。但这时的建筑中门、院墙等建筑形象都与明清时的同类建筑相仿了。这说明宋代的住宅建设形式被明清两代基本承袭下来，后世并没有作多大的改动。

与官僚贵族的大型宅第形成明显对比的是农家村舍。这类住宅比较简陋，屋顶多用茅草覆盖。也有一些瓦屋，屋顶形式常采用悬山或歇山。建筑平面有一字、丁字、曲尺、工字等不同形式，形制多变。不分大小房舍，大都设有用竹或木做成的围墙和院门，也有是用夯土筑围墙的，但和竹木的相比数目不多。在一些边远地区，特别是南方，住宅以干栏式建筑为主。据记载，当时的干栏式民居是以编的竹子为墙壁，以茅草为屋顶，上层住人，下层是牲畜。总体来看农村住宅在建筑规模、形制、装饰等方面都不如城市住宅。除了受建筑等级制度的制约外，也说明城市与农村经济发展的差距。

到了宋朝的时候，住宅内的家具已经完全摆脱自商周时就有的跪坐式家具的形式，而完全转变为现在的垂足而坐形式。随着家具由低型到高型的转变和普及，家具的造型和结构也发生了变化。首先是家具已采用梁柱式结构作为框架，而抛弃了壸门的箱式结构。壸门是从东汉至南北朝时期，随佛教须弥座上图案的传播而发展起来的一种孔洞形式的镂空圆形。其次在家具的装饰上也更加丰富，如桌椅的四条腿的断面形式，出现除方形和圆形以外的马蹄形，桌子下开始有了束腰的形象等等。有意思的是，与从粗犷走向华美和精致的宋朝建筑相反，宋朝的家具反而走向简约和洗练了。而当时的这些家具的变化和特征，也成为了明清家具发展的基础。随着家具高度的增加，相应的在室内的摆放位置也随之有了变化。除书房与卧室外，家具的摆设位置逐步形成了一种格局方式，这种方式主要有对称和不对称两种。

这时期村落的特点是，仍旧以血缘关系聚族而居，全村都为同一姓氏的家族。这是伦理文化的表现之一。而另一种表现则在于，宋代对住宅建造的等级规定严格，所以在突显法律权威性的城市，建筑的艺术样式反而不如那些较发达的农村更加多

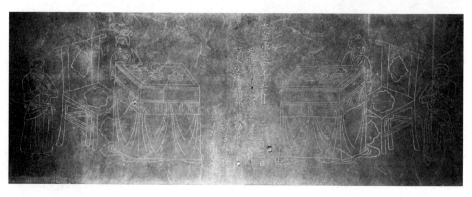

样。农村中由于人们对生活的美好憧憬，而冲破了这种等级制。从村落的整体规划到单体建筑，既遵从要与地形和生态密切融合的风水之说，也表现出了强烈的人文精神和对文化的追求，同时更直白地表现了对于美好生活的热烈追求。以最大限度地达到天时地利人和的均衡发展。这些特点的体现，尤以江南地区为代表。

浙江省永嘉县楠溪江中游的村庄就很好地体现了所谓天时地利人和的建设要求。从村庄的选址到规划除要选择好地形外还要以风水来做重要参考。巧合的是多数交通便利、依山傍水且气候温和的场所也是风水之宝地，许多村落就坐落在这样的理想地区。如在宋时有个叫芙蓉村的地方，坐落在形状如芙蓉的山峰脚下，又在村中辟芙蓉池，环境优美，被风水师们评价为风水极佳之地。这个地方在南宋时出了"十八金带"，也就是十八位朝中的高官，可说是地灵人杰。

由于这些地区依山傍水而且地理位置通常比较隐秘，所以当地人就借助于山水，建造村庄的防卫性建筑，如围墙、壕沟和寨门等，都具有很强的防卫性和安全性功能。

宋代还有一种建筑类型，是非常普遍也有其时代特色的，这就是教育建筑。宋朝以其诗词闻名于世，之所以会有那么多高水平的优美宋词留存下来不是偶然的。因为在宋代，统治者十分重视以文德治国，而"兴文教、抑武事"也是当时的基本国策。除有专门的主管部门管理国家的教育事业，比如大家熟知的国子监以外，还开设各种不同的专科学校。对学生的出身也采取了放宽的政策，向庶民开放。政府和民间都兴办自己的学校，中央有官学，地方有府学、县学，民办的有书院、家塾、书会等等。北宋曾有著名的四大书院（白鹿洞书院、岳麓书院、嵩阳书院、应天书院），南宋时全国的书院竟达到两百多所。

这些教育机构的建筑大体由祭祀先圣先师的"庙"、存放皇帝御赐之物的建筑、讲课及办公场所、学生住宿的斋舍、体育训练的射圃和后勤部等不同功能的房屋所构成。而各种不同的教育机构视具体情况对于上述建筑的设置会有所增减。

还有一种教育建筑就是贡院了，它不是供平时学习之用的场所，而是学子们进行科举考试的专业地点。宋初不设贡院，考试的地方就在寺庙中进行。南宋后有了专门的贡院，这种场所的面积都比较大。以南宋首

浙江省永嘉县岩头镇苍坡村

据说，苍坡村在南宋淳熙五年（1178年）时，李氏对整个村落的寨墙、街道、水源等进行了规划，使村落的主街直指西方的笔架山，并将街名改为笔街，在笔街东端挖掘池塘，池塘边附两块条石，这样一来，池为砚池，条石成了墨锭，苍坡村为纸，整个村落的"文房四宝"就形成了。

河南嵩阳书院唐碑
（中图）

嵩阳书院是宋代著名的书院，但从留存的唐代石碑来看，嵩阳书院在唐代时应该已具规模。

湖南长沙岳麓书院复原示意图

岳麓书院位于湖南长沙市岳麓山东侧，始建于北宋开宝九年（976年），是北宋著名的书院。

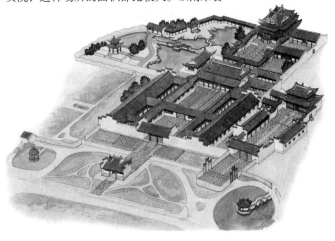

第六章 宋辽金时期的建筑

南宋佚名《宫苑图》中的建筑

两宋时期皇家园林建设成就很高，规模上秉承了前朝园林宏大的面积，金碧辉煌的建筑；意境上自然风味更浓郁。

都的贡院为例，礼部贡院是临安最大的贡院，在中轴线上前后两部分分别为官吏的办公区和宿舍区。中部一区开有大门、中门和工字殿形式的正厅等建筑。左右两侧的院落是考生的考场，由众多独立的天井式小间组成。考试时考生每人一间，相互封闭和独立。而在礼部贡院左右两边共有数千个这样的小间可同时使用，可以想象每逢考试时壮观的场面。

园林

继唐代之后，宋、辽、金时期的园林进入了发展的成熟阶段，造园的技术和工艺达到了前所未有的水平。这时期园林的形式和内容也逐渐有了固定的模式。而此时也形成了包括皇家园林、寺观园林、私家园林在内的全部园林类型。

两宋时期的文化、经济十分发达，而政治上统治者对内骄奢淫逸，贪图享受，对外却软弱无能，这就使人们或苟且偷安沉湎于享乐，或避世隐居不问世事。这种畸形的社会状况却大力促进了各种园林的发展。因为无论出于什么样的目的，人们都要修建满足自己享乐需要的园林，这也就使这时期的园林不论从数量上还是从分布的地区上来说都比隋唐时增加了。而且由于当时经济、文化的繁荣以及和卓越的建筑技术水平，所造园林不但丰富多样而且具有很高的艺术水准。

宋代的皇家园林集中在东京和临安这两座首都城市。与隋唐的皇家园林相比，其规模和气魄都不如前者。宋代的皇家园林以精致的规划设计取胜，园林内容受文人园林影响很大，少了一些豪放旷达的气派。某些御苑还定期开放，供人游观。皇帝经常把御苑赏赐臣下，也常把臣下的园林收为御苑。这些情况在历史上并不多见，从一个侧面反映了两宋时期封建政治上一定程度的开明性和文化政策上一定程度的宽容性。

东京汴梁的皇家园林均为大内御苑和行宫御苑，后苑、延福宫和艮岳属于大内御苑；行宫御苑分布在城内的有撷芳苑和景华苑两处，城外的有琼林苑、宜春园、玉津园、金明池、瑞圣园、牧园等。其中比较著名的是北宋初年建成的东京四苑，琼林苑、宜春园、玉津园、金明池。宋徽宗时期又建成了延福宫和艮岳，而以艮岳最为著名，它是中国园林成熟时期的代表作品，具有划时代意义的园林作品。

宋徽宗（1082~1135年）政和五年（1115年）修建中国历史上著名的艮岳。这座园林的起因，还是十分偶然的。赵佶在宫城东北建道观"上清宝箓宫"，后听信道士之言，说在京城内筑山，皇帝必多有子嗣，于是在上清宝箓宫的东北筑山，称万岁山。因山在宫城的东北，按照八卦的方位，以"艮"命名，故称艮岳。因人工筑山，必然要挖地取土。这样艮岳作为一座园林，就已经有了地势高低落差的基础。艮岳的正门匾镌刻"华阳宫"二字，因此也称"华阳宫"。园内全部以人工开挖水系，堆砌出山峦、岛屿，并在园中点缀亭台楼阁。这样还不够，继而为了渲染气氛又在园内建道观、水村，并模仿民间建筑建造乡村野居和酒肆等等。

园内搜罗了当时南方众多的花木和石材，尤其是采自江浙一带的太湖石，宋徽宗任用朱勔（1075~1126年）主持苏杭应奉局，将搜罗到的奇花异石，分批编组用船运往东京，这就是著名的"花石纲"（纲，在旧时指成批运输货物的组织）由于采集和运输等各方面的费用高昂，也因此殚费民力，为其日后北宋王朝的灭亡埋下了隐患。各种各样的石头不仅用于筑山，也因其千姿百态而单开辟了一块区域用于展示奇异的怪石，造就了一个人工的石林。

园内有众多形态的水，河、湖、潭、瀑、溪等，几乎对自然界各种水的形态都进行了简略的写意。而山与水更是交相辉映别有一番情趣。在艮岳内有品种众多的大量植物，有许多也是从南方运来的。不仅如此，园内还养殖了各种动物，并派有专门的人员进行饲养和训练，以供皇帝出游时使用或观赏。

艮岳的营建是宋徽宗亲自参与的，徽宗是一位书画兼长的艺术家。他又任命宦官梁师成负责具体的营建事宜。从《御制艮岳记》中得知，艮岳既有具体的规划，也绘有图纸，而且还有可估算工料的详细施工图。艮岳的营建工程从政和七年（1117年）开始至宣和四年（1122年）完工，前后历经六年的时间，建造出了中国园林史上最著名的皇家园林。

艮岳的营造开创了皇家园林移山填海的先例，皇家园林自此开始不再停留在单纯的摹写山水的范围，更加注重意象景观的创造，富有意境追求的审美观已成为园林艺术的根本目的。简单地说，就是对自然山水的欣赏由广上升到精。而皇家园林从畋猎、游乐向艺术创造的转变也于此时最终完成。宋徽宗还把"移天缩地在君怀"的造园思想首次引入皇家园林的营造中。

艮岳完工不久，便遭金人围城，宋徽宗则成为金人的俘虏死于异域，金兵将苑中的

珍禽异兽投进汴河，并拆屋为薪，凿石为炮，伐竹为篱，都城被攻陷后，苑全毁。明代李梦阳有诗叹曰："城北三土丘，揭嶭（NIE）对堤口。黄芦莽瑟瑟，疾风鸣衰柳。云是宋家岳，豪盛今颓圮。……呜呼花石费，锱铢尽官取。北风卷黄屋，此地竟谁守。"

与隋唐时期皇家园林不同的是，宋代不仅没有禁苑的形式，某些皇家园林还定期对外开放，供普通百姓游览参观。金明池就是其中之一。金明池位于东京新郑门外干道之北，与琼林苑隔街相望。原为宋太宗检阅"神卫虎翼水军"水操演习的地方，并非为游娱而置，因此其规划布局异于一般园林。

金明池以园中近似方形平面的大水池为主体，园中建筑主要集中在南岸，北岸建筑很少。主要建筑为奥屋，是停泊龙舟的船坞。池东、西两岸遍植垂柳，为园中的绿化地带。金明池布局规整、有序，类似宫廷格局。从宋画《金明池龙舟竞渡标图》中就可见一斑。

如果说皇家园林以它的大气磅礴和高

北海楞伽窟前花石纲遗石

宋徽宗在营造艮岳时，曾令人在江南一带搜集奇石，并组织专门的机构运送到东京，历史上称为花石纲。其中有很多在运送途中即遗落他处。现在北京北海琼华岛有两方石头，一为昆仑石，一为岳云石，据说都为花石纲遗石。

艮岳平面设想图

艮岳是宋代最著名的皇家园林，始建于宋徽宗政和五年（1115年）。艮岳是一座相对独立的皇家御苑，园内景致以自然山水为主，不像一般的宫廷内苑以建筑为主。园内的建筑也主要是为游赏而建，多了几分生气。

第六章　宋辽金时期的建筑

金明池龙舟竞渡图

金明池是一座带有公共园林性质的皇家园林，在重大节日时对平民百姓开放。本图是宋画《金明池龙舟竞渡图》中表现的金明池建筑景观，同时还表现了节日时举行龙舟竞渡的热闹景象。

超的技艺为代表的话，那么私家园林就以风格的多样和利用有限的空间创造无限的景观为其特色。私家园林因所处地理位置的不同有所差异，可分为中原地区的园林和江南地区的园林两大部分。这时不少文人和画家也加入了造园的行列，他们更追求园林与文艺作品的结合，因而诗、画、园三者被紧密结合在了一起。同时造园的文人更加注重对园林的意境及含义的追求，后来这种风格也曾经影响到皇家园林和寺庙园林的建造上。但是，由于人的意志强加给了园林，过分追求山石组合的奇特性，也产生了些生硬堆砌，以至于破坏了园林风格的缺点。

中原地区的私家园林以当时洛阳的园林为代表，它们的特点是：除在住宅中附设的宅园之外，多是单独建筑的游乐园，带有公共园林的特点。这类园中虽然也有各种造型的建筑，但数量不多，各景观多按其特色来命名。这些私家园林多栽种各种花木，以茂密珍贵的植物林出现，并形成中原地区园林的特色之一。与南方私园不同的是，北方的私家园林多因地制宜用土堆砌假山，石料运用得极少，这也许与外地石材的成本费用过高，而本地又缺乏观赏性石材的背景有关，因而也成为北方私家园林的特色之一。

洛阳自汉唐时期就是重要的城市，历代名园已属不少，宋朝时候就更加繁荣了。依附于宅第的名园有：富郑公园，这是宋时两朝宰相富弼的宅园，其特色是分为两区，北区较安静，南区则以美丽的景物见长；独乐园，这是司马光（1019~1086年）的私家园林，是园林蕴含深刻意境的典范，整个园林虽然规模不大，布置又比较朴素，但是种了大量的竹子，又引水进园，兼种草药和各种花草，园中每座建筑的名称都与古人或典故有关，含义深刻。

在南方私家园林的建设比之北方更甚，临安城的私园建设更是达到相当大的规模。因为早在五代中原的战乱时期，江南的吴

山水册（宋）

宋代山水画、山水诗深深影响了私家园林的营造，使私家园林具有了诗情画意般的景致与韵味。

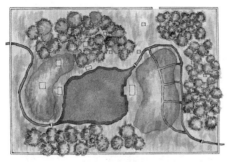

越（907~978年）的社会局势就比较稳定，经济、文化一直处于不断向前发展的状态。而北宋灭亡，赵氏政权南迁之后，更是带动了这一地区的大发展，一时间成为当时全国最发达的地区。而且由于南方气候温暖，自然环境秀美，太湖流域又盛产造园用的湖石，因而为私家园林的发展提供了优越的条件。所以临安的私家园林建造出现了前所未有的盛况，这些园林大都分布在西湖、钱塘江一带。它们多是利用较好的自然环境，再辅植以奇花异草修建而成。与北方园林不同的是，南方多用各种怪石叠砌各种各样的假山、石洞，再引水入其中，配以亭台或楼阁。众多的私家园林与当地美丽的自然景色交相辉映，既因地制宜，借自然之环境营造独特的风格，又因为各种各样的园林组合在一起而点缀了自然环境，使之更加秀丽。

由于宋时重文，所以文人的地位也就相对来说比较高，许多文人都身居要职。而文人对于山水意境的追求使得他们也投身于修建园林的热潮中来了。这些园林以格调清新、雅致见长，以寄托理想、陶冶情操为目的，于是就形成了一种独特风格的园林类别——文人园林。

这类园林多数的建造是文人们寄托理想、表达心愿的结果，也是文人们聚集的场所。所以这类型的园林中对园中山石和植物的数量不讲求多，而讲求精致。园林的布局也像山水画一样，有疏有密。另外在园林中多题有诗词，这些诗词多是对景色的概括，充满文艺色彩。文人园林还注重园林的自然化，多不用繁琐的景物或摆设，以至于破坏了园林与自然景物的协调性。

北宋时，东京城内的寺庙园林大多是定期或节日开放的带有公共性质的园林，所以寺庙除了供参拜、做法事与举行庙会外还兼具游园的功能，而且皇帝也经常到此出游。由于宗教的门派和宗旨的不同，僧、道们开始了在全国的山野和风景区修缮、建造宗教建筑。这也促成了继两晋南北朝之后在全国各地进行开发建设的第二次高潮。现在分布在我国各地名山大川的风景名胜建筑有不少最初是在宋朝建造的。

在此时期值得一提的是金代中都的园林，因为金王朝在文化方面大量吸取北宋的文化精髓，在其园林的建设上，也颇费气力。皇家极力修建在城内的御苑外，还开凿

富郑公园平面设想图

富郑公园是北宋时期洛阳较有名的私园，园林景致可分为东、西两部分，东部以水池为主，建筑多集中在水池西岸，整座园林表现出疏朗、简约的特点。

河南嵩山初祖庵壁画中的寺观园林（中图）

杭州西湖自然园林示意图

西湖在宋代得到大力开发，很多地方官员都参与到开发建设中来。其中成效最大的当属苏轼。苏轼在任杭州知府时，对西湖进行整治，修筑长堤、种植菱荷、疏通河道，经过一番整治，西湖出现了烟水浩渺、莲叶田田的湖上景观。

第六章 宋辽金时期的建筑 103

河北正定县隆兴寺总平面图

隆兴寺整体布局完整、对称、主次分明，显示出佛寺布局的成熟气象。

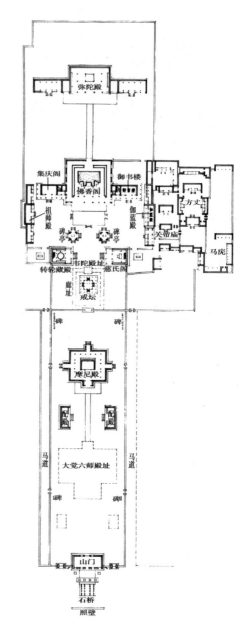

池沼、湖泊，增建亭台楼阁，随着经济的繁荣，又在城外修建了多处行宫别苑，皇家园林的数量和规模都已经达到了很可观的程度。贵族官僚和地主、文人们也竞相修建自己的私家园林，再加上修建了为数众多的公共园林和寺院园林，中都城内外的绿化和园林已经将整座城渲染的相当美丽，到了金章宗（1168~1208年）时，还有了燕京八景的出现。

第五节 宗教建筑

宋、辽、金时期，宗教建筑又有了新的发展，佛教的寺庙和塔被大量的兴建，技术含量极高；道教建筑也有大的发展，统治者掀起了数次兴建道观的营造高潮。此外伊斯兰教的建筑也有兴起的迹象。

佛教仍是这一时期的主流宗教，佛寺在原有的以塔为主体的布局方式的基础上，又有了新的发展。还出现了以高阁为主体，佛殿和法堂在后面依次排列的布局方式；或者前面是佛殿、后面建高阁的布局方式；以及以佛殿为主体、殿前后建双阁的布局方式。另出现了一种禅宗寺院的独特格局，称为禅刹制度，即在南北主轴线上依次布置山门、佛殿和坐禅室等主体建筑，也就是宗教的礼仪性建筑，再在其左右建设供僧人们日常活动的建筑，而这些建筑与其他库院又

山西岩山寺壁画中的金代宫苑景象

金代从迁都中都后就开始大规模修建宫苑。金代的宫苑包括大内御苑、行宫御苑和离宫。大内御苑都建在宫城内，见于文字记载的有西苑、南苑、东苑和北苑。图为山西岩山寺壁画中的金代宫苑景象。

形成了东西向的轴线，使得佛殿正处于两条轴线相交的中心位置。

宋代官方对佛教的态度是双面的，既支持又反对。支持的一面，是因为统治者想利用佛教作为统治人民的工具，而且国家还能从中获得不少的经济利益。而佛寺也投其所好，使这时期的佛寺还兼以商贸活动，定期开放，热闹至极，失去了佛寺本有的庄重和肃穆；反对的一面，也是由于佛教要消耗国家大量金钱去维系，且有许多人只是为了逃避徭役和刑罚而出家，以至无所顾忌，

不守戒律，使得一时间僧俗不分。不但失去了宗教本身的意义也扰乱了社会的正常秩序。所以宋代对佛教建筑非但不是特别热衷，还从多方面予以控制，制定了许多限制其发展的政策。

而在辽、金和西夏则又是另外一番景象。因为统治者的大力推崇，使得佛教在这些统治区重新拥有了它的本身的宗教意味，也因此出现了大批的佛教建筑。

在宋朝，由于政府对寺院建设的冷淡，社会上出现了私建寺院的现象。尽管政府出台了各种限制政策，但佛寺的营造仍旧屡禁不绝。同时作为政府限制寺院规模法令的对策，此时还形成了"子院制度"，即修建小规模的寺院挂靠在大寺院名下，除向母院纳贡并接受统一的宗教活动外，小寺院在经济和日常运作等各方面是各自分开和独立的。由于众多小寺院的挂靠，使得当时的大寺院经济实力都非常雄厚，通常拥有众多的田地、庄园等。

现在河北境内的正定县隆兴寺虽然始建于隋朝，但在北宋时进行过扩建，且后世的修砌也多保留了宋时期的总体布局，是现存宋代佛寺建筑布局的重要实例之一，是典型的以高阁为中心的佛寺建筑。寺院南面山门内为一长方形的院落，院中是大觉六师殿，殿左右为清时加建的钟鼓楼。向北是第二进院落，正中是摩尼殿，左右有配殿。一、二进院落相互连通形成一个纵深的矩形空间。再向北过了清代所设戒坛。最后是第三组建筑，主殿佛香阁位于院落正中，原本佛香阁左右还有御书楼和集庆阁，三座建筑以飞桥相连，气势甚为壮观。可惜这三座楼阁因破损严重被拆毁了。现在这三座建筑又被按照唐代的风格予以重建。在佛香阁前面，左右各设转轮藏殿与慈氏阁，最北面以弥陀殿与其附属建筑结束。在佛香阁中至今仍存有宋代观音铜像，这尊设立的千手观音铜像也是我国现存铜像中最大的。

位于第二进院落中的摩尼殿建于北宋时期，面阔、进深各七间，平面近方形，重檐歇山顶。尤其特别的是，整个建筑南面出三间，其他三面各出一间如门廊似的抱厦，同样的歇山顶却侧放安置，以山面作为正、背及左右立面。殿身四面都以砖墙砌成，没有窗，又因为屋顶的建筑形式过多强调美观和谐，只在抱厦的正面开有门窗，加上门也是外凸的，所以殿内的光源只有通过巨大斗栱间的缝隙透进的微弱亮光，所以在外面看绚烂壮丽的大殿，内部却光线暗淡，但不管是设计的失误也好，有意为之也好，这种昏暗的光线反倒营造出了肃穆、凝重的殿内气氛，反而加强了大殿的气势。大殿是殿堂型构架，由32条屋脊穿插而成，结构复杂，还有颇具唐代意味的硕大而稀疏的斗栱。这座殿堂

河北正定广惠寺花塔

正定广惠寺花塔始建于唐德宗年间（785—805年），根据现存塔的结构形式和第一层内壁上南宋嘉祐六年（1161年）的墨迹推断，塔应为辽金时期遗物。

正定隆兴寺戒坛

戒坛是僧徒们受戒的地方。河北正定隆兴寺戒坛是一座四角攒尖顶的亭台式建筑，三重檐，屋顶覆绿色琉璃瓦，造型方正精巧，装修华丽。

河北正定隆兴寺摩尼殿

隆兴寺摩尼殿平面为十字形，四面各出一个抱厦，抱厦皆为山花朝外的形式，但四个抱厦的大小不同，以正面的最宽，整体造型方正中富有变化。

隆兴寺戒坛内观音像

天津蓟县独乐寺观音阁

观音阁是典型的宋、辽、金时期佛教建筑，它的典型性除了斗栱之外，最突出的就是平座、暗层的使用，以及柱子的侧脚、生起。

独乐寺观音阁剖透视图

天津蓟县独乐寺观音阁外观二层，内部为三层，从这幅剖透视图中可以清晰地看出其具有宋代特色的木构架以及阁内的主供十一面观音立像。

的各补间铺作上都添加了呈45°的斜栱，这在已知的宋代建筑中是首次应用斜栱结构的。

就遗存至今的宗教建筑实例数目而言，辽代甚至超过了宋代。最有代表性的辽代建筑是蓟县独乐寺观音阁以及它的山门，还有大同华严寺大殿及薄伽教藏殿等等。

独乐寺（984年重建）位于今天津蓟县境内，现存建于辽代的建筑就只有山门和观音阁两座了，其他建筑都是明清时重建的。之所以要提到山门，是因为这座山门还极力地展现着大唐时期的风格。它有着低矮的台基，样式简明朴素的屋身、板门和窗户，粗壮的檐柱上完全显露出斗栱和托脚，虽然岁月已剥去斗栱身上的彩饰，但它们仍那么极力地向上层层叠加，把屋檐向外轻轻地托起。进入山门后，观音阁就一览无遗地展现在你的面前，既没有任何遮挡也没有多少空隙，很显然是经过精心测量和设计的。

观音阁高三层，但从外部看只有两层。观音阁的外形兼具唐宋两代的建筑风格，很有特点。因为它的台基较低，所以各层的柱子都稍向里收，下檐四周建有平座，上层是歇山式屋顶，屋面坡度和缓。观音阁也是殿堂型构架，平面的柱网分内外二槽，竖向的结构由三个柱网层、三个铺作层和一个屋架层构成，底层出斗栱和下檐、中层出斗栱和

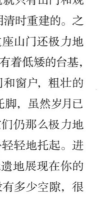

平座，上层出斗栱和上檐，又因为建筑中部的腰檐和平座遮掩，故而中间的一层成为了暗层。

阁内四面都有精美的壁画，中心置一高大的主观音像，为辽代所作。主观音像从楼阁的底部直通顶部，观音像的头部距顶部的藻井只有一米多的距离，是现存中国古代最大的塑像。当人们进门后须仰视才可看到观音的头部。观音造型丰满、色彩丰富，带有很强的唐代遗风。整座观音阁比例匀称，各部分搭配严谨，虽经数十次地震依然屹立不倒，充分显示了古代建筑技术的高

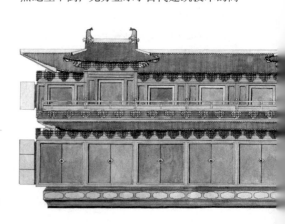

超和各部分搭配的协调与巧妙。

山西大同华严寺的薄伽教藏殿（建于1038年）是现存最早的经藏殿，建在较高的台基上，前面带有月台。除背面的小窗、三面的格子门和横披之外，全部用墙封闭。两山较深，檐柱较高挑，风格明朗，是典型的辽代风格建筑。

金代所留的大型宗教建筑都不是金代建造的，而是对辽代建筑的大规模修整，如大同华严寺和善化寺。

华严寺始建于辽代，在金代时重建了寺中的大殿（1140年重建），采用的是单檐庑殿顶，是现存元代以前最大的单檐建筑。

始建于唐代的大同善化寺在辽代时建造了大雄宝殿，金代又对大殿进行了大修（1143年完成），但仍保持了辽时的风格，只是在大殿外檐的补间铺作上采用了两种不同角度的斜栱，并且藻井已经用斗栱装饰，显示出当时的建筑已向繁复和华丽发展的趋势。

寺内的山门和三圣殿则是在金代增建的，其中在山门上、外檐的柱子顶部铺作用了假昂，补间铺作用了插昂，已显现出斗栱退化的迹象。三圣殿中的柱网结构特殊，殿内只有四根内柱，两根被包于墙中，两根则位于佛坛两侧，因而殿内好像无柱，显得更加开阔。但是也存在外檐次间的补间铺作过分追求对于斜栱的运用，以致做了大量的无谓累加，反倒破坏了殿的整体形象，而显得累赘，另外，屋顶过于陡峭而使屋面显得凹面过大。

佛教建筑的另一重要类型就是塔，两宋时期是砖石塔发展的高峰期，尤以楼阁式塔发展最为迅速，分布区域也较广。其中可分为以下几种形式：砖身，木檐木平座式的砖身木构塔；塔身、檐和平座都为砖式的塔；无平座的楼阁式塔；无柱额的楼阁式塔。密檐式塔平面主要是方形，且多分布在四川境内。此外还出现了一种在塔身处有花钵的花塔。

楼阁式砖身木构塔中较著名的有四座：苏州报恩寺塔（1153年重建）、虎丘山云岩寺塔（961年建）、杭州六和塔（1900年重建），还有已经倒塌的杭州雷峰塔。河南开封的佑国寺塔（1049年重建），因塔身由深褐色的琉璃砖所覆，色泽如铁又称为铁塔，也是那个时期颇具特色的塔。还有河北的开元寺塔（建于1055年），是中国现存最高的古塔，

山西大同华严寺大雄宝殿

华严寺上寺大雄宝殿建在高大的台基上，前部突出宽敞的月台。大殿屋顶坡度平缓，势态庄严，风格古朴稳健，正脊两端立有高大的鸱吻，也显示出宋、辽、金时期建筑的特色。

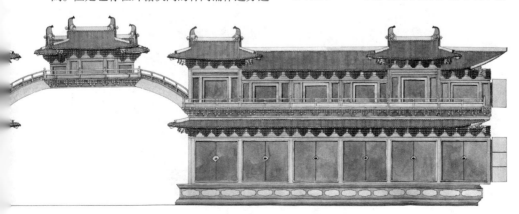

华严寺薄伽教藏殿拱桥楼阁

华严寺薄伽教藏殿内三十八间壁藏分布于殿内四壁，其中在后壁中部断开处以拱桥楼阁相连，好像仙宫楼阁，壮观华美。

河北开元寺料敌塔

开元寺料敌塔始建于北宋咸平四年（1001 年），至和五年（1055 年）建成，历时 55 年。塔平面为八角形，高 84 米，11 层，是宋塔中最高的一座。因塔身宽大，整体采用穿心式与回廊式结构结合，是北方唯一一座采用穿心式结构的塔。

因为它地处宋辽边境，所以就兼具了宗教和军事的双重目的，因而也被称为"料敌塔"。密檐式塔的范本较少，但在云南大理，继唐朝的千寻塔之后，宋代又建造了两座小塔，都呈八角形平面，高十层，也反映了当地人们对密檐式塔的创新。

这时期最值得一提的是建于辽代的应县木塔（1195 年建），又称佛宫寺释迦塔。这座木塔拥有我国古塔的数个第一：中国现存唯一的木结构塔，中国现存古塔中直径最大的塔，让我们为之骄傲的是这座木塔还是古代世界中最高的木结构塔。九百多年的历史中，木塔历经风雨、地震和战争炮火的洗礼而仍然屹立，而佛宫寺中明清以前的其他建筑则无一留存。这座木塔充分显示了中国古代的高层木构建筑所达到的技术水平。

这座木塔的平面为八角形，外观五层，内部九层，其中有四个暗层，五个明层。塔的构架分内外双槽，内槽供佛，外槽为人们提供了活动空间。它矗立在四米高的石砌高台上，首层重檐屋顶阔大而稳重，其上四层平座与塔檐层层向内收，其间每层上不同出跳的斗栱给人以逐层减小的感觉。顶部的攒尖式塔顶和高达十米的铁制塔刹，没有使木塔显得瘦高反而更突出了塔的和谐与稳固。在塔的建造上，还有着自己的比例关系，塔的总高度是其中间第三层上外槽柱内接圆的周长。从台基面到刹顶的高度则是第三层面宽的七倍，塔的整体构图非常严谨。

除佛塔外，还有一种伊斯兰教的塔，它就是位于广州的怀圣寺光塔。最晚在北宋末年已经建成，光塔又称邦克

应县木塔塔刹的营造过程

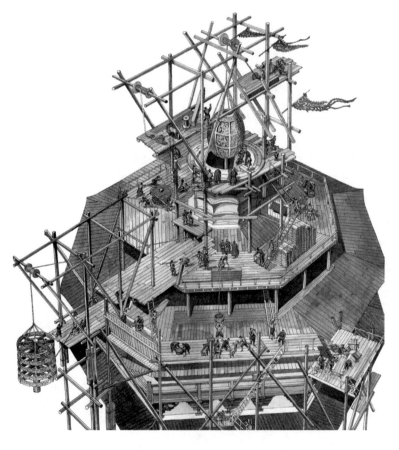

楼、宣礼塔，是供阿訇召唤礼拜之用，其形制是仿阿拉伯伊斯兰的建筑样式，十分具有研究价值。

北宋统治者因格外推崇道教，所以这时期也建造了不少道观。而且在以后也曾多次掀起增扩建宫观的高潮。并且这股风气就是在宋室南迁以后也还在继续，修建道观的活动可以说从未停止过。宋代道教建筑主

应县木塔透视图

应县木塔的外观为五层六檐八角攒尖顶形式，每层檐之间有斗栱承托的一圈平座，实际上塔内部有九层，外观所见的四圈平座层即是塔的四个暗层。正是斗栱和暗层的巧妙结合形成了木塔绝妙的坚固的结构。

北京卢沟桥

北京卢沟桥始建于金大定二十九年（1189年），桥长266米，桥身两侧石雕护栏望柱140根，望柱头雕刻形态各异的狮子形象，栩栩如生。

要有下面几类：祭祀和供奉诸神的大殿，供道人修炼的斋馆，储藏道经的藏经殿或楼阁，宣讲道教的法堂，供贵宾食宿的客堂，以及进行斋戒活动的斋宫等等，另外道观中还大多附有园林等附属建筑。

第六节 建筑艺术和技术

在其他建筑方面，宋代也取得了骄人的成绩：宋代的桥梁建造无论是在设计上还是在施工方法上都有了极大的进步，在各种桥的建筑上都有了丰富的经验。如建造了可以开启的潮州广济桥（初建于1171年），以竹木建造却有着很大的承载能力的桥等等。而此时的金代也在造桥的技艺上有了长足的进步，譬如高水准的北京卢沟桥（初建于1189

年），尤以其精美的石雕栏杆享誉世界。

宋代留给我们的建筑遗产还不仅如此，作为对于建筑各方面的总结，宋时还编修了《营造法式》一书（完成于1100年）。这是当时国家有关建筑方面的规范性著作，这部书中制定了各建筑部分的"材"也就是各部分

宋《营造法式》大木作制度示意图

宋式建筑立面示意图

从立面上看,不水平的额枋、向内倾斜的柱子等都是宋代建筑的显著特征。

相应的比例关系,涉及建筑的所有工种和具体工作都作了详细的总结和说明,规定了建筑的结构与装饰的统一关系,列举了各种详细的图样和条文,为编造建筑的施工规模,施工组织及提前的预算都制定了严密的制度以供生产和检查。不仅仅明确而细致地规定了建筑中可能涉及的所有问题,还灵活地设计了要因建筑而改动的小注,以适应实际建筑的需要。

这部《营造法式》是中国古代工匠们代代相传建筑方法和技巧的总结,也是当时中原地区建筑技术和艺术的概括,还是我们研究宋代以及古代建筑的重要参考,更是说明中华民族先进建筑文化的重要佐证。

在建筑的材料、技术和艺术上,宋、辽、金时期都取得了辉煌的成就。在材料方面,砖更被普及,不少城墙的外部都是用砖砌成的,道路也都铺以砖面,在塔和墓的建造上更是大规模地使用砖构。此时的琉璃瓦已经有了一定的标准和较高的镶嵌工艺,这从东京汴梁的琉璃塔也就是现在的开封铁塔上就可看到。

在木结构方面取得的成就最高,基本形成了殿堂型构架和厅堂型构架的固定制作模式,建筑的柱网有了不对称的设置方法,北宋时还开创了减柱和复梁的作法,至金代已经形成了相当成熟的减柱和移柱的模式,同

河南嵩山初祖庵大殿人字坡屋顶

宋代建筑屋顶坡度平缓,从侧面看呈"人"字形。

第六章 宋辽金时期的建筑 111

河南嵩山初祖庵宋代建筑室内斗栱

时还制定了凡立柱都有上部向建筑中心倾斜的"侧脚"，建筑四个立面柱的高度是中间开间两侧的柱子为最矮，向两边渐加高的"生起"。这些措施都增加了构架的整体稳定性。侧脚、生起除了使大木架的结构更加稳定之外，由于四个立面的檐柱都形成上小下大模式，而每一面的屋檐都如飞鸟的双翅形成起翘的模样，也在建筑的造型上起到了一种非常好的艺术效果。

构成宋代建筑造型优美的还有一个重要因素，就是"举折"。举折是确定梁架上的每一根檩子具体高度，并最终形成人字形屋顶，能够产生两根对称的凹曲线的计算方法。"举"是指步架的高度，也就是从屋檐处的橑檐枋到屋脊处的脊檩，这每一根檩子由低至高的具体高度。"折"是指假如在脊檩到橑檐枋之间划一条直线，脊檩到橑檐枋之间的每一根檩子都不在这一条直线的位置上，而是比直线低。这样架上椽子以后，屋顶的坡度会产生曲线。这条曲线的形式为从屋脊开始下垂的厉害，然后，下垂的幅度逐渐减缓。这样的曲线，对于雨天屋顶排水的速度控制是科学的。而较为平缓的出挑角度可以使屋檐的出挑幅度较多，为下部的墙体挡雨创造了条件。

侧脚、生起和举折这几种手法，使宋代建筑的屋顶形成非常优美的一块凹异形球体表面的效果。在宋代建筑的屋顶上，人们找不到一条真正的直线。譬如，假设从正面看，瓦垄是一条直线，但从侧面看，它就是一条凹曲线。这种复杂的建筑造型原理，与古希腊帕提农神庙在建筑立面上所采用的视错觉矫正，并使其立面几乎没有真正的直线存在的手法有异曲同工之妙。

与唐代相比，这一时期建筑的柱身开始加高，屋顶的坡度也开始加大，而斗栱的作用却减弱了。宋时将斗栱称为铺作，其发展已相当成熟，按其功能不同而被加以分门别类，常见的三种斗栱分别为：柱头铺作、补间铺作和转角铺作。也开始以其数量和出跳数来划分等级，铺作的各个组成部分也都有了定型的尺寸，并做了材的规定。

此外宋的统治区在建筑门窗的棂条、台基的须弥座、柱础的雕刻及彩绘的图式等方面，都有了相当细致的规定和图样，这时的建筑给人以柔和精美之感。而南宋的建筑更是如此，注重小巧、细致及建筑的繁复。辽代则更多地继承唐的遗风，仍旧以硕大的斗栱、低缓的屋面和较少的雕饰等简朴和雄浑的风格为主。金代的建筑则糅合了辽和宋建筑的双重特点，其风格自然也有别于两朝，非常独特。但总体上，从北宋起，无论是皇宫、庙宇还是民间的各式建筑风格都已经向着精美、绚丽的方向变化了。

宋墓中的隔扇门

在河南洛阳新安县发现的宋墓中看到了隔扇门的形象，格心部分为简单的几何形式，绦环板和裙板上有如意纹等雕饰。

第七章 元明清时期的建筑

第一节 元代的建筑

宋金对峙之时，中国北方的蒙古族已经开始崛起，公元1206年，铁木真（1162~1227年）完成了蒙古族的统一，在漠北建立了蒙古国，自号成吉思汗。至元八年（1271年），忽必烈（1215~1294年）控制了北方大部分土地，定国号为大元。第二年，改中都为大都，并定为都城。元代统一中国后，建筑文化上接受了宋、金的传统，统治者的各种建筑的模式迅速汉化，但仍在使用功能等方面保留了一些蒙古族的传统。同时由于元朝统治者对各种文化和宗教的包容，建筑上的雕塑和壁画都融入了许多外来因素，建筑风格呈现多元化。

作为都城，元大都具有十分优越的自然条件，它位于华北平原的北端，南下可控制全国，北上又接近蒙古族原来的基地。西北有连绵的山脉作为屏障，西、南两面又有河流经过。由于大都在建设前的周密规划，使得建筑布局安排显得十分有条理和计划性。这个新都城完全是按照华夏儒家典籍的都城理想模式建造的，说明了当时的统治者已拥有占领全国、操控天下的雄心。

大都城平面接近于方形，由宫城、皇城和外城三城层层相套而组成。与其后的明清北京城不同的是，大都的皇城位于城南中央，宫城位于皇城南部偏东，没有设在城市的中轴线上。城外绕以护城河，各城角都建有高大的角楼。城东、西、南各开三门，北面开两门。通向城门的道路构成城中的主干

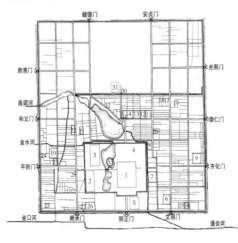

元大都平面复原想象图

1大内，2隆福宫，3兴圣宫，4御苑，5南中书省，6御史台，7枢密院，8崇祯万寿宫，9太庙，10社稷，11大都路总管府，12巡警二院，13倒钞库，14大天宁万寿寺，15中心阁，16中心台，17文宣王朝，18国子监学，19柏林寺，20太和宫，21大崇国寺，22大承华普庆寺，23大圣寿万安寺，24大永福寺，25都城隍庙，26大庆寿寺，27海云可巷双塔，28万松老人塔，29鼓楼，30钟楼，31北中书省，32斜街

元大都义和门瓮城复原图

元大都外城共有十一门,南面三门为丽正门、顺承门、文明门,东面三门为崇仁门、光熙门、齐化门,西面三门为和义门、肃清门、平则门,北面开两门,分别为健德门、安贞门。城门外另建有瓮城,挖护城河,城墙角上建有角楼,整体的防御性极强。

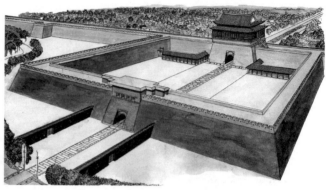

道,干道之间又有整齐的井格状街巷相连,各种寺庙、衙署、商店和住宅区如棋子般分布其中。而且在房屋和街道修建之前,已经预先埋设了全城的地下水道。城中设五十个坊,但这里的坊不同于汉唐长安封闭的里坊,只是行政管理单位。如此严谨的布局、街道和建筑,颇具大唐长安的风味。

元大都城市规模庞大,规划完整,完全是按照街巷制建造的新都城。它的布局与建设既秉承传统,又有很多创新,其中最具特色的地方在于元大都是以太液池为中心来确定建筑和城市的布局的。由于宫城位置的确定与太液池息息相关,因此整个城市的布局也由此而定:皇城和宫城偏南,北部为商业区,而宗庙建筑则建在东、西边。

元大都内的众多建筑都严格地按照等级制度营造布置的。建筑按其重要性依次采用庑殿、攒尖、歇山、悬山等屋顶,除悬山顶外其他的还可构成重檐的形式以突显尊贵。并且这时的屋顶已多用皇家专用的黄色琉璃瓦铺就。与众不同的是,元大都宫城的建筑是环水而建的,不是传统的前朝后寝式。而且在皇宫中还保留有蒙古族的帐篷,只是这里已成为帐殿了,并且装饰极为华美。

宫中最重要的建筑是举行朝会的大明殿和供皇帝日常起居的延春阁。这两座建筑分别在主轴线的南北两边,这两组殿堂的装饰都以汉白玉为基,而配以红漆金饰的装饰,这种不同于以往宫殿的装饰手法,后来也成为明清建筑的装饰模式而被保留了下来,这也是元代建筑民族特征的体现。

蒙古人原来信奉萨满教,后来在与金的抗衡中逐渐接受佛教。元统一全国后,忽必烈曾将西藏萨迦派头目——萨斯嘉瓦喇嘛封为"帝师",又将八思巴喇嘛封为"国师",并将西藏的佛教宣布为"国教"。由于元代统治者的推崇,藏传佛教得到很大发展,它与内地的佛教、道教等并行发展,所以说元朝是各种宗教并存发展的时代,这一时期也建造了许多大型的宗教建筑。

元代时,内地的佛教大多还是以禅宗为主,只有皇家营建的佛寺采用藏传佛教建筑模式。因此汉地佛寺仍采用大禅院的

元大都大内大明殿建筑复原图

大明殿为元大都大明殿建筑群的主殿,大殿呈工字形平面布置,前为正殿,后为寝殿,两座殿堂之间有廊相连。

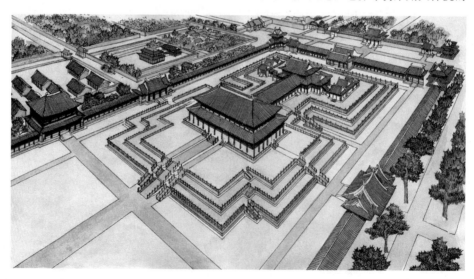

形式。其中以现存的山西洪洞广胜寺（1303年地震后重建）为代表，可见当时寺院建筑的大体形制。广胜寺分上、下两寺。下寺的建筑基本上为元代所建，现存中轴线上的三座建筑分别是山门、前殿和后大殿，三座建筑都为元代结构。其中后大殿梁架结构极富特点。殿内使用减柱和移柱法，增加了室内活动空间，使殿内起支撑作用而设的内额长达十几米。还大胆地使用斜梁，并把上端放置于内额上，直接加檩，省去了一条大梁。但这种方法在当时的技术还不成熟，多数都以失败告终。以至于下寺的大殿后来也不得不再加支柱以保证梁架的稳固。此外由于元曲在当时的流行，所以在元代的祭祀建筑中多在大殿的对面建戏台，这也成为元朝及以后此类建筑的特色。

山西省芮城县永乐宫纯阳之殿

永乐宫现存建筑主要有山门、无极门、三清殿、纯阳殿、重阳殿等建筑，全部排列在中轴线上，以三清殿地位最高。永乐宫的整体布局表现了我国传统建筑最重要的特征，即中轴对称，以三清殿为主体是道教宫观的主要特征。

在藏传佛教得到元朝统治者的推崇的同时，道教也得到元室的扶持。道教是中国土生土长的宗教，源于古代的神仙信仰。道教尊称老子为教祖。唐代统治者因与道教教祖同姓，而大力发展道教。金代时，王重阳在山东创立全真道，后来全真派的道士丘处机晋见成吉思汗，宣传教义，得到了成吉思汗的热烈欢迎，并给予道教免赋役的特权。道教在元代盛极一时，道教建筑也很多。道教建筑被称为道观，其布局采用中国传统的院落式，规整严谨，有明确的中轴线，主次分明，和佛寺建筑布局基本相似。

现存的元代道教建筑以山西的永乐宫（重建于1247年）为代表。它是元代全真派重要据点之一。永乐宫原来的规模很大，现只有中轴线上的几座主要建筑留存下来了。沿轴线从前向后依次排列着无极门、三清殿、纯阳殿、重阳殿和邱祖殿，这几座建筑都是独立的，没有与之相配的殿宇和建筑。主殿三清殿体量最大，所在院落空间的面积也最大，后面殿堂和院落都逐渐缩小，这种布局符合一般的道观模式。从结构上看，三清殿基本保持了宋代时的结构特点，外柱较高，而屋顶较缓和，但斗栱已被简化了。与元代其他木构建筑相比，三清殿更多地采用了正规的木构做法，技术水

山西省洪洞县广胜寺山门及飞虹塔（中图）

山西省洪洞县广胜寺弥陀殿

广胜寺始建于东汉建和元年（公元147年）。寺庙建成后历经北魏太武帝灭佛和唐代的唐武宗灭佛，最后在金兵入侵的战火中毁坏殆尽。元代至元二十年（公元1283年），重修明应王殿碑即有"金季兵戈相寻，是庙燬烬"的记载。

第七章　元明清时期的建筑　115

永乐宫三清殿壁画

永乐宫三清殿墙上满布壁画，面积达 400 多平方米，描绘的内容为道教诸神朝拜原始天尊的《朝元图》。画面以玉皇、地祇、勾陈、北极、南极、东极、木公、金母等八位尊神为主像，其余神像围绕着主像排列，人物众多，画面丰富而井然有序。

北京妙应寺白塔

妙应寺白塔是我国现存年代最早、体量最大的覆钵式喇嘛塔，总体高近 51 米，全塔主要由塔座、塔身、相轮、华盖、塔刹等几部分组成。

北京妙应寺白塔华盖

白塔十三相轮的上面立有一轮巨大的铜制华盖，华盖直径大约 10 米。华盖四周是铜制流苏，流苏上面铸有镂空的佛字和梵文字，装饰华美。在华盖的下部，有八根铁柱，起支撑、加固的作用。

平和艺术价值更高，是现存北方元代殿宇建筑中的珍贵实例。永乐宫的中间三座大殿中的壁画，是元代壁画的精品，不仅气势宏大，而且线条极为流畅。因为这三座大殿的采光面都很大，建筑也似乎是为展示壁画而建。

喇嘛教即藏传佛教，喇嘛在藏语中是"上人"、"师傅"的意思。公元 7 世纪时，藏王松赞干布（604～649 年）在他的两个妻子唐文成公主（约 623～680 年）和尼泊尔公主的影响下，信奉了佛教。8 世纪时，印度僧人莲花生等把印度的密宗传入，与西藏的风俗相结合而形成喇嘛教。元代统治者把喇嘛教奉为国教，并大肆营建喇嘛教建筑，因此不但在西藏有萨迦寺和夏鲁寺等典型的喇嘛教建筑，在中原地区也兴建了诸多的喇嘛教建筑，如在大都就建有大圣寿万安寺释迦舍利灵通塔，也就是今天北京的妙应寺白塔。

妙应寺白塔（始建于 1271 年）是我国中原地区现存最大最早的喇嘛塔。白塔分塔基、塔身、相轮和塔刹四部分。塔基由一层平台和两层的大须弥座组成，呈亚字形的折角平面形式，极具光影变化之美感。第二层须弥座上以硕大的莲瓣承托白色的圆形塔身，塔身光洁没有多余装饰，塔身以上又经过平面为亚字形的一个小的须弥座后是 13 相轮，也称十三天。相轮部分由砖砌成，向上逐层收缩。顶部是铜制的华盖和小喇嘛塔形状的宝顶。洁白的塔身与金色的华盖宝顶在蓝天下交相辉映，再加上华盖上的铜制流苏和铃铛随风轻响，构成了一幅色彩丰富而又动静结合的画面。元明时期，喇嘛塔在中原地区被广泛建造，但形制有所改变，塔的形体缩小，塔身上下收分更加明显，尤其是十三天的相轮部分变细，整体形象变得更为修长、清秀。

元代的皇家陵墓至今仍未能找到，据推测可能是在今蒙古国境内。而我国境内只出现有一般贵族官僚的陵墓，而且元朝的墓葬采用不起坟的方式，因此地上也没有建筑和石像生及墓碑一类。而地下墓室分为穹顶墓和竖穴砖椁墓两大类。这时期还出现了用米汤或石灰浆封筑墓室的做法。

元代时对官式住宅作过一定的规定,但在内容的详尽程度上与前朝和后代比都相差较远,其内容多有疏漏。因为元代统治阶层是蒙古族,只到了汉地后才有固定的住宅,所以才采用汉式住宅模式作为元代建筑的代表。以元大都后英房遗址来说,它是横向三进院落的建筑,主要建筑分别建在各进院落的主轴上,各进主房东西都有厢房相配,中间主房出轩廊,各进院落有夹道相连,已经表现出从宋式建筑向明清过渡的形式特点。

园林在元代没得到很大发展,这是由于元朝历史短暂,而且多忙于征战,社会经济文化都几乎停滞不前。而且园林需要不断营造和维护,鉴于当时的社会生产力状况,因而除江南一带还有南宋的遗风外,造园之风并不兴盛。

总体来说,元代是宋建筑和明清建筑之间的一个转折期、变化期。它把宋时精巧、细腻、雅致的建筑风格又转变回大唐时的雄浑和健阔风格,为我国建筑史上的最后一个辉煌乐章——明清建筑,奏响了序曲。

第二节 明清建筑

明洪武元年(公元1368年),明太祖朱元璋(1328~1398年)在南京建国,同年攻占大都,元代灭亡。明太祖将大都宫殿拆除并将材料运到南京来营建新的都城。但出于对以往建都于金陵的朝代都享国不长的忌讳,朱元璋不惜填平了燕雀湖,把新城的建设移到了旧城之东。新城打破了方整对称的都城形式,因为保留了旧城,所以形成了一个不规则的格局。全城分为三个区域:中部市区、西北部军营区和东部宫殿区。城墙就是这三个区域外缘的围合。城墙的砌筑以条石做基础,两面由石或砖贴壁,有的城墙则干脆全部用砖砌成。全城共设城门13座,重要的城门还设瓮城以加强防卫。在这圈城墙的外面还有土筑的外郭城墙围绕,外郭城设郭门18座。

宫城区以旧城东部的阳山为大内镇山,填湖所得之地主要用于皇城、宫城和中央官署的建设。宫城的前方左右两侧设太庙和社稷坛,前朝有奉天、华盖、谨身三殿,后寝有乾清、坤宁和东西六宫,宫城充分按照前朝后寝、左祖右社的祖制建设。由于填湖造宫的地基不实的原因,声势浩大又建制齐备的南京紫禁城,因地势的塌陷而很快倾斜了。

明成祖朱棣南下攻破南京夺取政权后,一面在南京修建大报恩寺,一方面开始筹划移都北京的事宜。而南京的紫禁城,这座凝结了元大都的精华材料、明初匠人的苦心设计的皇宫却没能逃脱当时战火的吞噬和

山西永乐宫纯阳殿壁画中的住宅(引自潘谷西主编《中国古代建筑史:第四卷》)

北京北海

北京北海的前身是元代太液池。太液池的营建模式是仿中国汉族的传统园林,表明了少数民族统治者对中原文化的积极继承。

明南京城聚宝门鸟瞰图

明南京城结合地形和城池防御的需要，都城形制一改传统的规整与对称，形成不规则格局。全城分为三大区域，即宫城区、市区和军营区，宫城区在东，市区在中部，军营区则在西北部。三区外面有城墙围合，城墙大部分以条石为基，上用砖或条石两面砌筑，城墙上设有13座城门，图为聚宝门复原鸟瞰图。

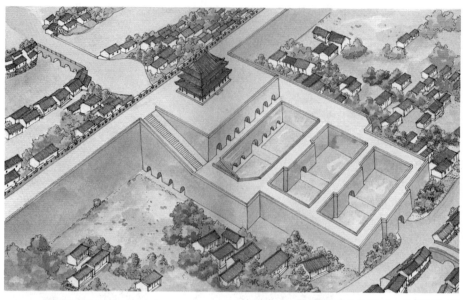

明南京城聚宝门平面想象图

聚宝门在城门之上建城楼，城门前面另建三道瓮城，以增强防御能力。

正阳门箭楼

正阳门也称前门，正阳门箭楼建于明正统四年（1439年），建筑形式为砖砌堡垒式。

就形成了以后宫城居中的布局，此后还加建了外城南面的城墙。这时北京的凸字形城市总平面，宫城、皇城、内城层层相套，外城在南面，中轴线自南向北贯穿都城的布局就基本上固定下来，并一直延续，还为以后的清代朝廷所沿用。

北京外城主要是手工业和商业区，还有规模巨大的天坛和先农坛。南面三门，东西各一门，北面则分为三座通向内城的城门和两角上设的通向城外的两座城门。内城南面三门，其他三面各两门。这些城门都建有瓮城、城楼和箭楼。并且在外城的东南和西南还建有角楼。内城中以主干道为骨干，之间穿插有南北向或东西向的街巷和胡同，居民区就散落在其中，此时的街道两侧已经有了砖砌的暗沟，以供排水。

皇城平面呈不规则的方形，主要分布着宫苑以及庙社、衙署等配套建筑。城四面各设一门，南门就是著名的天安门（始建于1417年）。天安门前还有一座城门，明时称大明门，清朝改为大清门。皇城内的宫城就是政治的核心区了，它是供明清两朝皇帝处理政事和起居的宫室。

皇城内所有主要建筑都建在中轴线上，这条长达7.5公里的中轴线是全城的主干，它起始于外城永定门，经笔直宽阔的大街到达内城的正阳门，而后经

清初的劫难，终于在乾隆年间沦为一片废墟。

明成祖朱棣在北平元大都大内的宫殿遗址上依照南京紫禁城的建制重建新的皇宫和都城，并改名北平为北京，这就是北京城名的由来。明成祖对北京城的贡献在于，废弃了北部的大部分荒凉城区，在北城墙内又筑新城墙，又向南迁移了南部的城墙，延长了皇城的中轴线，这使得整个都城南移，

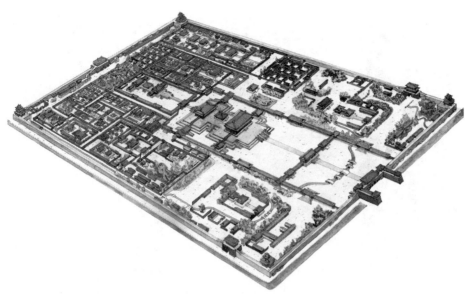

北京故宫全景鸟瞰图

北京紫禁城是明清两代的宫殿，清代的北京紫禁城是对明朝大内宫城、宫殿的继承，居于北京城的中心，其布局仍然是明代的规制。

大明门又到皇城的天安门。在大明门和天安门之间，建有千步廊，各种衙署分设在廊道的左右。进入宫城后主要的宫殿都依次建在中轴线上，各主殿的附属建筑则对称地分列于中轴线两侧。沿中轴线向北，过了宫城的制高点景山后，出皇城的北门地安门，这条南北贯穿的中轴线才以高大的钟楼和鼓楼结束。

宫城内的建筑是严格按照体现封建礼制和皇帝威严的要求建造的。三朝五门的门殿制度是封建社会宫殿建制的典型方式，而前朝后寝是宫殿自身的布局方式。东汉的经学大师郑玄在解释《礼记》时说，"天子及诸侯皆三朝"：外朝一，内朝二；在《礼记·明堂位》的注释中又提到过："天子五门，皋、库、雉、应、路。"这就是古代宫城建设的"三朝五门"之制。但是西汉的戴德和戴圣在编定《礼记》这本有关典章制度的书籍时，只有文字描述，并没有附图说明，因此西周时的三朝是如何设置的，是采用"凹"字形的平面还是前后排列的"一"字形，后人并不可知，这也给后人许多发挥创造的空间。

外朝为一座殿，是商议国事、处理狱讼、公布法令、举行大典的场所，位于宫城南门外易于国人进出的地方；内朝是两部分，分治朝和燕朝，治朝用于君王日常朝会治事、处理诸臣奏章、接受万民上书；燕朝是君王接晤臣下、与群臣议事及举行册命、宴饮活动之处。

但实际上，从战国以后，历代都城宫室建设中，并没有几个朝代按这种制度营建宫室。隋代时，恢复三朝五门制度，唐长安在隋大兴城的基础上建设而成，基本布局没有太大的变化。唐长安有五门（承天门、太极门、朱明门、两仪门、甘露门）和三朝（外朝奉天门、中朝太极殿、内朝两仪殿）。元代没有这种建制，明初南京宫殿又用此制，其五门为：洪武门、承天门、端门、午门、奉天门，三朝为：奉天殿、华盖殿、谨身殿。明成祖朱棣（1360～1424年）迁都北京，南京作为留都，北京的建设基本按照南京的布局。

北京紫禁城正门也就是午门（建成于1420年）。在午门前侧左边（东边）是太庙

北京天安门

天安门是清代北京皇城的正南门。

第七章 元明清时期的建筑 119

北京紫禁城后三宫

后三宫也就是内廷三宫，以乾清宫、交泰殿、坤宁宫为主体，是帝后起居的地方。

北京紫禁城午门

午门是紫禁城的正门，前面有端门、天安门、大清门，后有太和门，符合中国古代宫殿建筑"三门五朝"的制度。

（始建于1420年），右边（西边）是社稷坛（始建于1420年），这是按照"左祖右庙"的形式而设置的。外朝以太和、中和、保和（清代名称）前三殿为主，符合"三朝"的古制，宫城的大清门、天安门、端门、午门、太和门五座门符合"五门"的制度。外朝后为内廷，内廷则以乾清宫、交泰殿和坤宁宫后三殿为主，这是根据前朝后寝的形式而来。

在空间秩序安排上，在中轴线上从大清门到坤宁宫共有八进院落，其中以太和殿（1420年建成）前的庭院面积最大。它是前三殿的前奏，同时也衬托出太和殿的主体地位。在太和殿广场前部，午门之后，还设有一道金水河和小金水桥，这个设置一方面缓解了高大的午门对太和殿的压迫之感，另一方面也突显了大殿的重要性。从午门到太和殿这一空间，由宽阔的院落和门殿、廊庑组成，空间豁朗，视野开阔，形成整个宫城的序曲。前三殿不仅建筑本身体量高大，建筑形制尊贵，8米高的工字形台基把大殿平地托起，高高地矗立在白色的石基上，气势磅礴，是宫城的高潮部分。过了乾清门，建筑体量逐渐缩小，建筑密度却相对较高，这里是帝后及嫔妃们居住的地方。后三殿的北面是御花园，再向北到神武门（明代称玄武门）即宫城的北大门，也是整个宫城的终点。

从建筑形制上看，紫禁城内的建筑代表着中国封建社会建筑的最高形制。以太和殿为例，太和殿是举行朝会和大典的场所，是整个宫城中最重要的建筑。大殿坐落在三层高的汉白玉须弥座台基之上，是现存中国古建筑中最高等级的建筑，也是体量最大的殿堂式建筑之一。

中国人自古就有讲究数理的传统。太和殿面阔十一间，进深五间，总共五十五间。五十五这个数字，是有其特殊的象征意义的。"天数五，地数五，五位相得而各有合"，"天数五"就是一、三、五、七、九这五个数。"地数五"就是二、四、六、八、十这五个数。五位相得,是一与二相得,三与四相得,五与六相得,七与八相得,九与十相得。"各有合"是五个天数合到一起等于二十五,五个地数合到一起等于三十,二十五与三十相加等于五十五。这就是"凡天地之数五十又五"。太和殿的五十五就象征着天地之和谐、人间之和谐。

太和殿在明初建成时称奉天殿,自从建成后历经多次毁坏和重建。现在的太和殿是清康熙年间重建、乾隆年间又重修的建筑。由于太和殿仅是供皇帝一人之用,所以建筑坐落在宽大的台基之上。殿前的月台也很宽阔,以供文武百官就列。在月台上还设有铜龟、铜鹤、日晷和嘉量,使月台显得不致太过空旷,也代表了江山永存的美好愿望。

大殿采用重檐庑殿顶,上覆黄色琉璃瓦,上檐每角突破常规,各设十个走兽。在明清已经逐渐退化的斗栱在这里作为装饰而被大加利用,采用了最高等级的出五跳形式密布于檐下。殿内没有过多的摆设,而装饰却是金碧辉煌。殿中部设六根蟠龙金柱,柱中间设同样金色的龙饰屏风和宝座。殿顶遍绘金龙和玺彩画,地面全部铺设特殊定制的黑色金砖。强烈的色彩和精美华丽的装饰充分显示了皇权的至高无上。

从布局上看,重要建筑安排在中轴线上,外朝以太和、中和、保和三殿为主,两侧有文华、武英两组宫殿;内廷以乾清宫、交泰殿、坤宁宫为主,两侧是居住用的东西六宫和宁寿宫、慈宁宫等,御花园位于宫城的最后。宫城内还有禁军的值班房以及宫女、太监们居住的房屋,在午门至太和门之间的御路两侧建有朝房。

清乾隆年间(1735~1795年),在内廷的中部还建了一座城中之城——宁寿宫,当时建筑的目的是作为乾隆皇帝退位以后的养老之所。宁寿宫有单独的城墙围合而成,建筑布局也采用前朝内廷的模式。著名的故宫九龙壁就坐落于此,它成为皇极门和宁寿门前的铺垫。前朝建皇极殿和宁寿宫。后廷中间依次是养性殿和乐寿堂等起居殿,在左右两侧还建有戏楼和花园等。

紫禁城西面是皇帝的禁苑,它是利用金、元时期的太液池和琼华岛扩建而成,因为南移城墙还添增了南海水面,以供皇室成员消闲娱乐。而到了清代,又在此基础上大兴土木,不仅扩大了园林的面积,而且添建了大批的宫苑建筑。而对于西郊的园林区

北京紫禁城太和殿雪景

太和殿始建于明永乐十八年(1420年),是明清皇帝举行登基、庆寿、大婚及册封皇后等庆典活动的地方。大殿面阔11间,进深5间,是紫禁城内最尊贵的殿堂建筑。

北京紫禁城太和门广场

太和门是紫禁城前三殿的前门,门前有开阔的广场,蜿蜒的金水河流经太和门广场,使庄严肃穆的空间氛围多了几分灵动。

北京紫禁城太和殿前铜鹤

北京紫禁城太和殿前铜鹤寓意长寿、吉祥。

第七章 元明清时期的建筑

北京紫禁城畅音阁

畅音阁是清代宫廷内的演戏楼，位于宁寿宫后区东路南端。建筑三重檐，卷棚歇山顶，面阔、进深各三间，与南面的扮戏楼相接，平面呈凸字形。畅音阁为紫禁城中最大的一座戏台，与颐和园内的德和园大戏楼、承德避暑山庄的清音阁大戏楼并称清代三大戏楼。

北京紫禁城雨花阁

雨花阁位于紫禁城内廷外西路春华门内，是一座藏传佛教的密宗佛堂。

什刹海

什刹海是北京北部的三个湖，分别是前海、后海、西海，清代时是著名的消夏避暑之地。

和在各地建的离宫别苑来说，皇宫内的禁苑只是一个序幕而已。可以说清代把园林的建设推向了最后的辉煌。紫禁城从落成后就一直处于不断修整和建设之中，到了清代更是投入了大量的人力、物力在原有基础上又加以增建。可以说这是一座穷尽天下之力而创造的神话般的建筑。

清朝（1636~1912年）在都城和宫殿上全盘接受了明代（1368~1644年）的辉煌成果，虽然也进行过比较大的建设，但那只是为了满足需要对紫禁城进行的修缮和补建。而据以往的历史经验来看，对于这样一个伟大的帝国来说，皇家不可能在建筑上如此轻易地善罢甘休。果然，清代皇家把对于建筑的全部热情都倾注在了对园林的开发和建设上，并取得了前所没有的伟大成就。清朝的历代统治者对园林的建设是如此执著，以至于到了光绪时，朝廷已经濒临灭亡的边缘，慈禧（1835~1908年）挪用军费也还要大建御苑。以上所造成的结果就是人们只要一提到北京城就必然会想到它的宫殿和园林。

清代除了继续扩建西苑外，还在北京的西北郊修建了众多的皇家园林。并在河北承德修建了京城外最大的行宫——避暑山庄（始建于1703年）。西苑是清廷大内的御苑，包括北海、中海、南海三部分。过去这里曾经是一个较大区域的水洼地带，但早在清初期水面的范围就已经缩小了，这以后主要是在以前金朝和明朝已有简朴园林的基础

上进行改建和添建。到了康乾盛世时，由于中央政府雄厚的经济实力支持，皇帝们深感御苑的拘束，遂开始在城西郊兴建三山五园。这就是香山的静宜园，玉泉山的静明园，万寿山的清漪园，还有圆明园和畅春园。圆明园号称"万园之园"，其中成组的建筑就多达一百多处，而数不尽的景致更是交相辉映。由此可见当时园林恢宏的规模。这些园林几乎囊括当时所有的园林类型，还有不少富有外国风情的建筑坐落在皇苑之中。而清朝的统治者们也是多半居住在园中处理政事，一年之中在紫禁城中住的时间反而很少。但令人惋惜的是，这些珍贵的景苑，精美的建筑，耗费了人们无数财富和心血的园林，最后都被帝国主义的侵略军毁于一炬。现在的颐和园是在原清漪园的旧址上经两毁两建而成的，虽规模和繁盛程度已大不如前，但当我们置身其中时，至少还可以从它的景

象中想象一下当初那些创造过辉煌的园林的样子,虽然那不是我们现在可以想象的到的。

礼制礼仪在明清时显得极为重要,由于统治者的倡导,礼制建筑在此时得到大力的兴建。朱元璋最初统一天下时,就把太庙和天坛等宗庙建筑与皇宫、城池列于同等重要的地位,立项加以建造,明朝载入史册的此类建筑多达数十种。在民间,各地方和官员还大力修建孔庙、家祠。所以特别在明代,是礼制建筑发展和兴盛的时期。这些建筑大致分为:祭自然神灵的坛,和祭圣贤先祖的庙两大类。

祭祀神灵的建筑以北京的天坛为代表,它始建于明永乐十八年(1420年),后经明清不断修建形成现在的规模。天坛坐落在外城,中轴线大道以东,主入口设在天坛的西面。天坛的总平面大约成方形,由内外两重围墙环建而成。围墙的北边两角是圆形,南边两角则呈正角形。之所以采用这种平面形式是用墙角的形状表示中国古人所说的"天圆地方"之意。(见朱熹《周易本义》)古人说的"天圆地方",并不是几何形状上的圆与方,而是用"圆"表示"动",用"方"表示"静"。天动地静是古人的宇宙观。"天

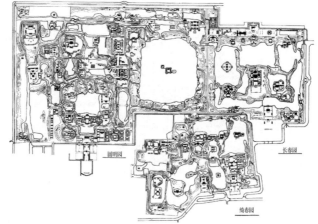

北京圆明三园总平面图

清代的圆明园由长春园、绮春园和圆明园三座园林组成。

圆地方"并不表示中国古人对于天与地形状的狭隘认知。

天坛内大略分为四区:内围墙中,沿南北轴线设有靠近北部的祈年殿及其附属建筑;南部是圜丘及其附属建筑;西门内偏南,是供皇帝斋宿的斋宫;外围墙西门以内,是为祭祀而设置的神乐署及舞乐人员的驻地,还有饲养和宰杀祭祀用牲畜的场所。

圜丘平面呈圆形,是白石砌成的三层台,每层石台都有雕花的栏杆。圜丘的四周有两重矮墙围绕,这些墙只有一米多高,也顺应天圆地方的学说,平面建成外方内圆的形状。方围墙外,向北是用于收藏祭天时神牌的皇穹宇,它是单层单檐攒尖顶的建筑,同样坐落在一层高的白石基上,小巧而又不失端庄。因为是存放神牌的场所,所以建造的格外讲究。它的外垣墙平面为一圆形,由精心磨制的青砖对缝砌成,再加上施工的精细就成了如今闻名的回音壁。由此可见皇穹宇的主体建筑和内部装饰更是精细施工的杰作。

把皇穹宇与祈年殿相连的是一条长约四百米,宽达三十米的甬道,也叫丹陛桥。之所以称之为桥,是因为这条甬道的前面和

北京天坛

北京天坛是明清两代帝王祭天的地方。

第七章 元明清时期的建筑 123

北京天坛圜丘坛

　　圜丘坛位于天坛区内南部，是皇帝举行冬至祭天大典的场所，圜丘坛为雕砌的三层露天圆台，坛面为艾叶青石，汉白玉栏板、栏柱雕成，两道外方里圆的围墙象征着"天圆地方"。

丹陛桥

　　丹陛桥北连祈谷坛，南接圜丘坛，长360米，南低北高，整个桥体由南向北逐渐升高，南端高约1米，北端高达3米左右。

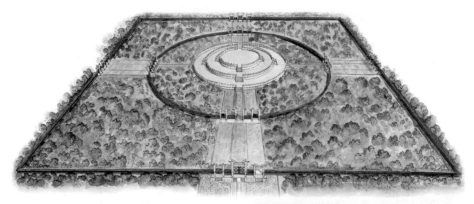

皇穹宇地坪差不多高，而越向北，天坛的地势越低，而甬道的路面是水平的，逐渐高出了两侧的地面，到了祈年殿的前面时，已经高出地面四米高，人走在上面只看见两边面积广大的树梢，有如行走在空中。

　　我们现在看到的天坛祈年殿（建于1420年）以前是一座方形重檐殿，名为大祀殿，是用来祭祀天地用的。明嘉靖年间，拆毁了大祀殿以后在原址上建起了这座圆形大殿，它也坐落在方形的院落中，是独特的三重檐圆形攒尖顶建筑，建筑上融合了大殿和佛塔的双重性格，所以显得既典雅又大方。整个殿的庭院与丹陛桥一样高，再加上三层白石台基，使得光是它的台基，就已高出地面近十米。再加上高大的建筑本身，更有了一种势与天齐的庄严感。祈年殿在明代建成时，三重檐分别用蓝、黄、绿三色琉璃瓦装饰，到了清乾隆年间后则一律改为蓝色琉璃瓦，这也使它在京城的诸多以黄色琉

璃瓦为主的建筑中显得与众不同。天坛内建筑稀疏，其他地方遍植树木，使人一旦进入就会马上有天人合一之感，正所谓人间天上。

　　提到祭祀圣贤先祖的庙，人们几乎会第一时间的同时想到孔庙。孔子（公元前551年~前479年）是我国历史上几乎受到历代帝王尊崇的圣贤了，历朝历代的中央及地方政府也几乎都营造纪念孔子的庙。而孔子的故乡曲阜，更成为历代修筑庙宇的重点。遗憾的是由于火灾毁坏等原因，现在曲阜的孔庙建筑主要也都是在明清时建造的了。

　　孔庙也采用主要建筑坐落在中轴线上的方法建造。最前面的金声玉振坊和棂星门，与周围的苍劲古松一起营造出了庄严肃穆的气氛，让要进入其中的人先有了平心静气的感觉。依次穿过圣时、弘道二重门庭，人们才来到庙的主体建筑部分。曲阜孔庙的主体建筑平面仿宫城的模式，四周有院墙，院墙四角上设角楼。沿中轴线再向里，穿过同文门，依次建有奎文阁、大成门和杏门，之后便是孔庙的中心建筑大成殿，以及位居其后的孔子夫人的寝殿了。大成殿的特色是屋顶遍铺黄色琉璃瓦，前檐下设十根蟠

北京天坛祈年殿

　　祈年殿是明代中后期和清代帝王举行祈谷大典的地方。

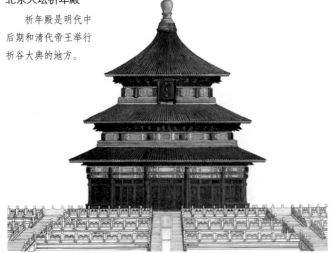

了更大的成就。这一点也反映在了以后的清代建筑上。

以北京的智化寺（始建于1443年）为例，这是一座规模不大，建筑等级不高的佛寺建筑群，但是它却是按照明代佛寺的典型模式来布局的，也就是说，寺院内礼佛拜佛的区域主要设置山门、钟鼓楼、天王殿、大雄宝殿、伽蓝殿、祖师殿、法堂、藏经楼、戒堂、僧舍、茶堂等。智化寺以其雕梁画栋的装饰和极尽繁复之能势的彩绘，成为明代遗存建筑中室内装饰的代表作。尤其是万佛阁的藻井和天花彩画，更是雕饰精美的代表作。但可惜的是，也正是由于它们过于精美，所以遭到了盗卖的厄运，现在只能和诸多的中国珍品一样，在异国他乡接受人们由衷钦佩的眼神了。

明清时期也可说是宗教建筑的一个大发展的时期，之所以这么说是因为这时不但佛教各派别在竞相发展自己的建筑，道教、伊斯兰教的建筑也在各地不断出现。我们现在所见的多数宗教古建筑基本是修建于明清两代的，但也因为此时建筑营造已形成了固定模式，没有创新之作。倒是这些建筑在与自然巧妙融合的布局上颇有建树，才使它们不至于陷入呆板和缺乏活力的状态之中。而这时藏传佛教的建筑又给当时中原地区

山东曲阜孔庙大成殿石刻龙柱

大成殿是孔庙的主体建筑，始建于宋代，清雍正年间重建，面阔九开间，重檐歇山顶。殿前廊石柱雕刻飞龙戏珠图案，雕刻清晰，线条流畅，显示出雕刻匠师非凡的技艺。

四川峨眉山万年寺无梁殿

四川峨眉山与山西五台山、浙江普陀山、安徽九华山合称我国佛教四大名山。峨眉山是普贤菩萨的道场。图为峨眉山万年寺无梁殿。

龙柱皆是由石头雕刻而成。而大殿与寝殿的设置明显带有前殿后寝的意味，这种形制只在官式建筑中才可看到。这种既带有帝王风格，又沾染有宗教之气的恢宏建筑组群在我国所有的古建筑物中可说是特别之极。

说到宗教建筑，明代的佛教仍是禅宗为主。禅宗，属汉传佛教宗派之一。传说始于菩提达摩，盛于六祖惠能。中晚唐以后，禅宗就成为汉传佛教的主流，也是汉传佛教最主要的象征之一。但明代时，各个不同的教派也相互融合。这时形成了佛教的四大名山。随之形成了明代佛教的复兴，各种寺庙建筑也有了较大的发展。但由于这时佛教已经大众化和通俗化，所以佛寺也更多地与民间风格结合到了一起。但这时建筑的总体布局比单体的建筑取得

北京智化寺如来殿如来佛像

北京智化寺是北京目前保存最为完整的明代木结构寺庙建筑群，位于北京东城区禄米仓东口。寺庙始建于明代正统八年（公元1443年）是当时的权臣王振为自己修建的家庙，明英宗敕名为"报国智化寺"。图为智化寺如来殿内如来佛像。

西藏拉萨布达拉宫全景

布达拉宫是格鲁派的首府，也是达赖喇嘛的宫室。相传初建于唐代，后被毁坏。清代顺治二年（1645年）开始重建，建成之后成为达赖喇嘛礼佛、理政和居住的地方。

西藏拉萨布达拉宫顶层阳台

普陀宗乘之庙大红台全景

普陀宗乘之庙的主体建筑都集中在最后部的大红台处。大红台体量高大，气势壮观，分为红台和白台两部分，红台居中，白台左右相拥，同时，大红台的基座也是白台。

的宗教建筑以有益的启发，带来了一些活力。清统治者对藏传佛教采取扶持的态度，此时汉藏两地都建了不少融合了两地风格的宗教建筑，其中尤以西藏的布达拉宫和汉地的承德外八庙为代表。

布达拉宫以其雄伟和复杂的群体建筑和精美的色彩装饰闻名。布达拉宫是清顺治年间由五世达赖喇嘛在唐松赞干布王时营造的宫殿原址上重建的。整个建筑建设用了将近半个世纪才完成，又经后世不断地修缮和扩建，才成为我们现在看到的模样。布达拉宫集宗教和政治两个体系的祭祀与办公的功能为一体。

布达拉宫（重建于1645年）是一座依山而建的城堡式建筑群，四围的石城墙和城门不仅十分高大，而且因为依山建成而显得愈发的陡峭了。山后主要是带有御苑性质的花园。山前的主体建筑分两大区域：中央部分处于最高处，因外墙是红色故称红宫，是经堂和安放达赖喇嘛尸塔的场所；红宫以下四周为白宫，是用于起居、执政的场所，也设有经堂。主体建筑之前的广阔区域称为方城，是为宗教服务的附属机构以及管理、守卫机构和监狱。

红白两宫的用色对比强烈，而建筑的金顶和各种装饰使这座宫殿更显得的富丽堂皇。与汉地宫殿的庭院深深不同的是，它用强烈的色彩、险峻的地势、高大的建筑、整体的体块等手法，强烈地向世人展示着它至高无上的地位。

在汉地也有一个藏式宗教的建筑群，它是糅合了汉藏两地建筑精华建成的承德避暑山庄的外八庙，这也是清代中国最富艺术性的建筑群之一。其实外八庙总共有十座寺院，只是由八个寺庙管理并由皇家财政来奉养，又因为在清政府奉养的四十座寺庙中，这八座位于北京以外，而以此为名的。这些建筑散布在山庄的东面和北面，都是面朝着山庄而建，就像它们是出于笼络蒙藏活佛和王公贵族的目的而被营造的意义一样，这种朝向位置的布局也隐约带有宗教归依于皇权的暗示。

除已经被毁的康熙年间营造的溥仁寺和溥善寺外，现存最重要的建筑就是普宁寺（始建于1775年）了。这座寺院是外八庙宗教活动的中心，它按照汉地传统的轴线布局方式，依次排列各种建筑。普宁寺中尤以大乘阁为建筑的典型，它是一座三层六檐的楼阁，顶部由一大四小五个屋顶组成，整体采用汉制建筑的形式，而又加入藏式建

承德避暑山庄普陀宗乘之庙剖透视图

普陀宗乘之庙是外八庙中规模最大的一座，它是仿西藏的布达拉宫的形式营造的。

筑的装饰手法。阁中采用了中空的木结构，整体木构架是用帮拼技术组合而成，是对我国古代高层木构建筑的一次突破和创新。此外，阁中供奉的千手观音也是利用纯木框架外包各种纹饰再加雕刻制成，左右十二双手全部利用自重平衡的原理，采用杠杆法安装在胸部的脏箱之内。这些都表明了木构技术在清代有了更进一步的发展。

外八庙中规模最大也最为奇特的庙宇是普陀宗乘之庙（建成于1771年），它是模仿西藏布达拉宫建造的寺院。建筑群体同样依势建造在山坡上，全部建筑也是同样的主体红色，两侧白色建筑模式。同样的曲折平面和错落有致的体形，往往让初到此地的人惊奇不已。这完全是缩小版的布达拉宫，是对于那个遥远而神秘地域的宫殿的复原之作，更是建筑技术和造型的大胆尝试。

之所以说它是建筑技术与形象的尝试之作，是因为它只是模仿了藏式建筑的形式，并使用了一些诸如高台、平顶、梯形窗套等藏式建筑的元素，而在内部的结构上则又与藏式建筑毫不相同。例如它在主体建筑之前的中轴线上设置了山门、牌楼等建筑就是只有汉地建筑才有的设施。这些尝试虽然也存在着有如戏剧般的冲突性，但更多的是它带给我们美的享受和对于建筑走向的思考，也是对于新的建筑类型的有益尝试。

普乐寺也是外八庙中一座重要的庙宇，建于清代乾隆三十一年（1766年）。寺庙布局严整、规矩，全寺分为前后两部分，前部为中轴对称的伽蓝七堂布局的汉式建筑群，后部是以旭光阁为中心的藏式城。整体布局与普宁寺相近。但两者又有明显的区别。首先，普乐寺布局更为规整，严格的中轴对称，明确的主次关系。其次，两座寺庙前部都为汉式佛寺布局，后部却各不相同。普宁寺后部以方形的楼阁大乘之阁为建筑中心，象征佛教中的须弥山。普乐寺寺院后部则以圆形的旭光阁为主体建筑，以避免同区域

承德避暑山庄普宁寺大乘之阁

大乘之阁是普宁寺的主体建筑，象征佛教的须弥山，同时其楼檐数目不同也各有喻义，南面六层檐对应佛教的六合，北面四层檐象征四种曼陀罗，东西两侧都是五层檐，寓意佛教的五大（佛教称地、水、火、风为四大，又与空大合为五大）。

第七章 元明清时期的建筑 127

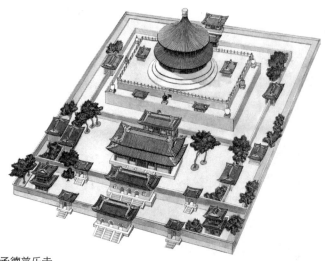

承德普乐寺

普乐寺建于清乾隆三十一年（1766年）。寺庙布局严整，前部为中轴对称的伽蓝七堂布局的汉式建筑群，后部是以旭光阁为中心的藏式佛教建筑。

承德须弥福寿之庙妙高庄严殿

妙高庄严殿的屋顶装饰非常富有特色。殿顶覆盖镏金鱼鳞瓦，在四条屋脊上，分别有两条雕龙，总共八条，四条向下，四条向上，势欲腾飞，每条都重在一吨以上，堪称绝美。

普陀宗乘之庙大红台侧视

建筑在造型上的重复与程式化。

须弥福寿之庙位于避暑山庄北部，建于清乾隆四十五年（1780年），是专为来京庆贺乾隆七十大寿的六世班禅而建的行宫。行宫仿照西藏日喀则扎什伦布寺而建。因而建筑以藏式为主，主要建筑集中于寺庙中后部。须弥福寿之庙的主体建筑部分的布局与普陀宗乘之庙相近。

须弥福寿之庙在大红台处以三层群楼围绕着中心的主殿妙高庄严殿。妙高庄严殿的屋顶装饰非常富有特色。殿顶覆镏金鱼鳞瓦，金光闪闪。在大殿的四条脊上，分别置有两条雕刻的金龙，四条向上，四条向下，势欲腾飞，每条重都在一吨以上，堪称精彩绝伦，举世无双。大殿因此成为外八庙的唯一。

在须弥福寿之庙的最后部矗立着一座八角形的琉璃宝塔，是全庙的最高点，被称为"万寿塔"，壁面全部用绿色琉璃砖砌成，它高达七层，对应着乾隆皇帝的七十寿辰。它是须弥福寿之庙在建筑设置上区别于另外几座外八庙的重要特色之一。

普宁寺、普陀宗乘之庙、普乐寺、须弥福寿之庙是承德外八庙的代表，它们各有各自的布局与建筑特点。通过这四座代表

性的寺庙，可以看出外八庙众庙宇中的分类类型，即依据其建筑布局和特色，可以分为三种：藏式庙宇，包括普陀宗乘之庙、须弥福寿之庙、广安寺；汉式庙宇，包括溥仁寺、溥善寺、殊像寺、罗汉堂、广缘寺；汉藏结合式庙宇，包括普宁寺、普乐寺、安远庙、普佑寺。

从各座寺庙的细部装饰和材料使用等方面来看，外八庙都可以被看作是汉藏结合式。外八庙各寺都依山顺势而建，前低后高，建筑层层叠起，前部都面对着避暑山庄，并对山庄形成包围、护卫之势。

外八庙不但是清代喇嘛教寺庙的代表，也是清代宗教建筑的代表，是清王朝宗教和民族政策的重要体现者，是处于清代最鼎盛的乾隆时期建造的最精美辉煌的喇嘛庙建筑群。无论在建筑规模布局、体量上，还是建筑艺术表现上，都堪称清代喇嘛教寺庙的典范。尤其是这几座庙宇与避暑山庄内朴素的灰瓦顶的行宫建筑相比，更显得金碧辉煌。

从清代宗教的发展和所营造的宗教建筑来看，佛教发展最盛是无疑的。伊斯兰

真寺在具体的建筑和细部装饰等方面也会有所差异。

山东泰安岱庙牌坊

泰安岱庙。

比如，在世界其他地区，伊斯兰教建筑装饰以平面为主，而极少使用高浮雕等较立体的手法表现，装饰图案也多为几何纹、文字纹和植物纹。而在我国的清代，伊斯兰教建筑的装饰，虽然其装饰性也极强，也具有浓郁的生活气息，但它同时又结合了我国传统的艺术手法，使用了我国传统的浮雕、雕塑、彩画等的装饰艺术，创造和形成了具有中国特色的伊斯兰教装饰。此外，清代时伊斯兰教清真寺中的礼拜殿的面积都变得比较庞大，同时，邦克楼的形式也更加多样化。

教被很多个少数民族的民众所信奉，因而在满族帝王统治的清代也受到一定的推崇。而道教虽然是本土宗教却是处于低落阶段。所以，清代在喇嘛教寺庙之外，留存实例比较精彩的就数伊斯兰教寺庙了。

伊斯兰教寺庙称为清真寺，是伊斯兰教民聚居处必不可少的建筑，主要作为教民日常祈祷之处。伊斯兰教清真寺内的主要建筑有：礼拜殿、邦克楼、讲堂、望月台、客房、办公房、宿舍、大门等。按教规规定：其主体建筑礼拜殿应该面东背西而建，以便教徒礼拜时能够面向圣城麦加。

清真寺建筑具有伊斯兰教建筑独有的特色，但是分布地域与发展时代的不同，清

在我国现存的清代伊斯兰教清真寺中，安徽寿县清真寺、四川成都鼓楼街清真寺、山东济宁的东西大寺、天津大伙巷清真寺、河北宣化清真北寺、宁夏韦州大寺、青海湟中洪水泉

清真寺、新疆喀什艾提尕尔清真寺和吐鲁番苏公塔等，都是比较著名的寺庙实例。

清代的伊斯兰教地位仅次于佛教，也备受推崇。在清代的伊斯兰教清真寺中，按建筑形制可以分为两大类：一类是具有汉族传统的木构架回族建筑，一类是土木平顶的维吾尔族建筑。在清代的众多清真寺中，艾提尕尔清真寺是最具代表性的清真寺实例之一。

艾提尕尔清真寺是新疆最大的清真寺，也是维吾尔族建筑艺术中的杰作，位于喀什市中心的广场。关于其始建年代并没有定论，不过大多观点认为这座建筑营造于清代嘉庆三年（公元 1798 年）。建成之后又经过不断的扩建，最终形成今天的规模。寺庙坐西朝东，平面呈不规则的方形，建筑布局没有明

新疆吐鲁番苏公塔礼拜寺

新疆吐鲁番的苏公塔礼拜寺是我国现存著名的伊斯兰教清真寺之一。寺庙是清代乾隆年间吐鲁番郡王苏来满为纪念其父额敏和卓所建。其最大的建筑特色就是酒瓶状的苏公塔和寺内的穹顶殿堂。

第七章 元明清时期的建筑

新疆喀什艾提尕尔清真寺平面图

新疆喀什艾提尕尔清真寺位于喀什市中心的广场，是新疆最大的清真寺。寺庙坐西朝东，平面呈不规则的方形，建筑布局自由灵活，没有明显的对称关系。寺内建筑主要有：大门、邦克楼、拱伯孜、水池、礼拜殿、宿舍等。

艾提尕尔清真寺的大门具有浓郁的藏地伊斯兰教建筑风情，它位于寺庙东部偏南位置，是一座立面方正的平顶带拱券门式建筑，但实际上门洞的形状还是方形，尖券只是门洞上方的一个装饰或者说是一种特征呈现。大门两侧由相同材料砌成的矮墙体各连着一座塔楼式建筑，这就是邦克楼。邦克楼是伊斯兰教的阿訇观察月亮的圆缺，以便知道日期，以及在空中召唤教民前来礼拜的地方。艾提尕尔清真寺的邦克楼高约十米，它是极具伊斯兰教特点的建筑，尤其是塔身上的异形砖拼砌的各色图案和塔上月牙形的塔刹顶。

大门内是一座圆拱顶的白色建筑，称为拱伯孜。它是伊斯兰教建筑群中常见的配属建筑，造型圆润优美，顶部也立有新月形装饰。艾提尕尔清真寺大门内的拱伯孜的下面有一个过庭，可以通行。

寺庙中部是个开敞的大庭院，院内有两个大水池，是供教徒们净手所用。大门即位于大庭院东南，而寺庙的南、北两面建有宿舍，西面则是寺庙主体建筑礼拜殿的所在。

礼拜殿是专门供信徒做礼拜和听宣教的场所，平日内部比较空敞，不像佛教寺庙殿堂内一般供奉佛像。艾提尕尔清真寺礼拜殿是一座横长形的建筑，共有38间，全长140米，进深15米。大殿分为内外两部分以适合不同季节使用，内殿10间由砖墙围护可以防风防寒，供冬季礼拜所用，而外殿为敞口厅的形式，密肋平顶构架，可以在其他季节使用。内外两殿可同时容纳六七千人做礼拜。

艾提尕尔清真寺不但具有伊斯兰教和新疆建筑特色，而且还受到了西藏等地建筑艺术的影响，比如，殿堂所用的密肋顶，就是新疆和西藏等地民居建筑最常见的顶式。由此可以看出，伊斯兰教建筑不但受到了不同地区建筑的影响，同时也受到了其他建筑类型的影响。

新疆喀什艾提尕尔清真寺大门立面图

显然，宗教建筑与宗教本身一样，其发展是一个不断交流与融合的过程，同时体现出自身特性，以及地方性和包容性等多方面特征。

由于我国向来有"事死如事生"的观念，所以历代帝王在自己的陵寝建设上可以说都是当时宫殿建筑的概括和展示。虽然各朝用于修建帝陵上所花费的大量人力、物力、财力都成为当时人们指责甚至推翻政权的理由，但对于现在的我们来说，历朝帝陵却是我们了解当时社会状况和技术水平以及当时建筑发展水平的重要依据，因为我国古代存留下来的帝陵地面建筑非常稀少。

历史是注定要起伏跌宕向前发展的，对于历代帝陵的营造来说也是如此，有平

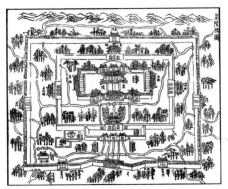

淡也有辉煌。两宋的帝陵远不能及汉唐时帝陵那样的气魄和宏大的规模，元明清三代的帝陵则以明清两代帝陵建筑成就为最高。元代的帝陵还遵循着古老的传统，没有起坟，没有墓碑，到现在甚至没有一点它存在过的迹象，所以至今还未能找到。而与元代帝陵的羞于示人的做法相反，明代的帝陵就那么毫不掩饰地、大大方方展现在世人面前，向我们展示着它的魅力，炫耀着它的辉煌。

明代陵墓在继承传统方面，主要是沿袭依山为陵、帝后同陵、各个陵墓处于同一个大的区域等旧制，而发展和

创新主要表现在：改变了唐宋等传统陵墓以陵体居中、四向出门的方形布局，而改以恩殿为中心，并且主体呈长方形；在宝城的前方创建了方城明楼。此外，在明代埋葬帝王最多的陵墓群北京十三陵区，使用了一条共用的神道，这一点与唐代每个陵墓单设一条神道的做法不同。

明代帝陵主要分布在五个地区，安徽凤阳、江苏盱眙、江苏南京、湖北钟祥、北京昌平和西山。安徽凤阳的皇陵埋葬的是朱元璋的父亲朱世珍（1283~1344年）；位于江苏盱眙的祖陵埋葬的是朱元璋的祖父朱初一；位于江苏南京的孝陵埋葬的是朱元璋；位于湖北钟祥的显陵（1519年建，1566年建成），埋葬的是明世宗的父亲朱佑杬；位于北京西山的是景泰皇帝陵；位于北京昌平的十三陵，埋葬了明代十三位皇帝。五个地区共有陵墓十八座。

明孝陵位于江苏省南京市钟山之南，是明太祖朱元璋的陵墓。孝陵外围有两重围墙

清东陵

清东陵位于河北省遵化马兰峪的昌瑞山，是清王朝入主中原后修建的最早的一处皇家陵墓，始建于清顺治十八年（公元1661年），也是现存清代皇家陵墓中规模最大、保存最为完好的一处。

明皇陵图（引自潘谷西主编《中国古代建筑史：第四卷》）

北京牛街清真寺礼拜殿

北京牛街清真寺是北京现存规模最大、历史最悠久的清真寺。图为牛街清真寺礼拜大殿。

第七章 元明清时期的建筑 131

明十三陵总体布局示意图

明代皇家陵墓建制的发展与变化，是由明皇陵和明祖陵开始的，到明孝陵时已基本形成，而定型于明十三陵，因此在明代陵墓中以明十三陵最具代表性，最为典型。

北京明十三陵长陵华表

环绕，陵区内北为陵墓主体，顺次建有御河桥、陵门、享殿、内红门、御河桥、方城明楼、宝顶宝城。主体建筑前方是长长的神道，由外围墙正门大金门开始，神道上依次建有神功圣德碑亭，立有石像生、石望柱，直至棂星门，再到主体建筑的御河桥。明代在北京所建的十三陵（始建于1409年），其陵墓形制与建筑布置基本就是依照孝陵而建。

在明代皇帝陵墓中以十三陵最具代表性，最为典型。明十三陵是明代十三位皇帝的陵墓，即：明成祖朱棣（1360~1424年）的长陵、明仁宗朱高炽（1378~1425年）的献陵、明宣宗朱瞻基（1398~1435年）的景陵、明英宗朱祁镇（1427~1464年）的裕陵、明宪宗朱见深（1447~1487年）的茂陵、明孝宗朱祐樘（1470~1505年）的泰陵、明武宗朱厚照（1491~1521年）的康陵、明世宗朱厚熜（1507~1566年）的永陵、明穆宗朱载坖（1537~1572年）的昭陵、明神宗朱翊钧（1563~1620年）的定陵、明光宗朱常洛（1582~1620年）的庆陵、明熹宗朱由校（1605~1627年）的德陵、明思宗朱由检（1611~1644年）的思陵。十三座陵墓组成一个大陵区，坐落于北京昌平天寿山麓。

十三陵陵区四周群山环绕，气势壮观。这里背倚群山，前有两山如护卫一般左右侍立，天然一块风水宝地，加之没有地名、景

名等方面的忌讳，所以明成祖朱棣便将它选为自己日后的万年寝地。十三陵内建成的第一座陵便是朱棣的长陵，它也是十三陵的主陵，地位最尊贵。其后的十二座陵都以长陵为中心，环衬其左右而建。

长陵建于明永乐七年（1409年），前部为以祾恩殿为中心的地面建筑群，后部是宝顶宝城。其他次要建筑有陵门、祾恩殿、二柱门、石五供等。其中以祾恩殿为中心的地面建筑群，外围建围墙，墙内前后有三进院落。其布局和规制与帝王生前居住的宫殿建筑相近，只是在功能上有所区别。

祾恩殿是举行祭祀礼的中心殿堂，殿内供明成祖朱棣和皇后的神位。祾恩殿面阔九开间，重檐庑殿顶，四周带回廊，廊内安朱红隔扇，殿顶覆盖黄色琉璃瓦，而殿基为三层的汉白玉石须弥座，其建筑形制在我国古建筑中属于最高等级。祾恩殿体量巨大，它是中国仅次于北京故宫太和殿的第二大木构殿堂。殿采用完全的木构架，殿内60根金丝楠木柱子十分壮观，每根柱子的直径都在1米左右，高达十几米，最粗的一根高12.58米，底径1.124米，十分罕见。而祾恩殿前部的陵门则为拱券式砖砌门。十三陵中其他几座陵的陵门也为砖拱券式门洞，这也预示了明代砖材料即将被大量用于建筑中。

祾恩殿后面的方城明楼由上下两部分组成，上为明楼，下为方城。方城是砖石砌筑

北京明十三陵长陵祾恩殿

长陵祾恩殿建于明宣德二年（1427年），仿明代皇宫金銮殿所建。

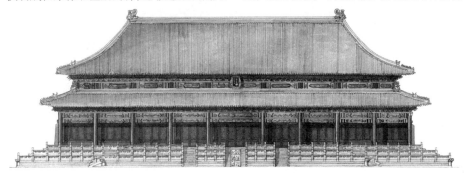

第七章 元明清时期的建筑 133

北京明十三陵德陵

德陵是明朝第十五位皇帝明熹宗天启皇帝朱由校和皇后张氏的合葬陵寝。

北京明十三陵永陵

永陵是明嘉靖皇帝的陵寝，规模在明十三陵中居于第二位，仅次于长陵，在建筑的精致与华丽程度上比长陵更突出。

的方形墩台。墩台上方建一座重檐歇山顶的楼阁即为明楼，楼内立有刻着"大明成祖文皇帝之陵"字样的墓碑。因此，明楼实际上相当于存有陵墓所葬皇帝谥号碑的碑亭。

方城明楼之后是宝城圈护的宝顶，也就是坟丘。坟丘之下是埋葬帝王灵柩的地宫。宝城宝顶是皇家陵墓建筑的尾声。宝城、宝顶的平面近似圆形，与陵墓最前面方形的围墙组合，正和"天圆地方"的古制。

北京明十三陵定陵

定陵是明万历皇帝朱翊钧和孝庄、孝端两位皇后的陵寝，是明十三陵中的第十座陵园。

长陵的布局模式和建筑规制是十三陵中其后的十二座帝陵的建设参照规范。比如献陵和景陵，不仅以长陵为模本进行建造，并且完全遵循以祖、父为尊的古制，在建筑规制上都低于长陵。宣宗之后，英宗朱祁镇的裕陵、宪宗朱见深的茂陵、孝宗朱祐樘的泰陵等，虽然在建筑规模上并没有完全遵循古制，而是高于献、景二陵，但在气势上并无突出之处。并且前部都省略了陵门，后面建有哑巴院，宝城形状为椭圆形。轴线建筑与设置依次为：祾恩门、祾恩殿、内红门、二柱门、石五供、方城明楼、哑巴院、宝城、宝顶。

但是在康陵之后的永陵和定陵则有了极大的变化。永陵在规模上仅次于长陵，而在建筑的精致与华丽程度上比长陵更甚。永陵陵区最外围还另设一圈围墙，称为外罗城，增强了整体的气势与独立性。同时，永陵的宝顶还在陵丘上再起一个土丘，以增强气势。

定陵在规模、气势和建筑华丽程度上直追永陵，其外围也增设了外罗城，除了宝顶上没有再起土丘外，其他地面建筑与永陵相同。定陵地面建筑毁损较大，但其地宫内设置却相对完好。定陵地宫的平面布局非常规整，居中是主墓室，两侧各有一个附属墓室，三室之间以窄小的墓道相连。此外，在主墓室的前部是纵向的前墓室，后部是横向的后墓室。总体形成一个近似"干"字形的平面。在几个墓室中，以后墓室的空间最为高敞，是安放帝后棺椁的地方。永陵、定陵的宏伟规模与墓主的在位时间较长有很大关系。永陵所葬嘉靖帝在位45年，而定陵所葬万历帝在位48年，是明代在位时间最长的两位皇帝。

按我国古制，子、孙应以祖、父为尊，作为子孙辈的皇帝的陵墓应比长辈的陵墓形制略低。但从十三陵各陵建置的实际情况来看，虽然后辈陵墓都是围衬在第一座陵墓长陵而建，处于从属地位。但在建筑形制上并不是一代比一代简、小，实际情况是皇帝生前自己建陵者陵墓规模较大，有的甚至可以与长陵相提并论。而死后由子孙修建者，则陵墓较为简、小。这也是明十三陵的一个特色。

到了清代，皇家陵墓建设更加程式化和精细化。清代的皇家陵墓共有六处，包括关外四陵，即清朝在入关前建于辽宁的四处陵墓，埋葬的是清王朝未入关之前的皇帝及其祖宗。另有两处建造在河北省境内的清东陵和清西陵是清朝入关后营建的，埋葬了清朝的九位皇帝及其皇后、嫔妃、亲王公主等。这两处陵墓是清代最重要、最具代表性的陵墓群。

清东陵位于河北遵化马兰峪的昌瑞山，是清王朝入住中原后修建最早的一处皇家陵墓，也是现存清代皇家陵墓中规模最大、保存最完好的一处。陵区内共有五座皇帝陵，此外还有皇后陵、妃陵、公主、王子墓等二十多座。陵墓建筑的形制有明显的等级之分。帝王陵建制最全，规模最大，皇后陵次之，然后是后妃、王子等的陵墓，按墓主生前的身份地位排列。按清朝的律制，皇帝死后葬入地宫，墓室的门就封闭，不再打开。皇后如果死于皇帝之后，则需另建陵墓，建筑形制仅次于皇帝陵。清朝以前各朝代都不单独建皇后陵。而清东陵中不仅有皇后陵，甚至还单独建有妃子陵。这样，从内容上看，清代陵墓建筑内容更丰富。

清东陵的总体布局与明十三陵相似，都是采用以营建时间最早的皇帝陵为中心，其他各陵分列两侧，并且每座皇帝陵后面都有

清东陵景陵牌楼门

景陵是清康熙皇帝的陵墓。景陵牌楼门采用六柱五间的冲天牌楼形式，木石结构。

清东陵鸟瞰图

清东陵的总体构图以陵寝为主，以昌瑞山为背景，以陵前的松柏河流为近景。在山环水绕之中，一座座建筑黄瓦红墙，金碧辉煌；苍松翠柏，蓊蓊郁郁，使整个陵区显得肃穆、庄严。

第七章　元明清时期的建筑

一座山峰为屏障。东陵以金星山开始，经石牌楼、大红门、大牌楼等建筑直到埋葬顺治皇帝的孝陵，这条长长的中轴线贯穿整个陵区，把散落在山林间的红墙黄瓦的建筑统摄到陵区庄严肃穆的空间氛围中。

清东陵陵区各陵的建制基本是对明十三陵的沿袭，其布局模式、建筑形制、陵墓规模等方面大体相同，但在细部上有所发展和改进。地面的主要建筑是用来举行祭祀典礼的隆恩殿以及内部埋葬皇帝灵柩的宝城。地下部分为地宫，是安放帝王棺椁的地方。目前，清东陵中只有埋葬乾隆皇帝的裕陵地宫被打开。地宫的石门、石壁上雕刻有精美的佛像，都是极为珍贵难得的文物。

孝陵是清东陵内第一座陵寝，其他各陵都围绕孝陵布置。并仿明代的十三陵在孝陵前设置主神道，由石牌坊起，沿线有下马碑、具服殿、神功圣德碑亭、望柱、石像生、龙凤门、碑亭等，碑亭之后是孝陵建筑的主体，由前至后为东西朝房、隆恩门、燎炉、东西配殿、隆恩殿、陵寝门、二柱门、石五供、方城明楼、月牙城、宝城、宝顶等。各陵地面建筑大多相同。

景陵是康熙皇帝的陵墓，其规制在继承孝陵的基础上又有所创新。首先，景陵打破了陵区只有一座神功圣德碑碑亭的传统。碑亭内立双碑，而非前代各陵一亭一碑的形式。其后的清泰陵、清裕陵、清昌陵也都循景陵之制，在神功圣德碑亭内置双碑，一碑刻满文，一碑刻汉文，这种做法一直延续到道光帝时。

其实，孝陵自神功圣德碑亭起，依次立石像生，置龙凤门，建一孔桥、七孔桥、五孔桥，而景陵则根据自己陵区的特点加以改变，产生了新的顺序，即神功圣德碑亭、五孔拱桥、石像生、牌楼门。自此，以后清代各陵都遵照此制而设。

再次，清东陵中的第一座帝陵孝陵，其殿堂、楼阁等处悬挂的匾额，题字都非康熙所书，也就是非嗣皇帝手书。而自景陵始，各殿、楼的匾额题字都由嗣皇帝手书，景陵匾额题字即为雍正手书。

最后，景陵内除了康熙皇帝之外，又合葬了四位皇后，衬葬了一位皇贵妃，是清东陵内埋葬皇后最多的一座陵。而且埋葬在景陵

清东陵孝陵

孝陵是清始祖顺治的陵墓。孝陵的建筑基本上沿袭明十三陵制度，开创清代陵寝规制，以后各帝陵规制与之基本相同。

清东陵景陵隆恩殿匾额

清代从景陵开始，皇帝陵墓殿堂的匾额题字都由嗣皇帝手书，景陵匾额题字即为雍正手书。

清东陵定东陵

定东陵，包括慈安陵和慈禧陵，因为两陵都位于定陵的东边，所以统称为定东陵。两陵初建时规制相同。光绪七年（1881年）慈安皇太后崩逝，慈禧独揽大权，之后便重修了自己的陵墓。

内的一帝、四后和一妃都没有遵循满族旧制进行火化，而是直接葬入遗体。其后，清代各帝、后、妃死后都不再火化而是直接入葬。

这种明显不同于其前一位帝王顺治孝陵的做法，表明了汉族丧葬制度对清代皇室的影响，意味着满人渐渐接受了汉族的文化。景陵是清代帝陵史上具有承前启后作用的一座陵墓。

与清东陵相比，位于河北易县的清西陵在总体规模和建制上也相差无几，基本沿用了清东陵的建筑规制，在这里不再赘述。

明清时普通住宅也有了较大进步，由于社会各方面的发展，出现了大大小小的城市。一些靠手工业、商业和交通业为主的市镇也迅速发展起来。但政府对于下级各区域的发展也有规定，如城市的规模和布局都与其行政级别有关等等。而普通住宅虽然从明代起就在建筑规模、形制等方面做了多种规定与限制，但在数量和质量上仍有较大的发展，形成了大江南北各具特色的住宅形式。而且在住宅的布局、结构和装饰装修上也都表现出了强烈的地域特点。

总的来说，明清时期北方的住宅已形成了一套建筑和结构的定制。河南、山西、陕西和甘肃有窑洞或仿窑洞的拱券式住宅形式，京城附近有以四合院为代表的封闭院落住宅形式。四合院就是在南北轴线上安置主要建筑，附属建筑和院落也以轴线为对称建造。房屋一般为抬梁式木构架，硬山式屋顶，外加砖砌墙，以青、灰色为主色调，只在走廊、大门和住宅、影壁，屋脊处施以彩绘和砖雕。

而南方的住宅形式更是多样，江南地区也有采用封闭院落式的住宅方式，但方向不拘于南北向。大型的院落大多分左中右三组纵列，房屋多采用穿斗式木构架，或穿斗与抬梁混合的结构，砖砌外墙较薄，而且往往采用空心斗子墙。住宅一般少施彩绘，而以褐、灰、黑、青色为主，辅以白粉墙。这也是和南方优美的自然环境相协调的结果。

浙江和四川等山区住宅则因地势而起，建在高台基上，因而房屋朝向不定，院落形状也很多样。房屋也用穿斗式，房顶多用悬山式，木构架大多不加装饰，或用黑、褐、枣红色装饰，比较朴素。

位于福建漳州地区的闽南人和龙岩地区的客家人使用一种或方或圆的砖楼和土楼作为生活和起居的场所，每一座楼中由整族人一起居住，从外观上看就像一座座城堡。

山西榆次常家庄园广和堂院

院落式民居是山西地区常见的住宅形式。图为山西榆次常家庄园广和堂院落的中门。

第七章　元明清时期的建筑

福建土楼

福建土楼是一种为防御而修建的聚族而居的大型民居。

甘肃嘉峪关

嘉峪关是长城西端最重要的关隘，临近河西走廊。嘉峪关关城内外有城郭三重，城内有城，城外有护城河，布局合理，极适应战争与防御的需要。图为嘉峪关城楼。

安徽歙县阳和门

贵州、云南和台湾等亚热带地区，因为气候的原因主要使用干栏式结构的住宅。而西藏、青海等地则因为石料丰富，也有用石头垒砌围墙再在内部用木构的平顶屋形式。在新疆维吾尔族地区和内蒙古等地也都有适应各地不同地理和气候的各种建筑类型。在云南和东北还有一种颇为原始的井干式住宅，这些将在以后单辟章节予以细述。

明代在长城的修建上有着辉煌的成就。明初，北退的元朝残部对明朝仍然具有威胁性。"元人北归，屡谋兴复，永乐迁都北平，三面近塞，正统以后敌患日多，故终明之世边防甚重。"由此可见，整个明王朝从始至终都非常重视长城的修筑，尤其是明代中后期。由于砖的大量生产，明代长城大多使用砖材来砌筑或是用砖来改筑原来的长城。砖材料的使用极大地加强了长城的坚固性。

明代修筑的长城东起山海关，西至嘉峪关，绵延万里。长城上每隔一定的距离，即建有城防关隘或敌台、望楼、烽火台，使这道防御工事功能更为完善。明长城作为当时重要的国家防御工事，是长城的发展新阶段。它有着不同于秦汉长城的自身特点，明长城的修筑使用了砖石材料，增强了其坚固性和防御性。另外，明长城还与周边重镇、其他防御工事，以及政权机构等相互结合，联系沟通，使之形成一个防御网，一个完整的防御体系。总之，与秦汉时期的长城相比，明长城更具进步性，防御性更强。

明清时期由于砖瓦技术的成熟，不仅全国各地城市的城墙都加砌砖面，民间建筑也多用砖瓦材料，城门更是转变为砖券形式。琉璃瓦的制作技术提高，使得大部分建筑都采用琉璃作为贴面装饰，但是在其色彩的应用上有严格的规定。此外木构建筑上的彩绘，木、石雕刻以及镏金等多种工艺都被广泛地应用于建筑的装饰上。无论民间建筑还是官式建筑的建造都已日趋标准化，各地区建筑都形成了具有当地地方特色的建筑模式和建筑风格。尤其是官式建筑，依等级制定了细致而明确的规定，诸如建筑形制、建筑样式、装饰等级等方面的建筑标准。

明清时期，木构技术已经有了统一和固定的模式，清代所著《工部工程做法则例》一书，详细地规定了各种木构件的应用，并且清楚地讲解了各式建筑的具体做法。清代

木构建筑已经基本上把斗栱作为一种装饰件而非结构件，不仅简化了木结构的构造，而且样式和建筑牢固程度也有了很大的提高。由于这些设计和制作上的技术提高，使得建造大型建筑物变得相对简单。

这个时期各个地方的建筑互相融合，使汉地的建筑有了新的形式。明成祖迁都北京时，就促使当时南方建筑和辽金的北方建筑有了一次大的融合。清帝建造藏式建筑又给传统建筑注入了新的元素，这些都给建筑带来了新的转变。这时园林建筑也基本上形成了几大体系，园林的修建也有了纯熟的技术和较高的艺术特征。

福建省龙海市白礁慈济宫

白礁慈济宫位于福建省龙海市角美镇白礁村。白礁慈济宫内祀宋代民间名医保生大帝。

大的门钉装饰，尤其是皇家建筑的大门，如北京故宫午门的两扇巨大的朱红色门上，行列整齐地排列着金黄色门钉，整座大门给人以厚重威严之感。普通人家的门制作较简单，装饰也很少，多表现出浓郁的地方特色。在我国南方地区，有在门板外皮加铁钉的习惯，并组合出多种图案，很具装饰性。

棂格门最早出现在唐末五代时期，明清时称隔扇门。它是用各种棂格做出不同图案

第三节
建筑的装饰装修

清代在木构技术上取得的另一个成就是在建筑的木装修和家具设计上。清代建筑和家具的风格以精巧、华美、繁复著称，大致包括两方面的内容即外檐与内檐。

外檐主要包括门窗、栏杆等。门在清代是装饰的重点，这些门按不同的建筑等级和风格表现出多种形状和装饰特色。从外形上讲主要是板门与棂格门两种。板门较厚实，主要用作宫殿、民宅等建筑的外门，有很强的保卫功能。一般的门只对称装有门环，而宫殿和庙宇等级别较高的建筑群中，门上都有较

山西朔县崇福寺弥陀殿格扇

隔扇门窗具有装饰性强、通风采光性能好等优点，官式建筑和民间建筑中都广泛应用。

板门

板门以板为门扇，它是不通透的实门。板门多用于建筑的院落大门，起到围护、界定空间的作用。

第七章　元明清时期的建筑　139

天花（上、中图）

基本的天花形式是用木条做成若干方格，然后在上面铺板，铺板面可以安排各种装饰或是彩绘，或是雕刻，内容和形式要与室内的整体氛围谐调。

的透花，这种门主要是在宅院内使用，也可以作为建筑内部区隔室内空间的隔断。这种门一般是多扇并列组合固定在室内，并不是每扇都能够打开的，而且门扇数一般都取双数。棂格门装饰性很强，不仅有变化繁多的棂格图案，底部的裙板部位因面积较大，大多都进行彩绘，各种植物和人物故事都是常见的题材，尤其是人物故事，可以在组合的裙板上描绘不同的情节，组成一个完整的故事，其本身就具有很强的观赏性。

窗户的装饰在清代几乎同它的实用价值同等重要。上至帝王将相的宫殿府邸，下至普通百姓的宅居，各种等级的建筑上都可见到具有不同装饰风格的窗子。窗子有很多种形状，常见的主要有长方形、正方形、圆形；有可活动窗和不可活动窗两种。它主要的装饰点就是各种各样的棂格，可以变换出多种图案，而中间面积较大的地方可以贴窗花。园林中还有一种设置在墙上的花窗，这种花窗可以做成较抽象的形状，主要起美化墙面和形成框景、漏景等作用。

内檐包括室内隔断、藻井天花和龛橱等等。隔断最简单的做法是砌墙，南方一般是用木板，但同样会进行装饰，可能裱花纸，挂字画。常见的还有碧纱橱，其实就是一种室内隔扇。常安装在房屋的进深方向上，用六扇、八扇或十二扇，其数量根据进深的大小决定。隔心部分有加纱和实替两种。加纱隔心分里外两层，中间加纱或安装玻璃，清代称为碧纱橱。

碧纱橱的隔扇安装在挂空槛、上槛与抱框之间，上面还有横披和上槛。这样装置可以使隔扇自由装卸，根据房间的需要灵活布置，不会影响到室内的安排处理。有的地方只开中间两扇，供人通行，前部可装帘架。

还有一种独具特色的隔断称为罩，它只是一种形式上的隔断，用以区隔不同的空间，实用价值不大，主要是通过装饰精美的形象来美化室内。这种罩多为木质雕刻的形式，有落地罩、几腿罩、栏杆罩和花罩等几种类型，其主要特点就是精美的雕花，它同其他室内隔断一样，集木装修、雕刻、绘画、书法等艺术手段于一体的室内隔断。

天花和藻井都是对建筑内顶部的装饰。天花是用以遮蔽梁以上部分的水平放置的装修构件。天花的名称有很多，如仰尘、平棋、平暗等。宋代建筑中的天花分为平棋、平暗和海墁三种，在明、清时

碧纱橱

碧纱橱是一种用于室内的隔扇，因为隔扇部分常常糊以绿纱而得名碧纱橱。碧纱橱中每扇隔扇的结构和形式与门窗隔扇相仿，不过在用料上更为轻巧、纤细，多用沉香木、紫檀木、花梨木、红木等硬木制作。

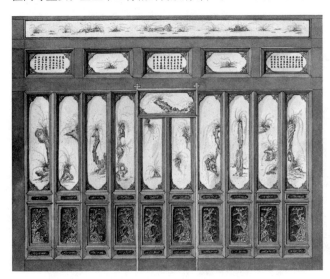

建筑中分为井口天花、海墁天花两类。它们一般由天花梁（用于放置天花的横梁）、帽儿梁（左右梁架上挂天花的圆木）、贴梁（贴在天花梁旁边用来安置天花的木材）、支条（组成天花方格的木条）、天花板（天花井内的木板）、天花枋（安放天花的枋子）及天花垫板（天花板上、老檐枋下的垫板）等部件构成。宋式天花在现存古建筑中已不多见，现以明清建筑中常使

用的天花类型概括介绍。民间建筑对天花的使用并不是很多，多数直接将木结构的梁架暴露在外，也就是通常所说的彻上露明造。但在一些官宦家庭或民间的寺庙等建筑中仍能见到制作精良的各式天花。

天花对顶部的装饰作用首先在于它的遮蔽功能，其次是对室内空间气氛的渲染与烘托。最后是对整体空间序列的完整的补充。

藻井是室内天花的一部分，是在天花中央的一种"穹然高起"的特殊装饰，多用于明间的顶部正中央。它为室内天花的构图中心界定出焦点，形成一定的观赏区域，烘托了室内空间氛围。

藻井一般用于最尊贵的建筑上，如庄严雄伟的帝王宝座顶上或神佛天花顶上。其他建筑像佛寺大殿、石窟寺等建筑中，也有使用藻井的。从平面上看，藻井有四方、八方、圆井等，从剖面上看，有一层、两层、三层之分。多层的藻井，层层高上，各层之间使用斗栱，雕刻各种精致的图案，具有很强的装饰性。也有的藻井不用斗栱，而是用木板层层叠落，虽简洁同样美观大方。

清代的家具设计与制作可以说是古代家具发展史上的一个高峰，无论是制作技术，还是装饰风格，或者雕刻技艺都已经发展成熟。家具的风格与制作在各个地区都略有差异，还形成了不同的制作中心。

比较有名的家具制作风格主要有长江下

藻井

藻井与天花一样都是室内装修的一种，但藻井一般用于较尊贵的建筑物，往往设置在神佛像或帝王宝座的顶部等部位，达到渲染空间氛围的目的。

山西民居建筑窗棂格

窗的装饰丰富多样，主要是通过棂格的变化来实现的，如山西某民居建筑中的窗棂格中央部位做成扇形，内以竹子、灵芝等植物图案填充，风格淡雅朴素。

广东西关民居室内家具

第七章　元明清时期的建筑

广州陈家祠堂首进屋顶装饰

广州陈家祠堂是广东地区保存较为完整的富有代表性的清末民间建筑。在陈家祠堂的院落、厅堂、门窗、栏杆、屋脊、梁架、神龛、墙壁等部位随处可见木雕、石雕、砖雕、陶塑、灰塑等传统建筑装饰,用色大红大绿,极为富丽。

清代扶手椅

清代家具的种类和造型十分丰富。譬如椅子的种类就有靠背椅、圈椅、太师椅、玫瑰椅、官帽椅、梳背椅等。图为清代装饰有福寿纹的扶手椅。

游的苏作,这一地区主要继承了明代家具的风格,朴素、精巧、秀丽,主要采用红木制作以自然植物和山水为主题进行装饰;广州的广作,因为与外国通商的关系,广州的家具一般都采用进口的红木、紫檀等材料,而且家具多以一木挖成,装饰风格非常西化,主要用大理石、珐琅等高级材料进行装饰,造价较高,其风格也是奢华、贵丽的;北京的京作,主要是指宫廷中的家具,吸收了上两种家具的双重风格,样式古朴、稳健,采用的材料比较广泛,除硬木外也有其他木质的家具;上海的海作,包括扬州在内,风格较多样,有受巴洛克风格影响的西式家具,也有富于各个地方特色的小件精品。

总之,由于清代国力的强盛,尤其是后期对外联系的密切,各种国家和民族风格的家具样式都对其产生了不小的影响,而且这些风格不断地相互融合,又出现了一些新的形象,不仅仅在家具制作方面,在石雕甚至建筑上都可以感觉到这些变化,但是因为我国古代建筑和装饰发展至此已经达到了成熟阶段,所以在各自的领域内都已经形成了固定的模式,局部上的小幅变化并不能完全改变旧的体系,无论是建筑还是装饰、家具等方面都有待进一步的发展。

但是我们也应看到,古代建筑发展到此不仅是达到了顶峰,也陷入建筑模式僵化之中,随着社会的发展,必然会对建筑有更新和更高的要求。那么建筑就必然要进行改革和创新以适应不同的需要。但是建筑发展到清中后期以后,匠师的用心不再放在大式大木构架本身上,而更注重用料的讲究、施工的复杂、装饰的豪华等方面,延缓了建筑的发展。古代建筑再一次面临着改革,而随着鸦片战争(1840年6月~1842年8月)的爆发,各种新式材料和建筑方法的传入,加之建造殿堂建筑的大型木料的匮乏,我国古代建筑的发展也就从此结束了。

第八章　中国园林建筑

第一节　中国园林的发展概况

中国园林建筑历史源远流长，自商周时期就有了关于园林的记载。随着历史的不断发展，园林的建筑风格，营造技术等各方面也在不断地丰富和完善，并逐步形成了有中国特色的园林体系和园林文化。中国的园林史是一个早期逐步发展，到中后期高潮迭起的发展过程。与西方园林艺术风格不同的是，中国的园林从开始就讲究与自然的和谐，和对意境的追求，这些都是当时社会、文化和思想状态的实体体现。

我国的园林建筑不仅是建筑艺术的展示，还包含了文学、绘画、哲学、雕刻等多种艺术门类，可以说是中华民族伟大文化的综合体现。各个朝代、不同历史时期的园林建筑，是当时社会的思想和精神状态的如实反应，这是我们在欣赏和研究这些园林时应注意的。另外，我们还应注意园林的布局特点、叠山理水方法、花木植物的设置及景物的搭配等等各技术方面所取得的成就。

我国的园林发展大致可分为几个阶段：从商周到两汉时期是中国古代园林的萌芽期。这时期有了建造园林的意识，但园林在风格和营造上都很粗犷。而且园林具有诸如狩猎和生产等多重功能，至于对意趣的体

景山

　　景山是元、明、清三个朝代的御苑。

桃花源图

芳草鲜美，落英缤纷的自然环境，黄发垂髫，并怡然自得的社会风气，是古代文人墨客向往的世外桃源。

北京颐和园苏州街

颐和园苏州街仿苏州城的商业买卖街而建，是园中最具世俗情韵的景观。

现还在初级阶段，只是简单地模仿自然罢了。

魏晋南北朝时期，园林发展到了为观赏目的而建造上来。园林在建造上也开始注重再现自然和追求情趣。这时期还出现了私家园林和寺庙园林两种园林的新形式。可以说这是中国园林建筑上的体系形成期，那些在后期大放异彩的各式园林这时已经逐渐出现了。

私家园林（确切地说是别业、庄园）的发展进入中国园林史上第一个高潮。北魏都城洛阳内出现了大量的私家园林，而许多风景优美的城郊山林中也成为文人士族建宅筑园的理想之地。尤其是江南一带，由于东晋时大量的文人南下，对江南山水风景的开发作出了巨大贡献。也由此引发了一系列山水艺术的产生，山水文学、山水画、山水园林都包含在其中。山水、花木、楼榭已经成为造园的基本要素，与自然山水的进一步对话使此时的园林自然气质更加浓郁，但在园林艺术本身的建造方面还不够精细，尚处于粗放阶段。

帝王宫苑仍然是园林的主导，在布局和使用内容上继承了秦汉苑囿的某些特点，但规模较秦汉的苑囿要小，不过增加了较多的自然色彩和写意成分，园林艺术开始走向高雅。在园林规划设计上，体现了较高的水平。比较典型的是北魏都城洛阳的华林园。华林园历经了多朝经营，曹魏、西晋、北魏、刘宋等都有建设，但主要营造在刘宋以后。华林园以景阳山、天渊池为主景，建有殿、堂、所、馆、楼、台等建筑，园林建筑的数量和形式较前代明显增多。除了供游赏之外，还有供宴射的射埒，另有《南史》载，宋少帝营阳王、齐东昏侯都在华林园内"为列肆，亲自沽卖"、"立店肆，模大市，日游市中，杂所货物……"可见具有世俗情韵的买卖街已开始出现在皇家苑囿中。

在造园思想上，旧的传统仍在延续，承露盘，方丈、瀛洲、方壶三神山等秦汉造园的核心内容依然是苑囿中不变的元素。但狩猎、围猎的功能已有削弱，取而代之的是生活迹象浓厚的民俗活动。如建康城北的乐游苑就是专供南朝皇帝与大臣上巳禊饮、重

南村别墅图册之六

别墅、庄园是隋唐时期私家园林的重要形式,其风格以简朴见长。

九登高的场所,带有了离宫苑囿的性质。

从园林的发展进程来看,魏晋南北朝的园林游赏功能更加突出,与自然的对话进一步加强。就园林的性质而言,基本上完成了从囿到园的过渡。以此而论,魏晋南北朝应该算是中国园林发展的转折时期。

隋唐时期,是我国古代园林建设的成熟阶段。园林建造的技术和艺术同时达到了前所未有的水平。这时期由于文人的介入,使我国园林不再停留于对自然的再现和模仿的层面上,而把园林的建筑提高到了如诗如画的境界。园林建设开始吸取书画作品的构图手法,用于景致的营造和搭配上来。这使以后的园林建设向着诗情画意的方向发展。

隋唐时期的皇家园林主要集中在长安、洛阳两地。园林的数量和规模远远超过魏晋南北朝时期,大明宫、兴庆宫、华清宫、禁苑、西苑无不是隋唐盛世中培育出的嘉园杰作。唐代皇家园林中出现了"禁苑",把皇家园林的专属性给予明确标示。事实上即使没有被称为禁苑的皇家园林也只是专供皇室人员游乐的地方,臣民百姓是不准随便出入的。依据园林的功能性质和所处的位置把皇家园林予以分类,是这一时期皇家园林的又一特点,这意味着大内御苑、行宫御苑、离宫御苑三种不同类型的皇家园林正式得以区分。其实质是皇家园林的内容和规模已不再适于用单一的形式加以表现,必

陕西西安唐华清宫遗址公园

唐代的皇家园林以宏阔的气势著称,处处显示着泱泱大国的气派。图为唐代以温泉闻名的离宫——华清宫,现在已建为华清宫遗址公园。

第八章 中国园林建筑

荷塘清夏图（宋）

宋代的园林构图以山水画为蓝图，在意境的形成上受山水诗的影响，整体格调高雅、清新。

须借助职能分工明确的更多的形式来完成。

唐代一方面加强了这种专属性，另一方面在其开放的文化政策哺育下，又催化出万人同乐的公共游娱性园林。如位于长安城东南隅的曲江芙蓉苑不仅有城墙复道与禁苑相通，而且每年的中和（二月初一）、上巳（三月初三）、中元（七月十五）、重阳（九月九日）等节日，长安城内的达官显贵、黎民百姓都可以来此游玩嬉戏，其景象热闹异常。

宋辽金时期，主要以两宋的园林最为发达，是那个时期所建园林的代表。由于国家经济文化的繁荣和政治中心的迁移，全国的园林建设都进入了繁盛期。南北方园林风格基本形成，这在我国古代园林建设上是一次发展的高潮，尤其是各种私家园林的建设，更是大大推进了园林的发展。

宋代园林最突出的成就是私家园林的发展，私家园林与风靡一时的山水绘画、山水诗词相结合、渗透，以绘画理论作为园林营造的指导思想，创造出"可游、可居、可望、可行"画境般的园林景致。而大量的文人亲自参加园林的营造，无疑为园林增添了浓厚的文人气质。简而言之，中国园林的文心画境由此突显，并成为中国古典园林最显著的特点。

经过元代短暂的低落后，园林营造又迎来了明清发展期。明代承前代余绪而突飞猛进，成为中国造园史上的又一个黄金时代，苑囿建设不多，却呈现出精雅的风格。这时的苑囿都设在皇城之内，与当时蒙古族经常南下入侵的政治形势有着很大的关系。建在城内，无疑给人一种安全感。另外，园林规模宏大，布局趋于端庄严整，建筑富丽堂皇，突显皇家气派。私家园林的勃兴是最值得关注的。明末资本主义萌芽在江南地区出现，苏州、扬州等城市工商业发达，当时有"苏湖熟，天下足"的说法。但生活在温柔富贵之乡的有钱人并不是全部都贪图为官作宦，也不是人人都愿意设肆作贾，他们中的大部分人一味眷恋着温柔清幽的家园，于是构园活动成为苏州人的雅尚。明代苏州先后建置园林二百余处，其中著名的拙政园、留园、艺圃都是创建于这一时期。

造园艺术的兴盛和趋于成熟，培养出一批专业的造园家和造园著作，计成的《园冶》系统地阐述了文人造园的思想和具体的

西湖十景图

造园技术手法，是我国最早的造园著作。

清代是中国造园艺术的集大成时期。德国哲学家黑格尔说："万物离开它的源头愈远，膨胀得愈大。"清代的皇家园林，已经完全脱离秦汉苑囿"空、大"的古朴简陋之风，走向精雅的巅峰。功能各异、形制不同的园林建筑、精湛成熟的山水布局、变化多端的造园手法，使皇家园林集外观的宏大气势和内在的精致华丽于一体。由于皇帝经常外出南行，皇家园林在北方传统的风格上颇受江南私家园林审美和构思的影响，面积宏大的皇家园林中出现了许多精美小巧的，模仿江南园林的"园中园"；而后由于清宫廷对佛教的重视，皇家园林的建造中出现不同风格的佛教建筑，而使得其构成元素和建造艺术更加丰富多样。

在皇家园林兴盛发展的同时，私家园林也雨后春笋涌现于全国各地，并在中国园林风景中大放异彩。寺观园林、公共游娱园林、村落园林等各种形式的园林，以各自独特的风格呈现出瑰丽多姿的迷人风景。

第二节 中国园林的基本类型

中国古典园林类型的划分，因标准不同而有不同的划分形式。一种是按在历史上出现的时间顺序，如先秦园林、秦汉园林、魏晋园林、宋辽金园林、隋唐园林、元明园林、清代园林以及晚清民国时期的园林，即纵向的划分。横向的划分通常以园林业主的身份地位为标准，概括地讲有皇家园林、私家园林和民间景观园林（民间景观园林又可分为宗教祭祀园林和自然景观园林两类）。如果以园林所处的地理位置又可分为北方园林、江南园林和其他地区园林。在这几种划分形式中以第二种使用最多，本书此章节也以此类分法将中国古典园林予以概括介绍。

皇家园林是中国历史上最早出现的园林类型，也是最能代表其艺术成就的园林形式。

一、皇家园林的分布情况

皇家园林虽然在历史上一直占主导地位，但因年代的久远、战争的破坏以及中国传统建筑体系自身的弊端，使得大多数的皇家园林没有得以保留下来。现存的皇家园林多为明清时期所建，分布地点以北京及其近郊为主，如颐和园、北海、香山静宜园等，另在河北省的承德市还保存有清代最大的离宫苑囿——避暑山庄。也有一些皇家园

安徽黟县唐模村檀干园花香洞里天亭

唐模村檀干园是徽州地区私家园林的代表。图为檀干园花香洞里天亭。

苏州拙政园鸟瞰图（中图）

苏州园林是私家园林的典型。园林的规模普遍较小，但山水景观有若自然，建筑多灵动、有致，很好地体现了私家园林精巧、细腻的特点。

远眺玉泉山玉峰塔

清代最重要的五座皇家园林是圆明园、畅春园、万寿山清漪园、香山静宜园、玉泉山静明园，也就是三山五园。现在被完整保留下来的只有万寿山清漪园（颐和园）。图为玉泉山静明园中的玉峰塔。

林，园林建筑基本已毁，只留有断垣残瓦，仍作为历史的见证，如北京圆明园。值得欣慰的是，随着科学技术的进步，许多历史上有名的园林古迹已被考察印证，并按照当时的面貌进行想象复原，如位于陕西省临潼县城南郊骊山脚下的华清池，原为唐代的离宫苑囿，是专供唐玄宗和杨贵妃洗温泉的地方，现已改建为具有历史意义的文化古迹园林。总体来看，皇家园林的分布相对集中，不像私家园林遍布全国各地，地域特征和民族风俗差异比较明显，也正因为如此才使皇家园林具有了许多统一的风格和特征。

二、皇家园林的特点

皇家园林由于其拥有者特殊的地位和权力而具有与其他园林不同的特点。首先，皇家园林的隶属者是封建社会的最高统治者，历代的帝王都是奉上天的命令来统治寰宇的。他拥有至高无上的权力和绝对的财富。凡是与皇帝有关的建筑从整体布局到具体形象无不显示着皇家的权威和气势。皇家园林也不例外，在遵循风景式规划布局的情况下尽量体现皇家的气派。填山移海、囊山括水在皇家园林的营建中都是经常出现的情况。其次，皇家园林同其他皇家建筑如宫殿、坛庙一样都是以国家的财力和物力为基础而营建的，这样其建筑形式、用料、结构规模都不是一般官员或富人的营造能

力所能比拟的。最后，皇家园林历史悠久，其历程贯穿中国建筑艺术发展的全过程，是最早登上中国园林历史舞台的先行者。由此可知，规模浩大、布局完整、功能齐全、堂皇壮丽、历史悠久是皇家园林的主要特点。

三、皇家园林的艺术成就

皇家园林代表了中国园林艺术的最高成就，具体地说可以从以下几个方面进行分析：

（1）规模宏大

园林的规模首先由业主的经济实力决定，皇帝是皇家园林的直接承建者，他掌握着整个国家的财力、物力和人力，并对其有权支配，进行调控，可以说皇家园林是在整个国家的经济基础上营建而成。

从园林规模上讲，一座皇家园林的建筑面积几乎相当于几十个中型尺度的私家园林。最晚建成的颐和园，占地287公顷，相当于70个拙政园，而颐和园在历史上还算较小的皇家园林。

圆明园九州清晏

圆明园是清代三山五园中最大的一座园林。园内景致丰富，最著名的有圆明园四十景。九州清晏是圆明园四十景之一，建筑规模宏大，主要以圆明园殿、奉三无私殿和九州清晏为主体构筑布局。

历史上最大的皇家园林，可以说是汉代的上林苑。周围苑内筑有宫殿建筑群12处，每组建筑又分成不同的功能区域，如位于长安城西南角的未央宫，由外宫、后宫、苑林区三部分组成，既有百官大朝的场所，又有帝后居住的地方，还附建皇家图书馆、内廷衙署以及凌室、织室、暴室、六厩等供应机构。几乎每组宫殿建筑群都自成体系，满足皇室人员的多种需求。

苑景区中的昆明池周围40里，同时兼有多种功能，模拟天象、训练水军、水上游览、养鱼供厨等。上林苑地域辽阔，自然资源丰富，苑内不仅有梨、桑、麻等植被供建造宫殿之用，土山上还出产玉石、金、银、铜、铁等矿物。为此在苑内设置作坊，调集能工巧匠制造各种工艺品和日常生活用品。池中出产的鱼龟、姜芋为宫廷日常饮食提供了足够的生活资料。可见此时的上林苑娱乐休息的区域只是园林总面积中的一小部分，同时还包括居住、朝会、狩猎、祭祀、生产、军训等各种活动需要的场所，此外苑内还设有帝王的陵墓。

在历史的发展过程中，皇家苑囿的规模呈逐渐缩小的趋势，功能也随之变化。我们目前可看到的皇家园林实例，基本为清代所营建，皇家园林的功能分区在这一时期基本成为定制，通常包括宫殿区、苑景区和宗教建筑区三大部分。每一大部分又有更具体、更详细的分支，如宫殿区细分下去又有处理朝政的场所、皇帝的寝室、后妃的寝室、帝王读书的地方、看戏的戏台，甚至赏月、听琴的场所以及一系列的朝房、配殿等。并根据建筑的功能而采用不同的建筑形式（或者说不同的建筑形式具有不同的使用功能）。从而创造出殿堂林立，建筑形式丰富多样但又主次分明、宾主有序的皇家园林空间序列。大的规模自有大的气势，以气势论规模或者以规模论气势都是符合建筑空间概念。皇家园林庞大的规模决定了其宏阔的气势，城市宅院中的私家园林以气势和皇家园林比较的话，是永远也无法达到这种境界的。

（2）精美绝伦的园林建筑

皇家建筑向来以"重楼危阁"、"金碧重彩"为其标识符号。不同的色彩组合或搭配可以使建筑空间及结构的形态和尺度感发生变化，对空间氛围的营造有重要作用。皇家园林建筑在用色上大胆而热烈，黄、蓝、红、绿分别施于建筑的木作结构中，加以具有金属光泽的琉璃、金属等构件，创造出金碧辉煌的视觉效果，把华丽高贵的宫廷色彩表现得淋漓尽致。

论其色彩，皇家园林建筑以艳丽明快的暖色调为主，适当掺以冷色调的青蓝、灰黑

颐和园东宫门仁寿殿建筑群纵剖面图

仁寿殿建筑群位于颐和园东宫门内，是颐和园内一组宫殿建筑。建筑布局采取对称的形式，由东宫门、二宫门和正殿三级建筑依次构成，并形成两个前后相接的院落。整个建筑区域形成了皇家园林内的政治活动中心。

汉宫春晓图

从古人绘制的《汉宫春晓图》中可以窥见到汉代宫苑建筑的华美与恢宏。

第八章 中国园林建筑　149

颐和园转轮藏正殿

在北京颐和园万寿山的南坡，佛香阁的东面，居中建有一组宗教建筑，名为转轮藏。它是由一座两层的楼阁和两侧的配亭，以及前部的石碑组成。转轮藏正殿形象华丽，色彩鲜艳，布局紧凑，突出了皇家园林的华贵之美和恢宏之势。

白等，使原本俗艳的大红大绿经过诸多的结构要素进行分割、划分后有了明显的层次感和深度，从而避免了大片大片集中色带来的单调、呆板和俗气。并用黄色等金属色对其进行调和、淡化，使之艳丽而不低俗。而用自然山水原色进行稀释、融解也是皇家园林建筑常用的色彩装饰方式。皇家园林因其宏阔的气势和庞大的规模，山水构筑的面积和范围也相对较大，而大片的水面和高峻的山体正是淡化和融解这种绚丽色彩的溶剂。

颐和园万寿山前山的排云殿建筑群建筑色彩秉承传统皇家建筑特点，大胆地使用红、黄、绿等明快的色彩。材料的使用上也可见到带有金属光泽的琉璃构件，把建筑的个体装饰得流光异彩；总体布局上也有着明显的对称和严谨的区域划分，空间秩序的数理特征体现得十分到位。为了模糊和淡化这种理性的形象，建筑的组群被安排在了山势波动起伏的土石山上，并进一步对山体进行修饰处理。植树栽花是其中最重要的手法，以高大的树体和茂密的枝叶来柔化建筑坚硬的轮廓线条，用浓浓厚重的植物原色去调和建筑缤纷的绚丽色彩，从而把天然的风景和非天然的人造物质形态融合得浑然天成。

而万寿山下波光粼粼的昆明湖，更是用水的清冽和辽远为纯粹突出造型之美的建筑组群增添无限的自然韵味。那点点的黄瓦红墙于崇山阜水的包围中已经不是空间和结构的象征，反而成为山水的点缀和附属，成为山水提亮的必需品。

以建筑体态而论，皇家园林建筑多为大式做法，檐下用斗栱，底部带有须弥座式台基，雍容华贵，展示了皇家建筑厚重、端庄的形象特点。皇家园林建筑虽然数量和形式众多，却有着不可忽视的统一美，做到了于变化中体现统一、统一中力求变化的原则。并以恰当的布置、和谐的比例，把整体与局部、局部与局部，以及建筑某个构件的长宽

颐和园万寿山与昆明湖

颐和园以万寿山和昆明湖为骨架构筑园林，将众多的景致统一在山、水周围，使不同风格、类型的建筑相融合，取得和谐。

颐和园画中游

画中游是颐和园万寿山前山西部的一组建筑群。景区内包括画中游、澄辉阁、借秋楼和爱山楼等几座楼阁。建筑依山势层叠上升、蜿蜒起伏地盘落在半山腰处。整组建筑充分利用天然的山势,借助爬山廊巧妙地将建筑联系在一起,形成园内别具情趣的山地景观。

高之间的关系处理得和谐而完整,从而把皇家园林建筑的审美价值提升到无与伦比的高度。处理朝政的场所、有皇帝的寝室、后妃的寝室、帝王读书的地方、看戏的地方、甚至赏月、听琴的地方以及一系列的朝房、配殿等,并根据建筑的功能而采用不同的建筑形式(或者说不同的建筑形式决定了其功能的相异)。

(3)丰富的象征寓意

皇家园林既然是皇家建设的重点项目,园林借助于造景而表现天人感应、皇权至尊、纲常伦纪等的象征寓意,就比以往造园内涵所包容的范围更广泛,内容更驳杂。正因为如此,传统的象征性的造景手法在清康熙、乾隆二帝时的皇家园林中又得到了进一步的发展。

园林里面的许多"景"或是小园林都是以建筑形象结合局部境域而构成五花八门的模拟:蓬莱三岛、仙山琼阁、梵天乐土、文武辅弼、龙凤配列、男耕女织、银河天汉等,是寓意于历史典故、宗教和神话传说;此外,还有多得不胜枚举的借助于景题命名等文字手段直接表达出对帝王德行、哲人君子、太平盛世的歌颂赞扬,甚至于扩大到整个园林或者主要景区的规划布局。

以晚清时期的颐和园为例,主水面昆明湖的布局造景就处处体现了封建统治阶级的某些思想意识,湖中三座大岛(南湖岛、治镜阁、藻鉴堂)象征海上仙山自不必说,又在湖的西岸建有"耕织图"与东堤上隔水相望的铜牛对称而置,寓意以银河相隔的牛郎织女。它的创造源于汉武帝上林苑在昆明池的布局构筑,乾隆皇帝在其《御制诗》中曾有记载:"镇水铜牛铸东岸,养蚕茅舍列西涯,昆明

北海濠濮涧

濠濮涧是北京北海公园东岸的一处景观。它的意境创造源于春秋战国时期惠子和庄子濠濮观鱼的典故。

北海仙人承露盘

在北京北海琼华岛北坡西侧山腰处可见铜仙承露盘。铜仙人手捧托盘，以示承接云表之露。

颐和园昆明湖东堤铜牛

对于颐和园昆明湖东岸仰首阔胸的铜牛的象征意义，可以有多种解释：既可以把它喻作镇水之牛；另外与昆明湖西岸的耕织图隔湖相望，又有守望银河两岸的牛郎织女的意味。

汉池不期合，课织重农亦复传"。这种对应性的刻意设置由此可以得到印证。

前山西麓的城关宿云檐和昆明湖东岸的城关文昌阁分别供奉关圣帝王君和文昌星君，象征封建皇权具有文武双重辅弼。南湖岛上的龙王庙与南湖中心小岛凤凰墩南北相对，北龙南凤，分别象征帝后。后湖仿苏州水乡集市建苏州街，正是封建帝王自诩爱民如子的象征。

颐和园长廊彩画鲜艳夺目，彩画的内容也多以有象征意义的故事传说、纲常伦纪为题材，其中包括岳母刺字、三国演义、西游记、千家诗等内容，由此可以看出，以儒、道、释作为封建统治的精神支柱在园林规划布局中也占有一定的地位。随着岁月的流逝，时代的变迁，那些曾经表现为形形色色的象征寓意的封建烙印，有的正逐渐消失其当初的寓意色彩，有的已完全不被现代人们所认识，但它们所依附的建筑物依然作为园林中重要的构成要素发挥着其不可替代的作用。

（4）园中包园的造景手法

皇家园林通常采用大分散、小聚集的布局原则，把不同主题或功能的景区根据地势的实际情况安排在不同的区域，形成内容丰富、景观层次变化多样的园林景观。大园中的小园既可以是一处封闭的小庭院，也可以是一处构筑精巧的山水空间。但总体来说，园中园是相对独立的完整空间，在其所属的空间范围内具备了一座完整的园林基本的构成要素，并有自己的山水内容和主题。

园中园的形式在皇家园林、私家园林以及自然景观中都有，尤其在皇家园林使用最多。并常常成为大型皇家苑囿中的珍璧。

皇家园林中的园中园创造来源大体有两个方面：一是直接以江南名园为蓝本进行复制，如颐和园中的谐趣园、北海静心斋、避暑山庄文园狮子林、烟雨楼；二是以历史名园的意境为主题进行创造，如北海濠濮涧；还有一种则完全是因地势所需或是就地取材，根据现有资源针对性地进行艺术创造，如颐和园霁清轩、避暑山庄春好轩等。

圆明园

圆明园是清代营建较早的一座皇家园林，位于北京，是三山五园之一。

清代入关后，仍然延用明代的宫殿和苑囿，并没有另外建设宫苑。到康熙（1662～1721年）中叶时，政局安定。1684年，康熙皇帝首次南巡，被江南的名园美景所吸引，回京后即在明朝官吏李伟的旧址上仿江南名园建了第一座皇家离宫苑囿——畅春园。

畅春园建成后，康熙大部分在京的时间都在此度过，处理朝政，接见臣僚等活动也在园内进行。为了上朝方便，在畅春园周围明代私园的废址上建了大量皇亲贵族的别墅赐园，圆明园即为四皇子胤禛的赐园。

承德避暑山庄文园狮子林

文园狮子林是避暑山庄内的一处园中园,仿苏州狮子林而建,以人工堆砌的假山为主要景色。

北京圆明园万方安和

万方安和是圆明园内一处别致的建筑,建筑平面呈"卍"字形。"卍"纹原是一种宗教符号或符咒,象征太阳或火。后来被人们读作"万",以象征万事如意、万福万寿之"万",成为吉祥图案。万方安和建在水中,共有房屋三十多间,又加上其特别的建筑造型,具有极好的冬暖夏凉的特点,非常适于居住。

胤禛继位后,将圆明园作为"避喧听政"的长居之所,因而大加扩建,在南部建宫廷区,使园的面积扩大为原来的十倍。

乾隆年间(1736～1873年)对园进行第二次扩建,将附近的长春园和绮春园(绮春园后改为万春园)并入其内,形成占地面积达300多公顷的大型皇家园林。由于乾隆多次南巡,对江南名山胜水钟爱有加,于是仿照江南名景在园内增建不少景观,如映水兰香、多稼如云、夹镜鸣琴、澡身浴德、方壶胜境、曲院风荷、别有洞天等,形成有名的四十景。皇家苑囿中"收千里于咫尺之内",模拟天下名山大川,创造丰富多样的意境手段这一特点,在圆明园中得以充分体现。三潭印月、平湖秋月、曲院风荷、苏堤春晓等景点直接来自西湖十景,于此能领略江南柔水秀波的风采;小有天园、狮子林、茹园、安澜园模仿中求创新,自成风格。

圆明园是三园中最大的一座,也是圆明园的主要组成部分。圆明园景区又可大致分为宫廷区、九州景区、福海景区、西北景区和北部景区。

宫廷区北部即为九州景区,或称后湖景区。环湖布置了九座岛屿,象征中华的九州,每个岛屿上都有不同的景观:九州清宴、茹古涵今、坦坦荡荡、杏花春馆、上下天光、

北京圆明园汇芳书院

汇芳书院为圆明园四十景之一，位于圆明园西北角，建筑群为院落的形式，主要建筑有：抒藻轩、随安室、涵远斋、翠照楼、延赏亭等。

北京圆明园远瀛观

远瀛观是清代圆明园内一处著名的西洋楼阁建筑群，后被英法联军烧毁，如今只剩得残迹。这是远瀛观主楼前部的柱门，从其残迹来看，依然可以看出其西洋柱式的特点和风采，也可以想象出它当初的精美与辉煌。

慈云普护、碧桐书院、天然图画、镂月开云，自东转北而西，环湖一周。这一景区的中心，前湖和后湖之间的岛上置有园中规模最大的宫殿建筑群，以圆明园殿、奉三无私殿、九州清宴殿为主体，统称为九州清宴。

长春园

由福海向东，过圆明园东墙的明春门便是长春园。园占地面积67公顷左右，相当于圆明园三园总面积的五分之一。此园始建于乾隆十四年（1749年），比圆明园晚些。长春园是一座中西合璧的园林，既有中国古典园林的传统，又有欧式宫苑建筑风格。园中以水体划分景区，分出五个园中园：狮子林、小有天园、茹园、鉴园以及北部西洋楼景区。

避暑山庄

避暑山庄是清代大型的离宫苑囿，位于北京东北燕山山脉的青山峻岭之中的承德市。承德市如一块苍山拥抱的翠玉，碧绿、晶莹、剔透。武烈河蜿蜒于东，滦河横贯于南，群山环抱，奇峰竞秀，景色壮丽而优美，地形地貌恰如中国版图的缩影：西北高，东南低，符合风水要求的"美"。得天独厚的自然环境和重要的地理位置，使这块风水宝地受到清代统治者的赞赏。

康熙二十二年（1681年），康熙皇帝在承德北面划出9000平方公里面积的狩猎围场，称作木兰围场。木兰围场开辟以后，康熙每年都要率领满蒙八旗兵及政府官员北巡狩猎，称"秋狝大典"。从北京到木兰围场路途遥远，为满足随行人马的食宿休息和皇帝处理政务的需要，在北京和木兰围场之间陆续建行宫27处。热河行宫是其中最大的一处，居于这些行宫的中央位置。因其地理位置合适，周围山川秀美，泉甘水肥，气候宜人，特别受到康熙皇帝的垂青，每年的夏季都要来此避暑消夏。康熙五十年（1711年）将热河行宫改为避暑山庄，正式作为避暑的离宫。避暑山庄自康熙四十二年（1703年）至乾隆五十七年（1792年）历经两代皇帝、先后89年的营建，最终建成占地564万平方米，形成融南北建筑风格于一体的大型天然山水园林。

山庄营建最基本的格调是："自成天然之趣，不烦人事之工，虽由人作，宛自天开"。既没有金碧辉煌的豪华建筑，也没有繁琐的雕梁画栋，建筑外檐装修古朴典雅，尽量不破坏自然景色。

避暑山庄园林大致由宫殿区、湖泊区、平原区、山地区四部分组成。宫殿区在山庄南部，主要殿堂组群包括烟波致爽、万壑松风、松鹤斋、东宫等，虽是作为皇帝处理政务、接见臣僚的场所，但建筑不施雕绘，屋顶全部采用灰瓦，极为朴素，体现了山庄的朴野之趣。

山庄的园林建筑主要集中在湖泊区，湖区以洲岛把湖面分成大小不等的9个湖泊，彼此相连，烟水迷离。如意洲岛、月色江声岛、金山岛等都是建筑密度较高的洲岛，在理景布局上也各有特色。

湖泊区北部是一望无际的平原区，平原区面积广阔，建筑稀少，以永佑寺、万树园、试马埭为其主要景观。

平原区和湖泊区西北广大范围内山岭起伏，林木成群，是山庄内最具天然野趣的山林区。

山庄的湖光、山色、绿原，外八庙的红墙、白台、金顶，像珍珠一般散落于群山之中，玉带般的武烈河绕城而飘，给人以无限

承德避暑山庄万树园

万树园是避暑山庄平原区内的重要景观，是清代皇帝接见和宴饮少数民族首领的地方。

承德避暑山庄宫殿区

宫殿区位于避暑山庄南部，这个区域的建筑布局分布合理，严谨整齐。由正宫、松鹤斋、万壑松风和东宫等几座主要建筑群组成。正宫区又依中轴线的布置布置大门、丽正门、澹泊敬诚殿、烟波致爽殿等门殿建筑，轴线两侧是配殿及厢房，前后构成几个相叠的院落。

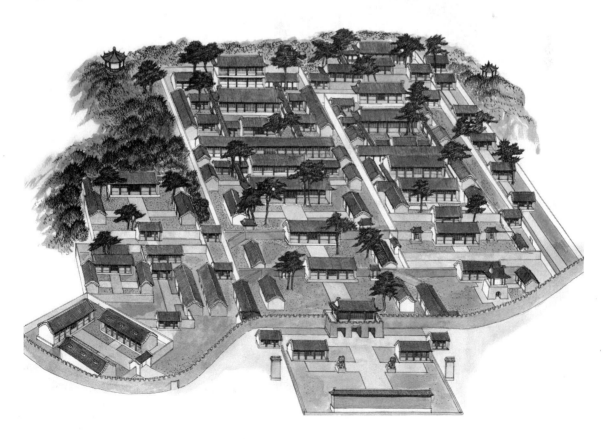

第八章 中国园林建筑

承德避暑山庄水心榭

水心榭是避暑山庄内理水和造景相结合的最佳实例。由于设置在主要的交通道路上，因而成为避暑山庄的著名景观。

北京颐和园谐趣园

谐趣园是颐和园内的一座园中园，仿江苏无锡寄畅园而建，园林以水景取胜。

北京颐和园十七孔桥

十七孔桥是颐和园中最长的桥，桥长150米，宽约8米。桥下有17个拱券，桥上设置精美石栏杆。十七孔桥上的栏杆望柱上分别有精刻细雕的小狮子，整桥共有544只，两边桥头还有异兽雕饰，个个生动形象，姿态美观。

颐和园，始建于乾隆年间，原名清漪园。乾隆初年，北京造园活动兴盛，园林用水剧增。为解决园林和宫廷用水的需要，开始对西北郊进行大规模的水系整治。其中包括对西湖的疏浚和开拓，工程完成后把西湖改名为昆明湖。同年为庆祝皇太后钮祜禄氏六十大寿，在瓮山圆静寺旧址兴建大型佛寺"大报恩延寿寺"，同年三月十三日发布上谕，改瓮山为万寿山。佛寺建设的同时，万寿山南麓沿湖一带的厅、堂、楼、榭、廊、桥等园林建筑也陆续破土动工。清漪园工程前后历时15年完成。乾隆时期是中国古典园林发展的鼎盛时期，艺术水平达到顶峰，形成了完整的艺术体系，并与西亚、欧洲园林合称为世界三大造园系统。

这一时期的皇家园林继承皇家园林一脉相承的传统，又有所创新，皇家气派更为突出。由于乾隆皇帝六次游兴江南，因此在造园的过程中吸取江南园林的养分，规划设计的手法效仿，意境和情趣的模仿，其中不乏缩移摹写各地名园进行再创造。从而创造出兼具北方园林的恢弘大气与南方园林的秀美多姿相融合的历史名园。

1860年，英法联军入侵北京，焚毁了"三山五园"（万寿山清漪园、玉泉山静明园、香山静宜园、畅春园和圆明园），清漪园在劫难逃。慈禧垂帘听政后，不惜挪用海军费用重修清漪园，并改名为颐和园。1900年，颐和园再次遭劫，八国联军不仅烧毁园内的大量建筑，许多文物陈设也被洗劫一空。慈禧回京后，对颐和园东部景区再次修缮。

现存颐和园规模布局基本保持慈禧再次重修后的面貌，园林规模宏阔，建筑精美，是现存皇家园林的代表之作。

遐想。而独具民族特色的平原区，是清代联谊少数民族和清代繁多的外交活动的场所，这一特点是其他宫苑所不具备的。漠北山寨蒙古草原的乡土气息，包括山、水、石、林、泉和野生动物在内的综合自然生态环境特色，在山庄内都一一得以展现。

颐和园

颐和园，坐落于北京西北郊，占地面积达287公顷，是北京地区现存规模最大、保存最完整的皇家园林之一。它也是封建王朝在北京地区建得最后一座皇家园林。其宏大的规模和高超的造园艺术水平堪称中国古典园林的典范。

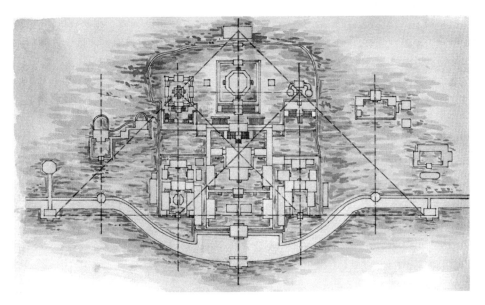

颐和园前山建筑的几何对位关系

颐和园前山建筑依三角形的立面构图来布置。万寿山山势平缓，建在最顶端的佛香阁，形象高大以突出重点景观，发挥核心作用，也加强了中央轴线的气势。以佛香阁为顶峰与下方两边的建筑在立面上构成了一个等腰三角形几何形状。除主体建筑外，整个建筑群中的其他建筑也相应地使用了三角形的关系，由此使前山整体建筑群具有很强的稳定感。

颐和园以万寿山和昆明湖为骨架，进行园林构筑。佛香阁、排云殿、长廊、十七孔桥是颐和园标志性的建筑。

佛香阁位于万寿山前山的半山腰，建筑在高台之上，这里原为大报恩延寿寺中的一座九层佛塔——延寿塔。塔建到第八层，即将完工之际发现塔身出现坍塌的迹象，于是被迫停工拆除，在其旧基上改建佛楼，1760年佛楼改建成工，即今日佛香阁的前身。阁平面八角形，三层四重檐攒尖顶，建在高大的方形台基上，是颐和园的核心建筑。

排云殿建筑群位于前山南北中轴线上，以排云殿为主体随万寿山南坡的"岗峦山势"排列展开。建筑布局严格对称，自昆明湖岸边的"云辉玉宇"牌楼为前奏，北上为排云门、二宫门，至排云殿为主题，向上经德辉殿到佛香阁达到高潮，最后以山顶的智慧海作结尾，层层递进，逐步升高。

辽阔的昆明湖水面上，与佛香阁对应成景的是横卧南湖岛和东堤之间的十七孔桥。因桥下共有十七孔桥洞而被称为十七孔桥。十七孔桥是颐和园昆明湖上最重要的景点之一，它东连廊如亭，西接南湖岛，全长150米，宽8米，不愧为昆明湖上第一桥。桥栏望柱的柱头雕有姿态各异的石狮五百余只，成为桥上的一道景观。

北海

北海位于北京市中心，东与景山和紫禁城相邻。北海是我国历史最悠久、保存最完好的皇家园林之一。

北海的位置最早是金中都的北郊离宫大宁宫所在地。元代在大内开太液池（今北海），池中筑三个小岛，名为万岁山（今琼华岛）、圆坻（今团城）、犀山，模仿秦汉一池三山的传统模式。明代仍沿用，并于北海南部开拓出南海，形成北、中、南三海的格局，为当时规模最大的一处大内御苑，时称

北京北海白塔与善因殿

北海白塔是琼华岛的构图中心，也是北海的标志性建筑。

第八章 中国园林建筑 157

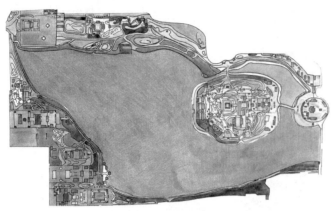

北京北海与琼华岛平面示意图

辽代时期，统治者就在开始在这里建筑宫殿，北海就作为帝王后妃的游乐场所而存在。元至元元年（1264年），元代统治者以琼华岛海子为中心，建成一座皇家宫苑，并将北海和中海的水域改称太液池。明、清两代重点修建，不仅对布局进行重新规划，还增设有大量的建筑景观。逐渐形成了以琼华岛为中心，在湖的四面置景的园林布局。

西苑。清代屡次增修，庙宇庭院、亭榭楼台，因势而置，确定了今天北海的局面。清代，皇室人员经常于北海进行各种冰上娱乐活动，有冬宫之称，与被称为夏宫的颐和园相对。

北海总面积68万平方米，水面面积39万平方米，岛屿占6万多平方米。拥有如此庞大的水系资源，以水为主景的特点自然很明显。北海水面辽阔，却很少用具体的建筑形式进行水域的划分，除了湖面中心的琼华岛、团城两座岛屿，以及连接洲岛、岛岸的几座小桥外，偌大的湖面上空无一物，体现了皇家园林中集中用水的特点。集中用水是相对分散用水而言，这种理水的手法在大型的皇家园林中经常被用到。辽阔的水面，给人一种浩瀚无垠的感觉，正如《园冶》所描述的：" 纳千顷之汪洋，收四时之烂漫"的情景一样，是皇家园林烘托气势的重要手法之一。

琼华岛是北海的中心景区，周围大片的水面形成扩散之感，通过山顶的白塔将人们的视线部分回收。北海东岸和北岸建筑大多面海，尤其是北岸无论是单体建筑还是组群建筑一律坐北朝南，面水而建，于是又形成了一个以琼华岛为中心的园林构图模式。

内廷花园，又称大内御苑。它作为宫廷的组成部分，是宫廷的延伸和附属。这种把宫殿和园苑相结合的园林形式，在我国有着很长的历史。汉代规模最大的上林苑就是以苑包宫，宫内设园，宫殿和园林水乳交融，别具情韵。其布局形式具有鲜明的轴线，建筑物之间也有左右平衡或相互对称的特点。现今仍然保存完好的御花园、建福宫花园、慈宁宫花园，它们的地形条件各有不同，但它们在建造中都运用了中轴线以及建筑的对称平衡原则，从而成为故宫建筑群中不可分割的组成部分。尤其是位于故宫中轴线上御花园对称、均衡的格局最为突出。御花园位于坤宁宫的北面，是故宫中轴线建筑群的结束。明代时作为皇帝后妃们游乐赏

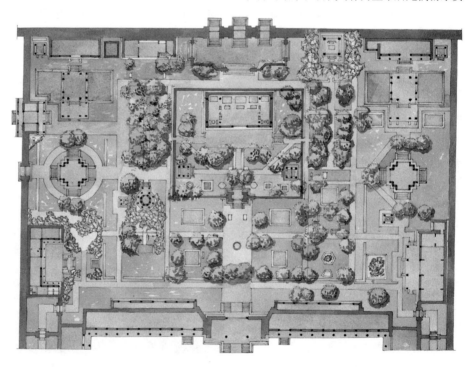

北京故宫御花园总平面图

御花园位于故宫南北中轴线的北端，它是故宫中轴线上建筑群的结尾。花园始建于明永乐十五年（1417），园内建筑布局对称严谨，建筑密度较高，各类亭、殿、馆、堂分散布置，却又排列紧凑，皇家宫苑建筑规整、严肃的特点体现得很明显。

北京故宫御花园千秋亭

千秋亭与万春亭是故宫御花园内两座形制相同的亭子，两亭一东一西，形成对称之势。

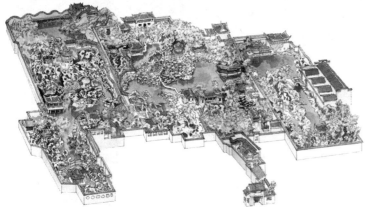

苏州园林的布局

苏州园林代表着中国私家园林的最高艺术成就。

内道路都成笔直畅通形式，与其他园林的曲折小径截然不同。建筑设在道路相夹的空地上。园内建筑很多，东西对称地布置了亭、殿、馆等近20座建筑。建筑物多倚宫墙，只有体量小巧的亭阁独立建造，因此在建筑密度较高的情况下仍然取得了比较开敞的庭院空间。

私家园林

私家园林是相对于皇家园林而言，它的拥有者多为古代的贵族、官僚、富豪商贾。这些人拥有一定的经济实力，同时也具备很高的个人素养。这就把私家园林的格调定义在符合中国传统文化阶层的欣赏习惯，使私家园林具有浓厚的文化意蕴。从私家园林的发展来看，文人园林一直是私家园林中的主流。魏晋南北朝时的隐逸文化是私家园林的一大主题，重文轻武的宋代社会更是把园林与文学、诗画、书法等艺术紧紧地结合在一起。明清时，大量的文人亲自参与造园活动，极大地提升深化了私家园林的文心品质。

私家园林细腻玲珑的文人气质对园林造景起着决定性的作用，园林置景不以气势为胜，重在意境的表达与创造。景致内容丰富、布局精细、立意雅致，建筑多经得起细细品味观赏，意蕴层次变幻多样，突出了文人园林精雅婉约的特点。如果以文心而论，在全国各地的园林中苏州园林当属其首，

玩的场所，清代仍然沿用。

御花园在现存内廷花园中面积最大，布局上延续宫廷部分前朝后寝的形式，总体规划采用严谨对称的格局。御花园平面呈长方形，南北中轴线上设门，正南是坤宁门，正北为顺贞门。另外，还在东南角设琼苑东门，西南角设琼苑西门。坤宁门后轴线上为天一门，进入天一门，正面见到的大殿就是钦安殿，为御花园的主体建筑。

钦安殿和天一门一样建在紫禁城的中轴线上。钦安殿四周围以矮墙，组成一处方形的院落，自成一区。以钦安殿为中心的院落，为园内的中路景区。东西两侧又各分一路，作为补充点缀。主要建筑及园林小品都采用一左一右的形式，亭对亭，楼对楼，建筑的名称也多采用对仗的方法，千秋对万春，浮碧对澄瑞，把建筑形式上的对称延伸到园林意境上的对照。受宗法礼制的影响，园

苏州鹤园自由式空间布局

中国传统建筑讲究对称、规整，而园林建筑却一反传统，建筑布局灵活自由，可以追求自然随意的空间效果。这在规模较小的私家园林中体现得分外突出。

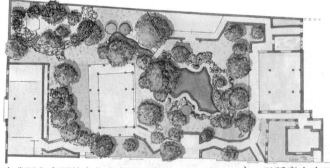

在我国私家园林中艺术成就最高。

苏州园林的形式有山麓园、湖园、宅园等，以宅园最为多见。宅园是江南地区使用较多的一种园林形式，具体的布局方法是以家庭住宅为主，在住宅的后部或一侧或两侧附建园林，住宅和园林之间有廊道相连，可相互贯通，方便园主在茶前饭后游园赏景。园林面积一般不大，最大的拙政园也只有4万平方米，其中容纳了数以百计的建筑、假山、水池、花木等各种造园要素，小型的如环秀山庄占地仅2000平方米，假山景观具体而微，洞壑、溪涧、峰峦、峡谷、潭渊等一应俱全。如何在有限的面积中创造出如此丰富的园林景观，这就涉及园林的布局问题。苏州园林布局因各个园林基址、建造年代、园主所追求的风格不同呈现出多变的布局方式。苏州城大大小小69座园林，具体的构景手法绝无雷同。但因都属于城市小型山林，所以又表现出一定的共性。

苏州怡园复廊

园林的空间划分可以通过多种方式得以实现，用门或墙界定、围合空间是最常见的方式。但由于门、墙划分出的空间通常较为私密，不容易形成透景、漏景的效果，因此选择一面或两面透空的游廊划分空间层次就成为小型私家园林的主要手段。

从大的方面来讲，苏州园林的布局方式大致可分为两类，一类是将全园划分为若干个组成部分，分区布景。每一景区都有各自的主题，分区间景观内容不作重复，并以游廊、园墙作分隔。为了保持景区彼此渗透、贯通，往往在廊、墙上开设花窗或漏窗以沟通园景。比较典型的如怡园。园以复廊分为东、西两部分，廊上开各式各样的漏窗，东部以玉延亭、四时潇洒亭、岁寒草庐、坡仙琴馆和曲廊围绕的庭院为主。西部以山水为主，于中央凿东西狭长的水池，环池布置峰石、花木，以琐绿轩为起点，后有金粟亭，穿过亭前曲桥可达临水厅堂藕香榭，采用鸳鸯厅的形式。厅西以复廊与南雪亭相连，东绕池筑有面壁亭。池东构筑湖石假山，山洞与石壁较为自然，山间宽敞地带建造小亭，于亭中观望园景水池、林木、厅堂参差隐现，层次较为丰富。

东园以建筑庭院为主，玉延亭在东区尽头，亭周围遍植紫竹。院内还有一座小亭四时潇洒亭，同是以竹子的形体姿态命名的。院内修竹成林，芭蕉、梧桐、桑、枣、梅夹植其间，营造出明媚开朗的庭院空间。四时潇洒亭不远处的硬山卷棚顶的建筑为坡仙琴馆，建筑内部被隔为东西两间，东为坡仙琴馆，西为石听琴室，南北皆有庭院，这里是一组以音乐为主题的园林建筑。

以廊、墙界定园林空间是苏州园林分区置景的典型形式，在布局上进行分隔，而空间上还是一体，保持着园林的完整统一。有些园林则直接把花园部分建于住宅的两侧，形成两个小园林，这种有趣的庭院布局模式从藕园中可以见识到。藕谐音偶，即双数。东、西小园以住宅厅堂为界，分开而置。

西园织帘老屋、藏书楼均为藏书、读书之地,以庭院理景为主,面积较东园小许多。东园是全园精心构筑的山水空间,山在西,水在东,建筑以山水为依托南北而置,主体建筑城曲草堂不干扰中部的山水空间,让出空间立于园林的北部。双照楼、听橹楼以水池为中心,南北对应,体量匀称的水榭山水间突出池岸,填补了池西的空白。曲桥"宛虹杠"沟通了山、池的交通,并作为水面的分割横跨水池中部。池西的黄石假山高峻、伟岸,山顶只设平台不建亭免于流俗,使山体更具自然之趣。

苏州藕园山水间

藕园在园林布局上很特别,它是在住宅的两侧各建一个小花园,形成一宅两园的格局。

园林空间予以划分,是为了造成丰富的景观层次,其缺陷是往往不能构成开阔明朗的园林景观,容易让人产生视觉的疲惫。为了避免这种情况,即便是很小的庭院空间也故意设置一些可远眺的风景,作适度的调解。这时,就出现了苏州园林中第二种常见的布局方式,即以主体厅堂为中心,在其四周设置可远观近赏的对景。拙政园远香堂在这方面表现得比较突出。

远香堂位于园林中部水池南岸,是园中的主体建筑。由于周围四面开阔,所以建成四面敞透的厅堂形式,以便四面观景,一览无遗。远香堂前池水辽旷,池中筑有两座小岛,其间隔以小溪,又以桥堤相连,既分隔南北空间,又起着划分水面的作用。两座山上分别建置小亭,东为六角攒尖的待霜亭,西为平面为长方形的雪香云蔚亭,东西相望,顾盼生姿。

桥堤相接处突出的小岛上建一座荷风四面亭,檐角飞扬,是观赏水景的最佳位置。荷风四面亭的位置决定了它作为联系池岸景观的枢纽,使得池南见山楼、池东两山、北岸的倚玉轩及西南的香洲等景区由散落转为一种有意识的向内。而从组景的效果来看,荷风四面亭、雪香云蔚亭、待霜亭以及池东岸的梧竹幽居构成贯穿水池东西的一组亭

拙政园别有洞天、荷风四面亭(中图)

苏州私家园林的修建原则,并不局限于园林面积的大与小,注重的是园林的景深及层次感。即便是面积较小的园林,在建筑安排及景区处理时,也能做到疏密有致,层次深远。图为拙政园别有洞天、荷风四面亭等景观构成关系。

苏州拙政园远香堂剖面图

远香堂建于清代乾隆年间,堂平面为矩形,由于周围四面开阔,故为四面厅,以便四面观景,一览无遗。堂四周围以回廊,柱间装设玻璃落地长窗,规格整齐,华丽庄重。

第八章 中国园林建筑

扬州大明寺西园

西园坐落在扬州大明寺平山堂西侧，是典型的江南寺观园林。园中建筑物较少，水面开阔，树木茂密，富于山林野趣。

景；南北向与见山楼、倚玉轩又形成纵向的水面景观。从远香堂前平台北望，水波荡漾，远处烟峦迷蒙，构成一幅"深远山水"的美景。

寺观园林

古代的佛寺、道观多建在山郊野外自然风景优美的地方，因此很多寺观建筑本身就具有园林性质的景观，魏晋南北朝时期"玄佛"合流，促使着士族文人开始走向自然。另一方面，也使得士族与寺院中名僧开始交往、相互影响。《世说新语》中记，康僧渊营构的精舍，不仅是研求佛法之处，也是康僧渊与众多名士聚会交友、高谈玄理、欣赏山水美景的地方。

此外，佛教传入中国后开始向世俗化、生活化的方向发展，北魏开凿的云冈石窟壁画中菩萨多为美艳动人的妇人形象。某些教义开始具体化和形象化，在寺院中出现了放生池、莲池等游赏性极强的附属环境设计类的建筑元素。寺庙园林在这时开始形成。《洛阳伽蓝记》中提到仅洛阳就有带游娱性质的寺庙多处：宝光寺、景明寺、景林寺、河涧寺、冲觉寺等。以后的封建统治者大多对佛教推崇，隋唐时期佛寺道观不仅建在山林野外，就连唐长安城内的寺观也是林林总总，到处香雾缭绕，每天到佛寺拜香求佛的香客络绎不绝。随之佛寺内又附建了为香客提供休息的地方，在寺院的后部或旁侧建附园，院内开池叠石，植花种草，形成独具园林意境的山水空间。其附属的园林部分不仅成为有别于佛寺肃穆庄严氛围的园林空间，也成为吸引香客们的因素。

确切地说，寺观园林不是园林是寺观，但其内部景致带有园林性质，因此把很多风景优美的寺观胜地都归纳为寺观园林之列。寺观中的园林部分因附属于寺观，因此摆脱不了佛寺的清肃，而这也正是寺观园林的主要特点。

很多佛寺庙宇利用天然地势、自然山水林木等园林构成要素，简单地附建亭榭廊桥而成为独具佛寺气息的园林景观。四川峨眉山的报国寺、万年寺都在寺院的右前方辟出一个区域，四周以游廊作为环绕，划定出园林的空间范围，游廊中间设置若干建筑，丰富了廊的立面形式，使游廊不致单调。游廊有单面的，有开敞的，单面廊起围合空间的作用，而开敞的游廊更利于观景。

为了充分利用空间，在游廊的中段或折角处，往往设置一些亭子，其形式多变，有圆形平面的、方形平面的、八角形平面等，在造型上也有单层与双层之分，双层的亭阁，给人们提供了一个观景的好地点，人们可以极目远眺，欣赏峨眉胜景。同时借助亭阁的高度对园外借景，扩大园林景观内容。

在游廊的围合空间内，往往在中央设置一些水池，有放生池，也有的在水池中雕

四川峨眉山万年寺园林

四川峨眉山万年寺在寺院的前方开辟出一片园林空间，四周用游廊围合，游廊中间设置亭、榭，再于建筑集中处凿池，构筑出清幽的寺观园林景观。

塑一些佛教题材的雕塑小品，体现了强烈的佛教主题，这是在香客云集、热闹非凡的香火寺院中辟出的一方清净天地，在这种空间中人们既可以沐浴佛国的圣光，又能享受到如山水画般色彩绚丽的园林风光。

第三节
中国园林的地域特点

中国古典园林的分布没有规律性，以园林的数量而言。南方多于北方，以江南地区最为集中。从总的占地面积来看，北方园林规模宏大，气势夺人，建筑精美华丽，代表着中国古典园林的艺术成就，以皇家园林最为突出。除了以私家园林为代表的南方和以皇家园林为主的北方，在全国其他各地也都有体现地域特色的地方园林。

辽代以后北方一直是全国政治的重心，经济文化的发展在原有的基础上不断融进新的滋长元素。北方园林在总体构图风格上仍然体现了北方官式建筑的特点。其分布特点是以北京为中心，遍布于京城及近郊地区，河北、山东、山西等地。

北京园林的主要成就是皇家园林，在前面章节中已作过介绍。这里不再作详细阐述。皇家园林为皇帝所有，而整个封建社会的统治阶层却不止皇帝一人，那些效命于封建帝王的高官、贵族、皇亲国戚同样是封建社会的主宰者。他们在封建国家政权机构中是辅佐帝王的得力助手。他们众星捧月般地簇拥在皇权周围，形成以皇权为顶点逐次递减的金字塔式的社会模式。反映在建筑体系中，同样是皇家建筑等级最高，以下按照尊卑贵贱的等级秩序进行设计营构。

王府花园是北京私家园林的一个特殊类别，包括满、蒙亲王府、贝子府、贝勒府、公主府等府邸的附园或后花园，它们的规模比一般宅园大，规制也有所不同。因封建社会亲王、贝子、贝勒等官位的世袭制，他们所拥有的家业也多为皇帝封赐，不属于个人财产，它也是封建皇权的下属分支，间接地对至高无上的皇权进行维护。

王府花园虽分属私家园林之列，但在具体的规模气势、建筑布局、山水置景、装饰装修等方面处处洋溢着贵族气质，与江南地区的私家园林有着迥然不同的风格

山西榆次静园

北方以皇家园林成就最高，现存私家园林实例数量较少。在山东、山西、河北等地可见到一些风格鲜明的私家园林实例留存。

北京礼亲王花园示意图

王府花园是清代北京私家园林的一个特殊类型。王府花园的规模比一般的私家园林宏大，建筑布局以院落式为主。图为北京海淀区礼亲王花园想象示意图。

山西榆次静园长廊

我国的私家园林，因地势不同而呈现出不同的风格特性。北方私家园林的造园艺术手法，除了具有本身的地方特色外，还融合了不少当地民居建筑的色彩。山西榆次常家庄园内的静园，以清澈的湖面为中心，周边的建筑整体呈土黄色，与常家庄园内其他的民居建筑形成一体，体现了园林与民居之间的密切关系。

山东潍坊十笏园四照亭

坐落于山东潍坊的十笏园，虽面积不大，但与众不同的造园手法，却使之成为北方宅园的代表作之一。在造园风格上，不仅吸取了江南理景的柔媚之态，也融合了北方园林的浑厚之风，在有限的园林空间内，营造出层次丰富的画面，将园林的本质色彩发挥得淋漓尽致，是一座十分成功的地方宅园实例。

意蕴。清代北京城内共建有王公府第近百处，带有后花园的例子也不在少数。而经历近几十年的城市更新建设、整修改造，保存下来的实例少之又少，现仅有什刹海前海的恭王府花园较完整，后海的摄政王府以及海淀区的礼亲王花园尚保留有部分园林景观。

北方园林建筑的形象稳重、敦实，再加之冬季寒冷和夏季多风沙而形成的封闭感，别具一种不同于江南的刚健之美。北方叠山技法深受江南的影响，既有完整大自然山形的模拟，也有截取大山一角的平岗小坂，或者作为屏障、驳岸、石矶，或作峰石的处理。植物配置方面，观赏树种比江南少，尤缺阔叶常绿树和冬季花木，但松、柏、杨、柳、榆、槐和春夏秋三季更迭不断的花灌木如丁香、海棠、牡丹、芍药、荷花等，却也构成北方私园植物造景的主题。

北方地区官宦较多，所建宅园规模宏大，住宅和园林部分分区而建，与宅园合一的江南园林相比，空间更显开朗，建筑物中很少出现具有居憩功能的厅堂，而以观赏性建筑为主，因此园林空间阔绰，具有北方雄浑大气的风景特点。园林造景紧紧结合当建筑风格，融会具有地方特色的建筑语汇，建筑的屋顶厚重在表现园林建筑形象含意的同时，稍带几分民居或礼制建筑色彩，从而把园林艺术与其他建筑艺术形式糅杂贯通，使其更具表现力和欣赏性。从山西榆次的静园中可略知北方私家园林的造园艺术手法的特点以及与民居密切结合的印迹。

受皇家园林影响，北方私家园林也表现出精雅成熟的特点。位于山东潍坊市的十笏园原为明嘉靖年间（1522～1566）刑部侍郎胡邦佐的旧宅。清光绪十一年（1885年），潍坊豪绅丁善宝用重金购得，改建为私人花园。园林面积不大，景物却很繁多。十笏园采用以水池为中心，沿池有桥，有榭，布局松弛有度，表现出江南园林婉约、清丽的特点，但园中建筑却与南方的白墙黑瓦不同，而是以红、绿色调为主，屋顶覆盖灰色的筒瓦，墙壁直接暴露出青砖的表面，典雅庄重。因此说，十笏园是一座兼具南北方园林特点于一身的私家小园林。

岭南园林

岭南，泛泛地说就是五岭以南，其地域主要涉及广东、福建南部、广西东部及南部。岭南园林的出现大约在汉代，广东出土的西汉明器陶屋就能看到庭院的形象。到唐五代时，刘乘战乱之际，建南汉国，称帝以后在南越旧宫的基础上经营规模甚大的宫苑建筑，其"御花园"仙湖中的一组水石景"药洲"遗迹尚保留至。广州市南方戏院旁的九曜园的水石景就是原仙湖中药洲中的一部分。水中的石头名"九曜石"，宋代米芾题刻的"药洲"二字尚清晰可辨。此后岭南的园林的发展情况，缺乏文献记载，更无实物可考。清初，岭南的珠江三角洲地区，经济比较发达，文化也相应繁荣起来。私家造园活动开始兴盛，逐渐影响到广东的潮州、汕头和福建、台湾等地。到清中叶以后而日趋兴旺，在园林的布局、空间组织、水石运用和花木配置方面逐渐形成自己的特点，终于异军突起而成为与江南、北方鼎盛的三大地方风格之一。

岭南地处较低纬度，大部分在北回归线以南，太阳辐射量较多，日照时间长；又濒临南海，受到海洋暖湿气流的影响，气候温和多雨，这对岭南园林的庭院空间布局产生了很大影响。

与苏州园林相似的一点是，岭南庭院面积也十分有限。为了达到以小见大的布局效果，庭院布置多通过空间的组合对比和渗透而获得层叠错落和曲折迂回的效果，使园林景观在不大的范围和有限的空间一一得以展示。其具体布局原则是，常利用不同的建筑物、连廊和墙垣把园分隔为若干个小庭院，再根据小庭院具体的空间组织方式安排置景，庭院与庭院之间相互贯通，但又都保持自己的特色。庭院的界定划分以使用功能为标准，不同使用功能的建筑集中在同一小空间内。这样区域的划分有了一个实际的统一的标准，空间的界定就清晰明了，空间组织的脉络条理也十分清楚。

位于广东东莞的可园是采用了这种布局方式，园林分成两部分：可湖和庭院。其中庭院部分是全园的建筑精华所在，这一部分由三组建筑群和环院长廊围合而成，呈不规则的连房广厦的庭院格局。三组建筑分别设置在园林入口、西部和北部。入口建筑群主要的建筑有草草草堂和擘红小榭。可堂是北组庭院的主要建筑，也是园内主体建筑，上下两层，上为可楼，下为可堂，楼内外均设阶梯，外阶梯从楼旁露台旋转而上，登楼可尽览东莞

城景，远处江河如带，沃野千里，近处雁塔、金鳌洲塔耸立眼前，为园内借景之一。

西组建筑群以双清室为主，双清室也称亚字厅，建筑的平面、室内地面、细部装饰装修的窗、室内台、椅、托盘和茶具全为繁体的亚字形。园内建筑以边沿游廊相连，留出中央天井布置赏月的月台，观兰的兰台、狮子上楼台石景、金鱼池等，可四面观景。

可园的水景在园东部庭院，院内有可湖，原是张敬修的花圃。1965 年重修时把原来的池和塘疏浚合并为可湖，临湖建有钓鱼台、可亭、观鱼簃等，将湖面延伸入园，加大了庭院的景观范围。

广东顺德清晖园碧溪草堂室内

广东顺德清晖园是广东四大名园之一。碧溪草堂是清晖园中部景区的主要建筑，建于清道光丙午年（1846 年），是一座水磨青砖房屋。

广东东莞可园

岭南园林由于庭院面积狭促，建筑布局多使用连房广厦的形式。图为丛拜月台看绿绮楼。

第八章　中国园林建筑　165

广东可园双清室与邀山阁

可园坐落于广东省东莞市，园林面积不大，地形较为规整，但园林建筑却极富有特色，其特点是与民居建筑手法十分相似，具有浓郁的地方特色。这一点从园内的双清室和邀山阁中体现得十分突出。

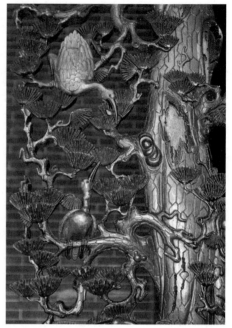

广东番禺余荫山房深柳读书堂木雕罩（右上图）

广东番禺余荫山房浣红跨绿桥廊

余荫山房园内有两座水池，一座在园的东部，另一座与之相对在园林的西部。水池之间桥廊相接，形成水穿全园的布局方法。

岭南处于沿海地带，对外开放较早，在我国区域文化中是吸取外来文化最强、最成功的一种区域文化。它不但吸收了中原文化、吴越文化、荆楚文化、闽赣文化，还大量吸收了海外文化，综合多种文化与当地文化融为一体，形成多元性的岭南文化。多元的文化对岭南园林起着主导作用。受西洋建筑的影响，岭南园林不止在庭院布局上表现出西方建筑语符的特点，并大量使用西方建筑词汇，为岭南园林语系补充新的养分。

广东番禺的余荫山房最大的特点就是几何式的布局。园林整体设计上采用几何图案式的中轴线、主体建筑对称的平面处理，形成水庭布局为全园的中心模式。

在中轴线上设置两池一榭一桥，贯穿全园东西，建筑沿轴线对称而置。西部水池呈规整的长方形，水池的平面形式与苏州园林异形的池面形成鲜明的对比。却和讲究严谨平整的西方园林很相似，用几何形有弧度的折角或平缓的弧形划出一定的区域置景，使园林各个组成部分仅从平面形式上就能得以体现。

水池两岸临池别馆和深柳堂南北相对，又形成园林西部南北向的小轴线。东部水池平面呈八角形，池中八角的玲珑水榭占据了水池很大面积，榭八面均设木雕装饰窗格，上安装玻璃，与苏州园林通透的格扇门窗在观景方面起到同样的作用，只是不能框景或漏景。池边还设有孔雀亭和来熏亭作为点缀。

余荫山房面积不大，地形也没有高低起伏之势，如果不作精心处理，势必让人感到单调乏味，一览无余，因此院内设置建筑以遮挡空间。园门设在西南角，进门后迎面的临池别馆挡住了游人向北延伸的视线，游人必须绕着走才能领略到水池四周的景色。与西部庭院相比，东部庭院空间的划分渗透更为精妙。体量庞大的玲珑水榭居于园中央，并采用了八角的平面，从八个方位将游人视线隔开，同时也就决定了园内的观赏路线必须环池而行，从而延长游人观景的停留时间。

进入门楼后的小院，跨过门洞，穿过狭

窄的绿荫道，经过这些串连在一起的小空间后，才达到园中以水为主的庭院，这和苏州园林先扬后抑的造园手法有些相似。

建筑造型吸收外来风格的岭南园林特点在广东开平的立园内得以见识。园内建筑小亭极具西方特色，其中一个为平顶，上面立有五个圆拱塔亭，中央最大，四角稍小。另一小亭，平面呈矩形，四周和穹隆顶都做成镂空形式，外观也为简洁的几何形，不雕饰花鸟鱼虫等图案，整体造型状若鸟笼。毓培别墅为园内主体建筑，采用当地民居的形式，在立面及入口采用西方古典的柱式和西方建筑语言符号的拱券。建筑造型吸取西方形式的还有澳门卢廉若花园内的水榭厅春草堂，采用外廊式平顶，柱子为古罗马混合柱式。

岭南地区湿热多雨，因此在园林设计时十分注重庭院的空间通风、采光交通，建筑组群大多采用连房广厦的形式，减少对外墙的使用，以降低室外暴晒的面积，同时也利于防御台风的袭击。另外连成一片的屋顶形成的阴影，促进院内空间的降温。有时也采用前疏后密式。这两种布局有一个共同的特点，就是前低后高，以迎合夏季从海面上吹来的海风。岭南私园以生活享受、实用、游乐为主，反映在布局上，园林与住宅融为一体，并以居住建筑作为园林的主体。江南园林虽然也具有生活享乐的功能，但同时更是文人雅士归隐逸世之地，反映在布局上，园林与住宅有较为明确的分布，通常分开设置。即使是合建，住宅与园林

部分也相对独立。

岭南地区气候炎热、湿润，适合亚热带、热带植物生长。园林植物多高大茂密，形成大片的树荫，为庭院空间增添了几分幽静的气氛。栽种果树，是岭南园林的特色之一。果树具有观赏效果，又有遮荫的功效，还能提供佳果。果树栽植的品种较多，有龙眼、荔枝、枇杷、芒果、黄皮、杨桃、蒲桃、香蕉、芭蕉、橙、柑、番石榴、番木瓜、白梅、沙梨、白梨等品种。

广东开平立园毓培别墅

西方文化在岭南文化中占有很大的比重，这一点对岭南造园产生了深刻影响。在岭南园林建筑中经常可以看到西方建筑的构成符号，如琉璃柱、拱券式门窗等。开平立园中的建筑就多处使用这种西方建筑语符，形成了自己特有的园林风格。

广东省开平立园花窗

第八章 中国园林建筑

江苏吴江市同里退思园

退思园格局独特，左为住宅，中间为庭院，右为花园，这种布局在江南园林中实属孤例。

扬州何园江胜楼

何园又名"寄啸山庄"，是江苏扬州城内建造较晚的一座园林。园内布局以水池为中心，水边环有蝶蝶厅、桂花厅、赏月楼，可从不同的角度俯视园景。园内的建筑不讲究布局的对称性，而是灵活自由地进行安排。

江南园林

通常意义上的江南泛指太湖流域一带，包括江苏南部、浙江北部以及皖南的徽州等地。江南园林凭借雄厚的经济实力以及得天独厚的自然环境在园林建造方面取得了较高的成就。江南园林中山水所占比重较大，多为水景园，以苏州园林最为典型。苏州园林的特点在前面已经提到，这里不再一一详述。

兴起于清代的扬州园林是江南园林的另一体系。扬州是水城，缺石少山，除了北郊延绵起伏略带山势的蜀岗之外，几乎就是一马平川，扬州人要看山只有靠人工堆叠，造园家利用不同的山石模拟大自然的山峦叠峰，造就了扬州高度发达的叠山艺术，例如扬州个园的四季假山就是按照中国画论展开布置造景的。

清代在扬州设立两淮盐运使，各地盐商云集扬州。大多数的盐商生活富有，挥金如土，热衷于府邸、园林的营造。他们营建的园林既是休息娱乐的场所，也是盐商互相炫耀攀比的资本，因此园林的面积一般较大，保持在中型以上。布局也不像苏州园林那样景中有景，园中套园。而是园林布局分区明显，景观主题突出，往往一个大的分区空间只围绕一个主题内容展开布景，有主题的统一性和唯一性，园林景观也清爽自然。如果用"含蓄幽深"来形容苏州园林的话，那么扬州园林则是"明丽活泼"。扬州园林开朗的布局、略带夸张的景观内容，往往给人深刻的印象。

扬州园林业主的浮夸之风影响了扬州造园手法，园林造景夸张饱满，对景观内容的诠释至臻至美，如泼墨的山水画，浓的化不开。例如个园，以春、夏、秋、冬四座山为主题。冬山，为突出"冬"的主题，选用洁白的宣石作为叠山材料，远看如皑皑白雪，首先在色彩上切入主题；另外还在靠山的墙上设置风音洞，借助声响的效果从听觉上呼应冬的主题。不仅如此，山前地面还全采用冰裂纹铺地，如破碎的冰块又从感觉上寻找冬日情趣。而山上的腊梅等植物无疑又是对冬日情怀的追述，这样用不同的园林小品反复地强调同一主题的造园手法在其他地区的园林中极少用到，是扬州园林特有的一种表现形式。建筑物的尺度、材料、造型，也都追求高敞华丽。厅堂的面阔有些多达七间，两层的楼阁也是常见的建筑形式，与苏州园林不建重楼高阁以显其景的布局手法正好相反。扬州园林建筑的材料有的甚至选用楠木。园林铺地，室内用方砖，室外小径除了园林中常使用的花街铺地材料外，还有用大理石的。

江南园林高超的叠山技艺在扬州个园中可见一斑。叠山技艺此外在很多私家园林中都得到体现。比如南京瞻园的湖石假山、上海豫园的黄石假山等都是成功的实例。瞻园以静妙堂为中心，分两区布置山水景致。假山叠筑采用明代常用的手法，因池构山，山中有洞穴，东西两侧都有盘山蹬道，山前伸出石矶与石桥相接，其表现出的山崖石貌形态十分逼真。

豫园的黄石假山的主体部分为明代遗

物，相传为宋徽宗花石纲收集到的山石。假山依山形地势构筑出岗、岭、涧、洞、壑、滩等各种山石景观小品，各具情趣，并形成高低错落之势。

江南地区的园林占地面积一般不大，这对园林的建造产生了一定的影响。能否合理恰当地利用园林周围环境和天然资源，也是决定园林精致与否的客观条件。关于外借景观资源这一点位于无锡的寄畅园就做得很好。

寄畅园建在无锡惠山脚下，不同于高墙围合的其他城市园林，可利用的自然资源有限，不利于园林造景。寄畅园园外自然山林风光浓郁，园林依山而建，把惠山近山远峰引入园内作为借景，从树隙中可以看到锡山上的龙光塔，从水池东面北望又可看到惠山耸立在园内假山的后面，增加了园内的景深；二是将惠山二泉之水引入园内汇积成池，与土阜乔林构作园内主景，造成林木葱茏、烟水弥漫的景象；三是建筑稀疏，布局开朗，少有人工刀斧味。

江南园林虽因地域的不同而呈现出多样的风格。但总体来看，江南园林细腻婉约的园林语境与江南地区山明水秀的自然风光、明丽温和的气候、温柔妩媚的气质都表现出某些看似偶然实为必然的切合点。也就是说，江南私家园林在表现个性的同时也暴露了江南园林体系的共性，如诗如画的园林景观、精辟细致的造园手法、丰富多样的园林建筑已经成为中国古典园林建筑的精髓。全国各地的园林都或多或少地受到其影响，从中吸取养分。尤其是北方园林对江南园林效仿的痕迹分外明显，因此说江南私家园林是中国私家园林的主导。

第四节 中国园林的造园手法

叠石造山

中国古典园林的起源，源于原始人类对自然的崇拜，天地山川是其崇拜的主要对象。当人类跨入文明社会之后，秦汉苑囿的"一池三山"表现的则是人们对神海仙山的强烈向往之情。而历代文人对自然界的山水更是情有独钟。中国古典园林造园的主旨意在模仿自然。巍峨的山峰，奔流的江河、辽

扬州园林铺地

园林铺地内容多样，形式活泼，风格清新雅致，与园林的空间氛围相呼应。园林中铺地的材料有砖、碎石、卵石等，铺设的纹样常见的有人字纹、席纹、盘长、几何纹以及各种祥禽瑞兽、花草等图案。

南京瞻园湖石假山

南京瞻园内有两处假山，都是用湖石叠砌而成。

上海豫园

由于历史原因，豫园内有较多正规的厅堂，建筑密度较大，因此山水花木等自然景观要素的处理十分谨慎、巧妙，以达到建筑与山水自然和谐的效果。

第八章 中国园林建筑

安徽黄山

自然界中的山山水水是园林模拟的对象，而黄山是国画家喜爱表现的对象，因而也成为园林假山模仿的实景。

河南嵩山

东岳泰山（位于山东泰安市）、西岳华山（位于陕西华阴市）、南岳衡山（位于湖南衡阳市）、北岳恒山（位于山西浑源县）和中岳嵩山（位于河南登封市），五岳是古代帝王封禅祭天的地方。

阔的平原、浩渺的湖海、幽深的洞壑，在广袤的中华大地上的锦绣山河都是园林所模拟的原型。正如古诗所说："高山仰止，景行行止，虽不能至，而心向往之"。

大自然形态万千、变化多端，古典园林不可能在有限的地域空间、物质条件下对大自然原样照搬，而是有意地、重点地、有针对性地对自然中的某一构成要素加以突出表现，在不悖于"客观"的条件下，改造、调整、加工、剪裁，从而表现出一个高度概括、典型化的人工自然。园林中的山水，绝对不是自然山水的复制品。同绘画一样，基于自然、再现自然，又高出自然。模拟的原则是忠于客观，但又不完全照搬，重在神韵、气质的相似而非单纯地具体形态的相像。从中国古典园林营造的动机或目的来看，不同的园林类型模拟的具体内容不同。但总体而言，也无外乎对是自然界中的真山真水形态的描摹再现。这里面又可分出叠山和理水两个不同的语支。

堆石叠山作为一门造园艺术，在园林造景中非常重要。它的重要性首先表现在山体高大的体量和宏阔的气势，是人们对理想品格的赞美和向往。所谓的"虚怀若谷"正是把人类宽大的心胸比作深邃旷达的山谷。而分布于中华大地上的东、南、西、北、中的五岳所代表的也不仅仅是五座高山而已，从某种意义上讲他们已经是中国人祭祀朝拜的道教圣地。

其次，自然中山水的关系多是相依相称，互为衬托、补充，以山的硬朗衬托水的柔媚；以山的深沉衬托水的明快；以山的静止衬托水的活跃；以山的内敛衬托水的开合有致。如果用一个通俗的比喻来形容两者之间的关系，那么用世间男女之间的关系无疑是一种最恰当的比喻，一个属阳、一个属阴，两者只有相互调和才能熔铸出天地合一的大同世界。园林造景也一样，山水之间的平衡和谐关系对园林景境的影响作用至关重要。最后，从园林造景的角度来讲，高大的山体使零散的建筑有所依托，而不致使园林建筑产生孤立无援的感觉。

就叠山艺术和技术而言，手段越多越好。但万变不离其宗，有真有假，做假成真，是园林叠山的创作宗旨。暂且不论假山的叠法手段等，单看成型后的山石造型也是千变万化。从这些异彩纷呈的个体形象中仍可归纳出其中的一些共性和规律，再根据他们的共同点进行分类，中国园林中的假山大致可分为以下几类：

写实性假山

同古代绘画一样，园林中写实假山也是对客观物象的实际描述，其特点是强调物象的自然特性和本身气质的渲染。当然这类假山也不可能完全按照客观物象的具体形象加以复制。自然界中的山体通常高大俊拔，地理学上山的概念为"陆地表面高度较大，坡度较陡的隆起地貌，一般在500米以上"。如果按照这个标准衡量，园林中便没有真正意义上的山，所以只能称为假山。

受园林空间的限制，即便是写实假山也不会照搬不动地以真山的尺度营建构筑，而是对真山进行概括、提炼后的浓缩形式。这类假山既有山的形态和气势，又有石的变化和趣味，山含石性，石在山中，雅俗共赏。既有景可供静观，又能引人发思，把人的思维无限扩展到园外，有景，有境，这就是写实性假山的艺术所在。在中国园林假山型中，绝大部分属于这一类型。小的有苏州环秀山庄假山石。园内现存假山为清代叠山名师戈裕良所作。大的如北海静心斋西北角的山石嶙峋，纹理粗犷恣意；山路崎岖，峡谷幽深，洞穴迷离，是对西岳华山的生动摹写。

写意性假山

写意是相对写实而言的，绘画中写意手法要求通过简练的笔墨，写出物象的形神，来表达作者想要表达的意境。由此可推知，写意性的假山重在意象的表达而非自然界物象的摹写。

模仿真山具体形态，又要以传神为佳，借山石抒发情趣。宋代山水画家在《林泉高致》中对山石有这样的描绘："春山艳冶而如笑，夏山苍翠而如滴，秋山明净而如妆，冬山惨淡而如睡。"中国古典园林的叠山手法正是把这种绘画理论应用到山石堆叠的形态上，创造出具有传情作用的山石景观。扬州个园便是基于这样的创作思想，选用笋石、太湖石、褐黄石和宣石，分别叠成春夏秋冬四季山景，并且按春是开篇，夏为铺展，秋到高潮，冬作结尾的顺序，将春山宜游，夏山宜看，秋山宜登，冬山宜居的山水

广东顺德清晖园假山

广东顺德清晖园假山采用"卡"的叠石手法，构筑出多空洞的假山，使山体更显险峻多姿。

北京北海静心斋假山

北海静心斋西北角的假山是园内的主峰，峰顶建枕峦亭，站在亭内可俯览全园的景色。

扬州个园秋山

个园秋山是仿黄山的造型用黄石堆砌而成，是个园四季假山中的高潮部分。秋山山景气势磅礴，山中山路迂回曲折，时壁时崖，变化无穷。秋山的植物以枫为主，秋季时枫叶变红，似有"枫叶荻花秋瑟瑟"的感觉，人行其间仿佛置身于秋日的山林一般。

第八章 中国园林建筑

湖石的样式

湖石产于太湖流域，也称太湖石。石体表面多孔，形态峭拔灵动，常用于江南园林的叠石造山中。

画理运用到个园假山叠石之中。以山势、山石、山型的变化反映出春夏秋冬四季的更替过程，并把季相的变化所带给人们的不同心理感受通过对山体的构筑修饰表达出来，从而打破了时间和空间的界限，拉近了人与山之间的距离，给人以亲切感，有想象和品味的余地。

园林中的假山具有山石传情的作用，但终究是观赏的对象，它的形式美远远大于其内在美。于是便出现了一种以"貌"引人的象形假山。它主要是模拟自然界动物的形体动作，而堆叠的情趣景观。如苏州狮子林，园中峰石林立，大小假山全用湖石堆叠，玲珑俊秀。多数状如狮形，也有的如龟鸟、鹰兽等，千奇百怪，难以用语言形容。这座园林初建于元代，还没有完全摆脱唐、宋时期对石崇拜的影响，所以在叠石山时过多强调湖石的石性，注重物趣的形成。

贴壁山

贴壁山，也称峭壁山，是以墙壁嵌叠而成。有的嵌于墙内，有的贴墙而筑，远远看去，犹如浮雕。计成在《园冶》中说："峭壁山者，靠壁理也。借以粉墙为纸，以石为绘。理者相石皴纹，仿古人笔意，植黄山松柏、古梅、美竹，收之圆窗，宛然镜游也。"这就是说，山后的墙壁要白，石峰要峭，是要有纹理与平整、洁白的墙面形成对比，叠成山形后应按照古人绘画的审美要求，于山上植松柏、疏梅、修竹，使其更富古韵。最好在山对面的墙上或建筑上开圆形漏窗，把山景收入窗内，从而构成一幅立体的图画。

以墙为背景，使山体有所依托，而不致形成突兀孤立的形象。扬州何园的登楼贴壁山堪称其中的典范之作。

园林理水

在园林的景观构成中，山和水的组合构成了园景的主要结构骨架，也可以说是中国古典园林风格形成的决定因素。今天造园中经常使用的"山因水活，水随山转，溪水因山成曲折，山蹊随地作低平"等语言规范和郭熙的"山得水而活，水得山而媚"画论是同出一源的。同是对山水之间相互依存关系的精确概述。当代园林理论家陈从周先生关于园林山水的关系变化有自己的独到的解释："园林叠山理水，不能分割言之，亦不可以定式论之，山与水相辅相成，变化万方。山无泉而若有，水无石而意存，自然高下，山水仿佛其中。"这里不仅再次强调了山水的关系，更进一步地指出两者不可分割的自然特性。

《辞海》中对园林理水的解释为："对各类园林中水景的处理"，理水是中国造园艺术的传统手法之一，也是园林工程的重要组成部分。传统的园林理水，是对自然山水特征的概括、提炼和再现。同其他自然物像一样，水的外在形式（严格地说是水的平面形式）成为闯入人的视界的第一印象。水面

江苏吴江市同里退思园水池

退思园内建筑都贴水而建，亭、榭、楼、桥等各种形式的建筑都环池而列，水池成为整个园林中心，使零散的建筑之间发生了联系。

形式无论大小，都以自然曲折为胜。这也是中国古典园林理水造景与西方园林水景构造的不同之处。西方古典园林崇尚人工美，认为一切物质形态都应由人操纵，园林中水面的平面形式也一丝不苟地按照几何结构进行构造，将原本自由流动的水体限制在一个整整齐齐的几何形状的水池中。似乎只有这样才能体现人类的力量。而中国古人却在道教的熏陶下，坚信"无为而治"的思想方法。只有与大自然保持和谐统一方能太平盛世，永享安年。于是就产生了以再现自然的园林形式，古典园林中的山水元素布置得自然而随意，生动而真实。综观中国古典园林的平面布局，很难找到几个棱角分明、轴线明确的几何形水面。看似圆形的，却又在池岸划出硬朗的直线；状如方形的，又有意无意地突出一角，总之，用一些特征明显的诸如三角形、方形、圆形等清晰的概念作形容永远也不会恰当。

集中用水

自然的园林理水类型有泉瀑、渊瀑、溪涧、池塘、河流、湖泊、喷泉、几何型的水池、叠落的跌水槽等多种形式。各类园林理水的形态表现在于风景特征的艺术真实和各类水的形态特征的刻画，如水体源流，水情的动、静，水面的聚、散，岸线、岛屿、矶滩的处理和背景环境的衬托等。

中国古典园林的用水，从布局上看可分集中和分散两种形式。集中用水容易形成辽阔平静的水面，营造出烟波浩渺的气氛，使有限的空间获得开朗的感觉，一般适用于小庭院理水，弥补其空间狭小的不足。集中的水域多位于园林的中心，建筑则沿池环列，形成一种向心、内聚的格局。至于水池的形状除个别的古代园林采用比较方正的几何形状外（如北海画舫斋），其余多为不规则的形状。这是避免过于方正的水面产生单调、空旷的感觉。此外，不规则的池面与建筑之间能更多地提供一些空余空间栽植花木，叠山堆石，而使得园林内容更为充盈、丰富。苏州古典园林中的鹤园、网师园、留园中部庭院、无锡寄畅园等江南名园均采用集中用水的格局。

皇家园林营建的主旨意在表现皇家的气势与威严，反映在园林用水上同样以气势磅礴、浩瀚无际的集中用水为主。如颐和园昆明湖，水面浩渺，使得这一大片水面有着极为辽远的视觉效果。正如《园冶》所说："纳千顷之汪洋，收四时之浪漫"，这样的情景也只有在大型的园林中才能领略到。如

北 海

皇家园林由于面积辽阔，多采用集中用水的理水方式，以实现烟波浩渺的空间氛围。北京北海就是用大面积的水面和分区置景而取得开朗辽远的景观效果。

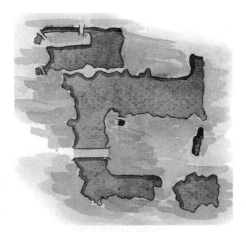

苏州狮子林理水示意图

苏州狮子林采用带状的水池形式，使园林空间更具曲折迂回之感。

北海画舫斋理水

画舫斋是北海东岸的一处景观。园内水池平面为方形，池南、北岸有门殿和厅堂，四周回廊连接池周建筑。

第八章 中国园林建筑

承德避暑山庄湖区理水

避暑山庄湖区在山庄的东南部,北与宫殿区相接,南与平原区相连。由武烈河的泉水和山庄山涧之水汇集而成的广阔水面,各种人工桥堤加以分隔,从而形成了形状、大小各异的湖泊,有如意湖、澄湖、上湖、下湖、银湖、镜湖等,形成岛屿纵横,湖水畅流的湖景画面。

此大片的水面,如果空无一物,看上去未免单调。因此不能像中、小型庭院那样沿池构建亭台环列建筑,采用以建筑包围水的布局方法,与之相反,常以水面包围陆地形成大小不同的岛屿,岛与岛之间以桥堤相连,岛上布置各种形式的建筑,使单一的水面变成远近层次分明、丰富的美景,这也是传承秦汉"一池三山"格局的传统。

分散用水

分散用水则是采用化整为零的方法把大块的水面划分为若干相互贯通而有独立的水面景观,这样因水的来去无源而产生变幻无穷、隐约迷离的效果。分散用水可以因水制宜,开阔的地方因势利导,配置山石亭台,形成相对独立的空间环境。相对狭窄的溪流,则能起到沟通连接的作用。如承德避暑山庄虽属大型皇家苑囿,但用水上却以分散为主。湖区的湖泊总称塞湖,由相互连通的9个湖泊组成。它们分别是如意湖、澄湖、上湖、下湖、镜湖、银湖、长湖、内湖、半月湖,这些湖泊大小不等、形状各异、主次分明、重点突出。以芝径云堤连接的如意洲、环碧岛和月色江声岛为主景,各

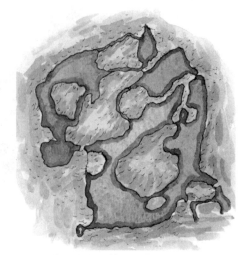

空间环境既自成一体,又相互连通,并且给人一种水陆萦回、小桥凌波的水乡气氛。体现出山庄朴素自然的情趣。

北海静心斋在围合的小庭院内散置多块水面,几乎每座重要建筑与水相依,与北海烟波浩渺的水面形成对照,采用了分散用水的方法。园内有很多大小不一的水面,形成一个个小池塘。从宫门进去,便可见镜清斋水院,池塘平面呈方形。建筑环池而建,且建筑的台基与池岸之间不用条石砌成驳岸,而是把建筑的台基直接建

北海静心斋理水

北海静心斋采用了分散用水的方法,创造出具有江南情韵的园林氛围。

在水中，建筑如漂浮于水中。主体建筑镜清斋位于池北岸，两端以半壁廊相接与池南岸的宫门围合出封闭的小庭院，创造出静谧的空间氛围。但由于庭院本身的空间就很小，加之水面与建筑之间的过渡又过于紧张，难免使游人视线受挫，产生"无的放矢"之感。镜清斋后出抱厦，隔水与沁泉廊相对，游人由镜清斋庭院绕行至此处，有"山重水复疑无路，柳暗花明又一村"的豁朗之感。

沁泉廊跨水而建，前后都有水池，为一座水榭建筑。流水从榭下淙淙流过，发出如抚琴之声，意境优雅。沁泉廊前水池东西各设一架小桥，一曲一拱，把水面划分为三部分，东面的水池南折，池上建一段廊屋又把水池一分为二，这样就形成了看似相互独立的五个水池。园的西南角突出一座扇形院落，院内有半月形水池居其中，四周用黄石砌出驳岸，岸边栽植花木，抱素书屋悄然立于池北岸。它与其东面的镜清斋院落同为水池居中布置的庭院，但因水池的形状的不同，池岸留出一定的空间进行植物绿化，因此，比镜清斋庭院活泼、生动许多。

小型庭院中分散用水较为成功的实例有：南京瞻园，苏州拙政园、怡园、狮子林，上海豫园等，这些实例都以蜿蜒屈曲的流水为框架营造出幽深的江南水乡庭院氛围。

活口与假山的配合

要形成流动的溪水，在人工建筑的园林，特别是中、小型庭院内不易实现，但中国古典园林设计者却巧妙地利用各种假山石的不同形状，搭成曲折的流道，有时还在石旁栽植浓密的树木，造成幽深的自然山林环境。无锡寄畅园的八音洞，构筑奇巧，借助流水与山石的碰撞迂回，产生美妙动听的响声，犹如乐器弹奏之音。苏州网师园东南角的小涧也是不错的山林涧水再现之景。

瀑布不但可见其形，还能听闻其声，最重要的是那种飞流直下、一落千里的气势和

北海静心斋沁泉廊

极为强烈的动感，使人精神振奋、情绪饱满。正如诗人李白笔下所描绘的"飞流直下三千尺，疑是银河落九天"的形象画面。历代帝王是很会享受的，至高无上的权力和整个国家的财力是他们个人享乐的物质基础。帝王们为了欣赏飞瀑美景，又懒于跋山涉水，于是在苑囿中创造人工瀑布。宋徽宗在艮岳寿山上以柜蓄水，每遇皇帝临幸，则开闸泄水，形成瀑布。这种纯人工的瀑布，也就只有在科技尚不发达的古代皇家苑囿中才能见到。它是古代帝王奢靡荒淫生活的具体表现。

无锡寄畅园八音洞

八音洞是寄畅园中西北部的山岭中，用黄石垒砌的一条长36米的石洞。石洞宛转屈曲，宽窄不等，高深一人左右，两侧黄石突兀挺立，壁如刀削。洞中一股清泉淙淙流淌，在山谷之内，流水不断地从山石孔洞出入，迂回，撞击，形成美妙的自然音乐。

苏州狮子林瀑布

苏州狮子林假山中的三跌瀑布正是利用了山体的不同高差而形成的。

南京煦园不系舟

舫是园林中常见的建筑，多建于水中，造型如船，常作观鱼、赏荷之用。

园林中的花窗

园林中的花窗除了美化墙面外，还具有透景、漏景，沟通园景等作用。

后世园林受其影响多有效仿，苏州狮子林在问梅阁屋顶放置水柜，于下部垒石承接，以成三叠式瀑布。在一方小小的天地中既能观赏到山中流水的大起大落之美。而园林中更多的瀑布，则是利用园外水源或雨水和园内池塘水面的高差，设置瀑水景。如避暑山庄涌翠岩，从山上流出一股清泉，经黄石垒砌的崖壁，注入岩下湖中。苏州环秀山庄西北角高挺的假山上建屋宇，每逢雨天就会有水流泻而下，若雨很大，则流水蔚为壮观，真似山涧瀑布一般。除了这些大大小小的人工瀑布，在一些大型苑囿和邑郊风景园林中分布着许多真山真水的自然瀑布，加强了园林的生气，为园林景观的形成注入了新鲜的要素。

第五节
中国园林建筑

中国古典园林是在居住和游赏双重目的下发展而来的空间，一方面它满足了人们日常居住生活所需，另一方面它将大自然的素材通过提炼概括进行了再创作，形成具有自然风景美感的庭院。在这一空间场所内，既包含了人们起居、宴饮、休息的厅堂，又有供人们赏月观荷、开怀畅饮的亭、榭、楼、台、轩、廊、舫、桥等建筑物。其间配以山石、花木，把人工美与自然美巧妙地结合在一起，造成"花间隐榭、水际安亭"、"杂树参天、楼阁碍云霞而出没；繁花覆地、亭台突出池沼而参差"的画意盎然的山水空间。

中国园林建筑符合黑格尔对希腊古建筑的描述："既有彻底的符合目的性，而又有艺术的完美"。在中国园林建筑中，建筑的体态、色彩、意境都得以充分展现。与一般住宅、寺庙、宫殿建筑不同的是在建筑的造型尺度上强调与自然环境相协调，并不完全以其功能性质作为建筑构筑的标准。

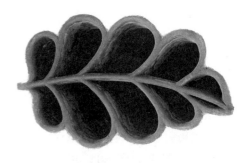

在整体布局上既有严格对称的结构美，又要体现参差错落、曲折迂回的自然之趣。在具体布置时，首先应照顾到单体建筑的安排布置，还要注意建筑之间的组合和搭配方式。这就要考虑到建筑之间的色彩、造型、尺度、立面形式等方面的相似和不同之处。如果为取得协调统一的效果，则应把两者或多者的相似点强调出来，从而成为建筑组群的一个特性。但有时需要彼此之间的对比衬托来增强不同建筑的个性，以小衬大，以黑衬白，以横衬纵等手法而达到理想的效果。留园的明瑟楼与涵碧山房就是一个很好的例子，一个横向一个纵向，一个典雅一个灵动，两者在对比中而突显个性。

承德避暑山庄松鹤斋继德堂

殿堂类建筑一般作为园林中的主体建筑出现，与私家园林不同的是，皇家园林常单独设宫殿区作为日常起居、处理朝政的地方，规模较大，建筑规制较高。图为避暑山庄宫殿区松鹤斋继德堂。

建筑只是一种形式，形式如何服务于内容，与内容相统一，则应该是不择手段的。而且还要因地因时因条件而异。除了具有经济、实用、美观外还具有思想性、群众性和更高的艺术性等，这些均作为园林建筑的基本属性或者需要体现的基本内容。建筑的个体以轻盈、灵动为佳，除少数的宗教、宫殿建筑组群外，通常不做令人感到威慑的空间和体量。亭要奇、桥要曲、榭要巧、廊要活，彼此间既独立，又相互干扰。以建筑的性质功能为标准可以分为以厅堂为主的实用性建筑，以亭榭为代表的观景建筑以及对园林空间起修饰点缀的建筑小品。

实用性建筑

实用性建筑，即满足人们日常园居生活需要的建筑物，包括殿、堂、厅、轩、馆、楼、阁等体量较大的建筑。既然是使用，那么首先应达到空间上的要求，空间太小，影响人们日常活动。空间太大，又往往造成庞大的体量，与园林幽深多变的意趣相悖。既有一定的使用空间又有多变的立面造型，成为园林建筑区别与其他建筑的主要标志。

殿，北方皇家园林和寺观园林中经常出现的一种建筑形式。殿的体量和尺度通常较大，气氛庄严隆重，位置显要。皇家园林中的宫廷区是皇帝处理政务、接见朝臣使节、生活居住的场所。这一部分严格按照宫殿中"前朝后寝"的格局而置。其中的主要建筑是等级分明的各式殿堂，其具体的布局方式是主殿居中，配殿分列两侧，宾主分明，布局严谨对称，体现了皇家建筑的气势。皇家园林中的堂是稍次于殿的建筑，多为帝后起居、休息、读书、游赏的建筑物，如颐和园中的玉澜堂、乐寿堂，避暑山庄的莹心堂都为此类性质的建筑，其布局方式采用厅堂居中，两侧配以厢房及其他辅助设施，形成相对封闭独立的院落。寺庙、道观建筑在规划布局上也处处体现着中轴对称的原则，布置方式与宫殿建筑群类似，主要殿堂依次排列在中轴线上，只是在建筑的造型、尺度、用料、装饰、装修上有明确的等级区分。

厅堂的构造比殿堂要灵活，形式富于变化。在结构上相对简单，装饰上富有地方特色。江南私家园林中的厅堂，形制与南方传统的厅堂建筑相似，前带廊或抱厦，门窗用通风、采光性能良好的格扇或落地长窗。内部空间高而深，并以灵活的隔断或落

北京颐和园排云殿

排云殿是颐和园前山建筑区的中心建筑，"排云"二字出自晋朝郭璞《游仙诗》中"神仙排云出"句。排云殿依山而建，重檐歇山顶，檐下斗栱，彩画精美绚丽，殿堂雄伟，装饰华贵。此外，依排云殿为主体这里共有三个院落，排列方式采用中轴对称，层层递进，阶阶上升，是颐和园内最为壮观的一组建筑群。

第八章 中国园林建筑

地门罩进行室内空间的划分。

通常来说，厅堂多建在地势开阔平坦的地带，主要是为了突出建筑的主体形象，且多取坐北朝南的位置，周围布置山水、花木，尽量做到多方位、多角度观景；有时厅堂两侧接廊与亭榭等观景建筑相连。

私家园林中厅的形式很多，有四面厅、鸳鸯厅、荷花厅、花篮厅等。

四面厅是古典园林中常见的建筑形式，特点是建筑四面不用墙壁，安长窗或隔扇。面阔三间或五间，四周带廊，空间处理开敞通透，用于观景。苏州拙政园远香堂居于中部水池的北岸，建筑采用四面厅的形式，面阔三间，四周都设置景点与之形成对景。正北与池中假山上的雪香云蔚亭、待霜亭隔水相望；西北和荷风四面亭、见山楼构成斜穿池面的水上景观；东北有梧竹幽居；东面是海棠春坞、绣绮亭等庭院组合；东南又与玲珑馆、听雨轩遥相呼应；南面正对枇杷园；西南透过层层花木，仍可见小飞虹俏丽的身姿。厅堂四面各自成景，层层叠叠，远香堂的观景作用在这里发挥得十分彻底。扬州个园的桂花厅也属于这种情况。

荷花厅多为面阔三间、临水而建的小厅堂，临水一面出平台。因水中多植莲荷，而得名荷花厅。苏州留园涵碧山房采用荷花厅的形式，厅北面临池，留出平台，作为观赏水景之用。厅南另开小院，植树栽花，叠石立峰，自成景观。

平面形式采用方形，室内以屏风、罩、纱隔等构件作空间分隔的厅堂，称为鸳鸯厅。其外檐装修与一般厅堂并无差别，只在内部空间处理上较为特殊。其特点是：脊柱落地，柱间安装格扇、门罩将厅分成前后两个空间。两个空间的顶部一面采用卷棚顶，一面做成平顶天花或彻上明造，让人首先从视觉上感觉其变化。有时地面铺砌也用两种做法，以示有别。如留园的林泉耆硕之馆，

苏州吴江市同里退思园退思草堂

退思草堂临池而建，面北朝南，五开间歇山顶，堂前有宽大的月台，临水一面有栏杆，俯栏可触清波锦鲤，是观鱼、赏月、纳凉的好地方。

苏州拙政园远香堂东侧

厅堂的位置选择关系到全园的布局，通常来说厅堂多位于主要游览路线上，并且离园林大门不能太远，是园内最佳的观景点。苏州拙政园远香堂很好地实践了这一理论。

坐北朝南，间以屏门和落地圆光罩把大厅分成南北两厅，拙政园的卅六鸳鸯馆，怡园的藕香榭等都是典型的鸳鸯厅。

鸳鸯厅是江南园林中常见的一种形式，而在皇家园林中却极少见到。其中也是有一定原因的。园林中都有体量较大的建筑用以烘托气势，皇家园林自有规整宏大的宫殿建筑群来体现皇家的威严壮观。私家园林也常用面阔较大、造型典雅的厅堂来增加园林庄重的氛围。而私家园林本身就是私人宅邸的一部分，其使用功能已退居其后。因此对于一些体量较大外观雄伟的建筑，开敞通透的内部空间的使用，故就有必要进行纵向的划分，而成为鸳鸯厅的形式。

花厅，通常作起居生活或接待宾客的场所，位置多与住宅相邻。

在人们传统的概念中，馆总是与饮食起居有关，茶馆、饭馆、会馆等。《说文解字》中把它定义为客舍，作为接待宾客，供客人临时居住的场所。园林中称为"馆"的建筑很多，其用途没有明确的规定，观景、起居、宴乐、休憩等都可以。如北京颐和园的听鹂馆，是一个小戏楼及其附属建筑，供宫廷人员看戏娱乐之用；宜芸馆为光绪帝的皇后隆裕的住所。圆明园有杏花春馆，是春季观赏杏花的地方。可见馆在皇家园林中只是一群小型建筑的统称，没有定制可循。

江南园林中，馆一般为休憩会客的场所，建筑尺度不大，但多为组群建筑，且馆前有宽大的庭院。如拙政园玲珑馆，为园主读书休闲之处，馆前院中置剔透多空的太湖石，馆侧栽植凤尾细竹，院中的竹石小景与馆的功能性质十分贴意。另外园中还有赏荷的卅六鸳鸯馆和茶室秋香馆。留园的清风池馆是一座临水开敞的观景建筑，五峰仙馆为园内最大的厅堂建筑；网师园的蹈和馆原为主人宴乐之所，现改为苏州版画廊，富有地方特色的各式版画，为园林增添了不少乡土文

苏州留园林泉耆硕之馆

苏州留园林泉耆硕之馆是一座典型的鸳鸯厅。厅进深较大，分南北两部分，南厅梁架用扁木，北厅为圆形的木料，以示有别。

第八章　中国园林建筑

颐和园听鹂馆

听鹂馆位于颐和园前山昆明湖岸,是一组四合院布局的建筑群,庭院北面建一座小型戏楼,供小型的演出使用。

苏州网师园竹外一枝轩

竹外一枝轩位于彩霞池东北,临池而建。轩南设一排吴王靠,便于游人休息、凭栏赏景。它与东侧射鸭廊的吴王靠呈曲尺形相连。轩东墙上雕饰精美的花鸟砖雕,西墙上开设漏窗,把窗外的垂丝海棠框入其中,画意陡生。

化气息。

轩,计成在《园冶》中说:"轩式类车,取轩轩欲举之意,宜置高敞以助胜则称。"由此可以看出轩的两个特点:一形似古代马车带有高敞的顶棚,二是轩多建在高地。园林中的轩有两种形式,一种是指单体的小建筑,另外一种采取小庭院形式,形成独具特色的园林小环境。

留园的闻木樨香轩就是一个典型的单体轩式建筑。轩坐落在水池西部假山上,是留园中部的最高点。建筑为方形平面,三面敞开,一面贴墙,屋角起翘,有居高临下之势。山上植有许多桂树,花开时节落英缤纷,花香四溢故名"闻木樨香轩"。因轩地处高敞,视野开阔,是园内主要观景点之一。沧浪亭的面水轩、网师园的竹外一枝轩等都是临水敞轩,临水一面设美人靠或护栏,以方便游人观水。这种临水敞轩与榭作用相同,但轩只是临水或近水,建筑底部不伸入水中。

观赏性建筑

园林中的建筑最大的特点就是它具有使用和观赏双重性质,也就是说园林建筑具有很强的被看性,艺术价值较高。总体来说,园林建筑体量普遍较小,皇家园林中殿堂面阔一般不超过七间,而私家园林中的建筑尺度就更小。苏州留园中的五峰仙馆是苏州园林中最大的厅堂,面阔也只有五间。建筑的体量小的优点是造型可以更加多变,

从而丰富了建筑的形式,使建筑更具可观性。园林中多数的建筑都很精致玲珑,其中以楼、阁、榭、舫、亭类建筑较为突出。

楼阁

楼,在《说文解字》中的解释为"重屋",也就是纵向叠加的房屋。楼在中国古代应属于多层建筑。阁是我国传统楼房的一种,《礼记·雅·释诂》郑玄注:"阁,以板为之,庋食物也。"可见阁最初为上部贮藏食物,下部架空的高层建筑,后来阁的作用不止贮藏食物,还兼收藏图书、器物等。汉代有天禄阁、麒麟阁均作藏书之用。到了清代,分布于大江南北的七大藏书阁,名闻天下阁的藏书功能已被国人认知。楼与阁在形制上两者并没有明显的区分,人们也时常将"楼阁"二字连用,慢慢地两者逐渐合而为一。

园林中的楼阁多建在山麓水际,以壮其观。计成《园冶》中有:"楼阁之基,依次序定在厅堂之后,何不立半山半水之间?有二层、三层之说,下望上是楼,山半拟为平屋,更上一层,可穷千里目也。"

这里很明确地点出了园林中楼阁的位置、大体形制以及目的。根据楼阁的位置,可大体分为山地楼阁和临水楼阁两种。

山地楼阁,楼阁建于山脚、山麓、山腰或山顶,主要是为了借助山势地形,构筑环境景观的重心,加强天际线的变化。

颐和园佛香阁原为高九层的延寿塔,在营建过程中塔出现倾斜,于是改建为佛香阁。佛香阁建在 20 米高的石台基上,三层四重檐,通高 40 米,是挈领全园景观的提纲。前与排云殿建筑构成万寿山前山的中轴线,作为轴线的高潮;又作为后山须弥灵境组群的衬景出现;与玉泉山玉峰塔和西北其他城市景观的遥相呼应,又把园林景观延伸到园外,极大地丰富了园景层次,扩大了游

苏州拙政园见山楼

见山楼是拙政园中部沿池最大的建筑物。楼体量虽大,但因四周景物开阔,水面平静,所以并不显得有突兀的感觉。而楼体飞翘的檐角,则更让建筑增添了几分轻盈。

山东济南大明湖藕香榭

大明湖藕香榭是一座舫式水榭,建筑由湖岸的九折曲桥从堤岸引向水中,其整体造型宛如漂浮水中的五彩画舫。

承德避暑山庄金山岛上帝阁

金山岛仿江苏镇江金山岛建造，四面环水，岛上建筑高低错落，岛山叠石蜿蜒其间。避暑山庄虽然规模极大，但为了求得朴素淡雅的自然情趣，在园内较少设置特别突出的制高点景观。不过尽管如此金山岛上的上帝阁建筑无论从体量和规模上来看还是相对要突出一些。

人的视野。另有避暑山庄小金山上帝阁，建于小金山之巅，在一个平和宁静的大背景下，活跃了湖区气氛。

临水楼阁，临水建造楼阁要与水面取得协调统一的效果，建筑造型多开敞明朗，以便阁的形制体量根据山形山势而定。一般来讲，山体高大，山顶面积开阔的山，适宜建阁。雍容大度的阁更能提升山势的雄伟壮观。反之山体体量较小，峰峦陡峭的山上建筑体量庞大的阁，往往会出现头重脚轻的不协调感。这种情况更适合建塔，以其竖向造型增加山体景观的气势。还有一种情况，与山地的植被有关。

山高林密者不宜建阁，宜建塔；以草本植物覆盖山面者宜建阁。

秦汉时期，帝王受封建神术思想影响，相信长生不老。更有甚者认为，仙人多居住在高处。如果把帝王的宫殿楼阁建得高高的，就能遇到仙人。因此，中国早期苑囿建筑多为重楼高阁，建筑气势宏阔，规模巨大，有"仙山楼阁"的迹象。秦汉时期建高阁以祈遇仙意图大概就是山地建阁的思想根源。

临水楼阁，临水建造楼阁要与水面取得协调统一的效果，建筑造型多开敞明朗，以

苏州留园明瑟楼

明瑟楼是园中的主体建筑之一，居中一楼两层、卷棚歇山顶的名为明瑟楼。上层三面隔扇，下层通畅，后墙悬大理石挂屏，同时下层临池还特设美人靠，人们正好可以凭栏俯观水中游鱼。

便统摄水景；能使池中产生建筑的倒影，形成"秋水共长天一色"的美景。

留园明瑟楼位于中部水池南岸，正对山池主景。因池面不大，楼的面阔仅一个半开间，造型却十分优美，低檐平缓、高檐翘翘向上，犹如飞鸟的两翼，作欲飞之势。楼与南面的涵碧山房相连成为一个整体，背靠高墙，前临碧水，白色的石座，灰色的瓦顶配以栗色门窗，集庄重灵秀于一身，静默飞扬于一体，取得了很好的艺术效果。与留园明瑟楼有着异曲同工之妙地还有网师园濯缨水阁，临水而建，基部全用石梁柱架空，如浮在水面一般。私家园林毕竟空间有限，还没有足够的资源和资本形成烟波浩渺、无边无际的园林水景，而意在创造"疏影斜横水清浅，暗香浮动月黄昏"的景境。"秋水共长天一色"的壮观景象，恐怕只能在气势宏大的皇家园林中才能领略到。承德避暑山庄的烟雨楼就是一个很好的例子。烟雨楼三面环水，屹立湖畔，登楼可四望湖景，一碧千顷。特别是山雨湖烟之迹，水天一色，景物迷濛，如名家笔下的烟雨图卷。

榭

基座一半在地面上，一半架空的建筑叫做榭。若一半在水面上的则称为水榭。榭，原指一种建在高台上的只有楹柱没有墙壁、四面通透的木构建筑。古人有"土高曰台，

有木曰榭"之语，可以印证这一点。辛弃疾《遇永乐·京口北固亭怀古》："舞榭歌台，风流总被雨打风吹去"。园林中的榭多为水榭。《园冶》中有"花间隐榭"，可见古代的榭多建于花树间，专用于赏景，或观水中游鱼莲荷，或赏争奇斗艳的花枝。靠水的一边设矮栏杆或美人靠，供人观水。其门窗形式以通透宽敞为准则，或做成可以拆装的落地门罩，冬季装上，夏季拆下。

南方私家园林中的水榭最能代表榭轻盈柔媚的特点。由于园内没有大片的水面，因此榭的尺度也较小。建筑物部分突出水面或全部跨入水中，形体与水面环境和谐。体形稍大的多做卷棚歇山顶，临水一面开敞加设栏杆或美人靠，以便游人观景休憩。下部以石梁柱结构支承，或用湖石砌筑。体形小的水榭用攒尖顶，檐角飞扬，体态灵动有致。

舫是一种类似舟楫的建筑物，又称旱船，多设于水中，供人游玩宴饮或赏景；建

承德避暑山庄烟雨楼

避暑山庄的烟雨楼背临湖水，典雅悠然。楼上下两层，四壁开设楼窗，二楼四周围有栏杆，可凭栏远眺。从湖的东岸向西看，被远山近水所衬托的烟雨楼，高低错落，层次极富变化，具有极好的景观效果。

苏州藕园山水间

山水间是苏州藕园内的一座水榭，与园北城曲草堂隔水而望，形成园林的主景区。

第八章 中国园林建筑 183

亭的造型种类

亭类建筑体量小巧，结构简单，造型依据平面形式和屋顶的变化而表现出千变万化的形式。

颐和园宝云阁

宝云阁位于颐和园万寿山佛香阁的西坡，阁楼坐落在高高的汉白玉雕砌而成的石基座上。整座亭子的建筑材料全部采用铜建造，通高约7.5米，重达207吨。整座亭子的梁、柱、枋等均是仿木结构。

在平地上的则称为船厅。

舫与桥一样都是园林中用以点缀水景的建筑物。园林中的舫没入水中的部分多为石造，因此又称石舫。北京颐和园的清晏舫是现存中国古典园林中最大的石舫，江南园林中也多有石舫造景。

亭

《园冶》中说："亭者，停也。所以停憩游行也。"可见亭用在园林中是供游人休息观景的建筑。亭，是园林中最常见的建筑形式。它体量较小，构造简单一般为四面开敞，或有墙无门。四面开敞的小型建筑，用以驻足观景、停憩休息。清人许承祖在《泳曲院风荷》一诗中说"绿盖红状锦绣乡，虚亭面面纳湖光"，写出了亭子虚空的造型特点。而亭的妙处，就在于"虚"，在于"空"。

建筑的材料，从某种程度上会对建筑造型与风格产生影响。亭的材料有木材、石料、砖、草、竹等，还有极少数亭是采用其他材质建造的，如颐和园宝云阁的铜亭。中国古典建筑大都为木质结构，亭子也以木材料建筑居多。木亭中以木构架黛瓦顶和木构架琉璃瓦顶最为常见。黛瓦顶木亭是中国古典建筑的主导与代表形式。遍及各地大小园林，或庄重质朴，或典雅俊逸。琉璃瓦木亭多建筑在皇家苑囿或寺观园林中，色彩鲜艳、华丽辉煌。

相较于木亭，石亭的存在生命更长一些。早期的石亭多模仿木结构造法，以石料雕琢成相应的木构架建成。明清，石材的特性才渐为突出，构造方法上相对简化，出檐较短，形成质朴、纯厚、粗犷的风格。

砖亭是采用拱券和叠涩技术建造的小亭，既有木结构的细腻，也有石结构的粗犷、厚重，也不乏自己的特色。砖亭出现得较晚一些，因为叠砖砌筑是建筑技术发展到一定水平才能实现的。北京北海团城上的玉瓮亭就是全部由砖砌造的砖亭。

以竹、草覆顶的小亭，如承德避暑山庄的采菱渡和成都杜甫草堂的少陵碑亭，圆形的亭顶上覆盖厚厚的茅草，风格清雅，极富山林野趣。

园林中亭的造型极为丰富，按平面形式可分为三角亭、四角亭、五角亭、六角亭、

八角亭、六柱圆亭、八柱圆亭、扇面亭、卷书亭、双环亭以及由两种或两种以上几何图形组成的各种组合式亭。采用什么样的平面形式，应因景因地而定，不论是圆形、六角形、方形、三角形都对园林景观起到画龙点睛的作用。亭的屋顶形式最常见的是攒尖顶，攒尖顶轻巧灵动，很适合作为点缀的小型建筑。歇山、卷棚以及两者相结合的卷棚歇山在园林中也能见到。而讲究气势的皇家园林，也有用重檐屋顶的。

园林中的亭已逐步脱离最初亭的用途，其观赏性和点景的作用日益突出，同时它也不仅仅作为一种具有美感的建筑，还包含着深刻的文化审美内容。

苏州的沧浪亭就是以其丰富的文化内涵闻名遐迩。亭名取自《孟子·离娄》；"沧浪之水清兮，可以濯我缨；沧浪之水浊兮，可以濯我足"。寓意文人雅士出淤泥而不染的高雅品质。全国各地仿苏州沧浪亭文化意蕴而建的园景不在少数，无锡寄畅园有小沧浪，避暑山庄如意洲有沧浪屿，均为园中追求安逸清雅之地。

浙江绍兴的兰亭最初是村头的一个小小的驿亭，只因有了东晋王羲之等人曲水禊赏以及《兰亭集序》的诞生，才名扬四海。千百年来，多少文人墨客书法名家慕名而来寻踪访迹，为兰亭增添了无尽的文化气息，以致今天成为一处文墨、典故、景致珠联璧合的名胜古迹。兰亭建筑的审美价值完全融合在那浓浓的与书法艺术相联系的文脉典故中，经久不衰。

这种通过一定的手段，诸如楹联、典故、诗文、题刻等，来赋予或揭示某种既定的观念含意的方法，能使人在感情上想象上产生时空上的跨越，同时也使人从感性的视觉欣赏，升华为一种具有丰富社会内容的理性的审美态度。园林中的亭正是通过这种建筑本身所不具有的、外在的、抽象的形式，把建筑的美与文化艺术相结合创造出如诗一般的情韵和如画般的意境，从而使游人得

绍兴兰亭鹅池碑亭

绍兴兰亭是为纪念东晋大书法家王羲之而建。鹅池碑亭是园内一座三角小亭，亭建在三角形的石基上，由三根石柱支撑高高翘起的屋顶，形制简单却也别致。

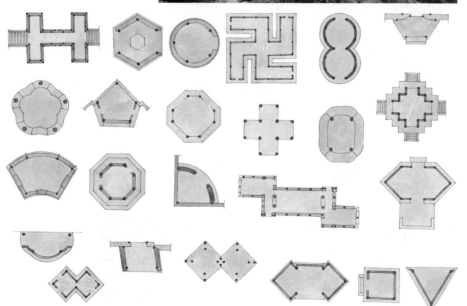

亭的平面形式

亭的平面形式有圆形、方形、六角形、八角形及一些较少见的三角形、五角形、九角形、扇形、梅花形等。

第八章 中国园林建筑

单檐八角亭立面图

北京颐和园练桥

练桥是颐和园西堤六桥之一，它与柳桥、豳风桥、镜桥三座亭桥的不同之处在于，桥洞由三孔改为一孔，从而加强了桥体的坚实感。

到一种综合性的文化艺术享受。并且形成一种文化积累，构成亭所特有的文化内涵。

我国古典园林以自然山水为蓝本，水景是园林中的重要景观。与水面结合最紧密的建筑无疑非桥莫属。桥是架空的道路，其最初的目的就是为了解决跨水或跨谷的交通。《说文解字》段玉裁对桥的注释为："梁之字，用木跨水，今之桥也。"可见作为跨水行空的道路是人们对桥最早的理解。

园林中常用桥划分水面，以丰富水面景观层次。如承德避暑山庄湖区，以洲岛和堤把湖区分成大小8个湖面，在山庄湖区、平原区和山地区的交界处又以一架飞虹隔断成内湖和外湖两部分。无锡寄畅园锦汇漪水面开阔，平面近似长方形，横踞园的东部，规划设计上以聚为主，聚中有分，水池南部，

七星桥做了有力的划分。

园林中的桥多跨水而建，连接河岸交通，增加水面景观。建在水面上，只是确定了桥的大体位置，至于把桥建在河中央还是河源其他地方则要结合周围环境，考虑园林组景的需要。如北京颐和园昆明湖面上的十七孔桥，东连廓如亭，西接南湖岛，形成亭、桥、岛相连的水面景致，作为突出于万寿山的佛香阁的对景。苏州拙政园东部在突出的亭与转角处设一曲桥，把两岸景观沟通，又节省了造桥的材料。三潭印月岛南北均用曲桥相连，是桥与堤的结合，桥上建亭，展现了桥与亭的组合特点。

园林中的桥，比较常见的有拱桥、平桥、廊桥、亭桥等几种形式。

拱桥

拱桥，即桥身做成拱状的桥梁，拱桥有单拱、双拱和多拱之分。这种桥因有着良好的承重结构和优美的弧形而成为园林中经常采用的桥形。拱桥是园林中形式最优美的桥，圆润平滑的曲线配以洁白如玉的桥身，与碧波荡漾的湖水共同勾勒出玉虹卧波的美丽画面。单拱桥一般体量较小，显得轻盈灵动，如北京颐和园西堤上的玉带桥就是一座单拱桥。桥体用汉白玉石砌成，清峻洁白，桥身高瘦，高大的桥洞下可通行船只。桥面呈双向的反抛物线，曲线流畅。小桥倒映水中，随波荡漾，恰似玉带飘摇，因此得名玉带桥。水面跨度较大时，则会采用多拱桥。说到多孔桥人们很自然地就会联想到颐和园的十七孔桥。桥全长150多米，宽8米，由大小17个桥洞组成，桥洞的大小由中间向两边递减，对称排列，整齐而富有层次。因桥的跨度过大，曲线比单拱柔和许多，给人一种循序渐进、自然舒缓的感觉。

拱桥在园林各类桥中是坡度最大的，为了保证行人的安全通常都会在桥体的两边加设栏杆。

平桥

平桥，简单地说就是桥面与水面相平行的桥。根据桥的形状又有直桥和曲桥之分。直桥形式简洁，结构简单；直桥一般跨度较小，桥身较低，人行桥上可俯身戏水，与水面产生一种尺度上的亲切感。

曲桥相对于直桥而言，又称折桥，是园林中特有的桥式。把桥做成折角的形式，

北京颐和园玉带桥

颐和园玉带桥是西堤上的第三座桥，桥体采用青石和汉白玉石精雕而成。略呈半圆形的拱洞，反抛物线的桥面曲线、洁白的桥体，使之成为西堤上的重要景观。

第八章　中国园林建筑　187

拉长了桥的总体长度，使游人可以有更多的时间和空间观赏景物，达到延长风景线、扩大景观画面的效果。桥的波折变化因水面环境而异，少则一折，多则九折，来回摆动，左右顾盼，蜿蜒于水面，点缀着园林风景。这种多折的曲桥，在江南园林，尤其是苏州园林中使用最多。苏州园林向来以幽深曲折多变而著称，园林建筑也以多曲玲珑渲染出园林这一风貌。在庭院不大的水面上设置或长或短，或有栏或无栏，或木或石的多曲小桥，桥身多低压水面，人行其上如同在水上漫步。游人还可随着桥体的转折而变换不同的角度和方向，欣赏园景。

园林还有一种曲桥，不作折角而是同游廊一样自然弯曲，形制同样可爱。如山东潍坊十笏园内连接四照亭的一段曲桥，从池岸伸出通向四照亭的东北部，桥弯成近乎半圆形，下有半圆的桥洞与桥身相映。柔和的曲桥又与方正的四照亭形成强烈反差。

廊桥

廊桥是廊和桥结合产生的一种桥的形式。在我国一些地处偏远的山区，往往在桥上加廊建屋，甚至在其中摆铺设店，不仅可以满足行人休憩，还可以解决长途跋涉者解渴充饥之需。园林中这种桥并不多用，而苏州拙政园的小飞虹廊桥是难得一见的实例。

小飞虹位于园中部水池接倚玉轩，西接得真亭，斜跨水面。桥以白色条石为桥面，两边辅以木质护栏，其中有立柱撑起上面灰瓦廊檐，造型简洁。站在廊桥北部南望，小飞虹与周围的亭、轩、绿树相映相称，倒映水中，远近虚实相接相连，景物瞬间变得精彩有层次。在多雨的南方，桥上加廊还能起保护桥面避免被腐蚀的作用。

亭桥

桥两端建亭，或在桥的中央有小亭的桥。

山东曲阜孔府后花园曲桥

以曲桥作为池岸向水中过渡的连接，既延长了空间距离，又富有自然情趣，如山东曲阜孔府后花园曲桥从池岸卷棚顶的小亭作为起始，向水中蜿蜒而去，小桥多姿，为水面增添几分活泼感。

江苏同里退思园廊桥

园林中的廊桥多跨池而建，与其他的桥不同的是，廊桥上面加盖屋顶，使桥的立面形式更丰富，同时也能为游人遮阳挡雨。

扬州瘦西湖五亭桥

瘦西湖五亭桥因桥上建有五座亭子而得名，造型优美。

其特点是立面形式丰富，既有亭的功能，同时又发挥了桥的作用。最初的桥多为木结构，为了保护桥体免受日晒雨淋，延长使用寿命。后来木桥逐渐被石桥所代替，其结构更为坚固，亭桥失去了原来的意义，但这种形式还是保留了下来。

桥上建亭，增添了建筑的美感，使其造型既壮观又富有诗意。扬州瘦西湖的五亭桥、北京颐和园西堤的荇桥、练桥、柳桥等都是采用这种形式。颐和园练桥为西堤第五桥，桥下建成方形孔洞，上为重檐攒尖的方亭，建筑构架上绘制精美的彩画，造型端庄。桥西小西湖中栽植成片的荷花，盛夏时节粉红的荷花娇艳欲滴，连连的荷叶亭亭净植，红绿相间、清香远飘，把近荷远树溶解到悠悠的山光湖色中。

园林中用于沟通连接景点的建筑。又是风景的导游，而且可以划分空间，增加风景深度。它的布置往往随形而弯，依势而曲，蜿蜒逶迤，富于变化。按形式分，有直廊、

扬州何园复廊花窗

复廊是指两面开敞，中间以墙作分隔，两面都可观景的廊子。何园复廊在墙上开花窗，沟通墙两面的景色。

第八章　中国园林建筑　189

广东佛山梁园韵桥

广东佛山梁园韵桥采用桥上建亭的形式，但由于亭子的体量庞大，失去了普通亭桥优雅、娴静的韵味。

曲廊、复廊等，按位置分有回廊、水廊、爬山廊等。

园林中的建筑多为观赏性建筑，是为了使得游人避免日晒雨淋而设的供人活动的空间。作为单个建筑的联系物，廊的应用遍及宫殿、庙宇、住宅。廊在园林中既是联系建筑物的脉络，又是风景的导游线路，而且可以划分空间，增加风景深度。按形式分，廊有四种基本类型：直廊、曲廊、波形廊、复廊。空廊是廊的两侧都是开敞的，人行其间可以观赏到两侧的景色。这种廊的屋顶是双面坡形。

复道是双层走廊，就是在双面回廊中间夹一道墙，它又称为内外廊，起到连接沟通和道路分流的作用。墙上开漏窗，用以沟通东西，每开间都设有一个窗洞，形式不一，有折扇形、梅花形、海棠形、花瓶形等。透过这些精致小巧的窗洞，可以很方便地欣赏到回廊两侧的景物。扬州何园的复道回廊，贯穿全园，既沟通了园内上下交通又丰富了园景层次。

水廊，横跨水面上的廊叫做水廊。它能使水面空间半通半隔，增加水源的深度和水面的层次。

园林建筑虽不同于宫殿、寺庙等讲究气势宏大的组群形式，但建筑之间的连贯性、统一性、完整性还是要体现的。园林组群建筑主要就是借助各种形式的廊连接构成。廊结构形制简单，组合灵活可随地势变化出多种形式。

中国园林建筑高度的艺术性使它在中国古建筑体系中独树一帜，十分引人注目。园林建筑与中国其他类型建筑相比更为艺术化，更能代表中国传统建筑意象化的特征。中国古典园林不是为了突出某一个外观造型，也不是为了提供一处实用的内部空间，而是要挖掘和揭示出隐藏在物质形态背后那种虚无的精神享受，是追求的一种境界，也是一种趣味。最重要的意义在于中国古典园林通过山水、土木、花草等各种物质语素的组合，从而创造出了的一种独具魅力的建筑类型。

第九章　中国民居建筑

第一节　中国住宅建筑综述

住宅最早是出于遮蔽风雨和防止野兽侵袭的双重目的而建造的,也是人类最早的建筑类型。从原始社会时的掘穴而居,到现在的广厦千万间,住宅的形式虽然发生了天翻地覆的变化,但为人们提供居住场所依然是住宅建筑的一个基本的功能。与规模巨大的官式建筑相比,中国的民居建筑显得微不足道,但是由于我国的地域广阔,各地人民凭着自己的聪明才智创造出了各式各样独具特色的民居建筑形式,这些建筑虽然没有很大的规模,但却因地制宜、功能合理。散落在中国土地上的各种民居建筑是当地地理环境、气候条件、生活方式和风俗习惯的综合体现。

中国古代建筑的许多精彩构造方式或装饰手法,都是在民居中首先产生的。但是,当这些建筑构件或装饰手法一旦被官式建筑所采用之后,统治者就会反过来限制民

浙江南浔南西街民居

民居也就是传统民间住宅建筑,广泛分布在全国各地。各地的民居都有自己的形式和特色,经过不断地发展和长期的积淀,形成欣欣向荣的民居文化。图为浙江南浔南西街民居。

四川成都出土的汉代画像砖中的住宅形象

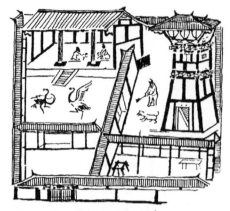

广西三江侗族自治县干栏式民居

干栏式民居是一种原始的住宅形式，内部都保留有火塘。火塘中的火日日不熄，从古代延续到今日。

间建筑继续使用。但是，这些压制措施并没有阻止民居建筑的发展。民居建筑在夹缝中生存的结果就是激发民众的创造热情。因此，许多民间住宅建筑在我国的建筑史上占有非常重要的地位，毫不逊色于官式建筑。

民居建筑的历史悠久，在四川成都出土的汉代的画像砖中，我们就能看到一座功能齐全的富人住宅。这个大型院落的布局分布为左右两个部分：右侧（可能是西侧）是住宅的主要部分，左侧（可能是东侧）则是附属建筑。左右两部分建筑在平面上构成了一个方形，四周用院墙围合。院墙的上端，还有人字形的两坡水的瓦顶覆盖，类似于花墙顶的形式。

左侧主要院落的前部装置有一个栅栏大门，门内又分为前后两个庭院，庭院的四周绕以木构的回廊，前后院之间设置一个中门，中门还是过厅的形式。后院有面阔三间的单檐悬山顶房屋，为建筑的"堂"。堂用插在柱内的半拱承托前檐，而梁架是抬梁式结构。堂内有两个人盘膝而坐，面对相谈。前后院均有珍禽在嬉戏耍斗。这种"双鹤舞于庭，倡优舞于前"的景况说明汉代富贵人的享受程度。

右侧部分也分为前后两院，也是各有回廊环绕。前院进深稍浅，院内有厨房、水井、晒衣的木架等。后院中有方形高楼一座，楼高三层，一层设门，楼内有梯可登楼顶，顶楼四周设有小的望窗口。楼顶为四角由四根柱子支撑的屋顶形式，下饰斗栱。这种高楼，除瞭望的功能外，可能还是贮藏贵重物品的地点（《重庆市博物馆藏四川汉代画像砖选集》）。

这种高楼的形式与同期坞堡角楼的形式相类似，是防范盗寇进攻的一种防御性建筑。总之，从现在能看到的文物分析，四合院周围布置回廊，在院中设置谯楼、重门厅堂，室内可席地而坐进行宴会，是我国汉代四合院的普遍建筑模式。在出土的同时期的大量的汉代明器的房屋模型中，我们也可以看到许多民居的造型与设计。总之，当时的民居已经有了高楼的形式，而且厅堂、客厅、卧室、厨房、浴室、牲口圈等空间的分工一应俱全。

其后的各个朝代，随着生产力的提高，中国传统住宅的形式更是不断发展。到清代、民国初年时，中国民居已经呈现出不同地区、不同民族的丰富建筑和材料形式，并形成了极富中国特色的完整的居住建筑文化。

我国的民居种类繁多，有着丰富的样式。总的来说人们都能够就地取材，因地制宜地创造出适合居住的各种形式。"就地取材"、"因地制宜"是一个被人们用滥的词汇，但是，这两个词的来源，还是出自于人们巧妙利用自然环境与资源，和大自然和谐共处的方式。

以木构架为房屋主体结构，是我国大部分地区都采用的建筑房屋的形式，主要可分为抬梁式、穿斗式和混合式三类。以这几种结构建筑的民居占我国民居建筑的大部分，其分布也最为广泛。总的来说北方多用抬梁式，南方多用穿斗式和混合结构式。而以这三种方式建造的房屋多是以组合的形式出现，即由多个单座建筑互相组合或连接，并按一定形式组成院落。主要以上述三种方式建造的组合型院落根据不同地区

的特点又呈现丰富多彩的各种形式，其代表是北京的四合院和晋、陕地区的合院等等。

窑洞式民居，主要分布于黄土高原区，如陕西、山西、河南等地，这是一种不用木构，而利用所在地区的特殊土质条件挖掘而成的洞穴式建筑，也是北方民居建筑的一种很特别的形式。

井干式房屋是从原始社会就已经被应用的建筑形式，它是纯木材建造的房屋，主要应用的地区是东北和云南的森林地区。

干栏式建筑，是一种主要以竹木为材料的建筑方式，主要分布于广西、海南和四川、贵州、云南、广西等气候潮湿和临近水域的地区。

防御性围合式建筑，这是一种体积和面积都相对较大的建筑，通常是为整个家族群居而建造，具有很强的防御功能。主要分布于福建、广东和赣南等地。

除此之外，在材料的利用上，我们的先民也是极富创造力。在山东胶东等地的沿海地区，人们用海草作为房顶的覆盖材料，真可谓是独具匠心。在死火山的周围，人们又创造了火山岩房。譬如海南省海口市石山镇荣堂村的民居就是以火山石为材料建成的。荣堂村距离石山镇火山口只有几公里的距离，到处都是可以开采的火山石。火山石像是坚硬的海绵，石头里面都是气泡，这样就造成火山石重量轻、又保温，由于是火成岩，因此还具有坚硬的诸多特点。这样火山石便自然成为人们建造住宅时的主要材料。除了大木结构和门窗等小木作装修之外，人们尽可能地利用火山石，从建筑到生活、劳动

陕西延安窑洞的门窗立面

中国传统民居中大多数的建筑都是木构架的庭院式住宅。不过也有一些例外，窑洞就是一种最为独特，最具地方特色的住宅。

安徽歙县北岸镇北岸村西源毓秀桥

海南省海口市石山镇荣堂村

海南省海口市石山镇荣堂村民居充分利用当地的火山石，作为建造房屋的主要材料。

北京四合院
（上、下图）

北京四合院是一种由房屋四面围合而成的院落，院子的形状方方正正，尺度大小适当，四面还用游廊将房屋之间串联围合，院落的外墙很少开窗，因此具有很好的私密性。

器具，都有火山石的应用。而火山石的民居建筑也种类丰富，还包括祠堂、墓地、石棺、学堂、戏台、寺庙、寨门等形式。

除了以上所述之外，我国各个民族的民居也是各具特色的，这里主要介绍几个地方和民族风俗特色较有代表性的种类。

第二节 中国民居的形式

一、北方院落式民居

在大江南北都有各式各样的合院式建筑，因为这种建筑形式与我国一家一户的小农经济模式是十分符合的。庭院内的布局也很好地体现了封建礼制的要求，是我国传统文化在建筑上的反映。

北京的四合院是北方院落式住宅的代表，是相对封闭的一种组合院落。院落四周由厚重的砖墙围合而成，内部各主体房屋按轴线先后居中排列，再在主体房屋两边对称建造各附属建筑。它的平面布局和各建筑的组合形式严格按照古代宗法制度修建，

院落本身不仅具备各种使用功能，还要体现长幼尊卑的地位差别和严谨秩序性的精神功能。经过长期的发展，它的建造已经形成了一整套固定而规范的方法，而且四合院的内部结构和各部分建筑功能的划分也逐渐形成了固定的模式。

所谓四合院即四面围合之意，最基本的四合院是正房、东西厢房南侧和倒座房共同围合成平面为正方形或长方形的院落形式。最常见的北京四合院是在院落的东南角设置大门，而在东西厢房与倒座房北侧之间以隔墙将平面为长方形的院落分割成里外院。再在这堵墙的正中开二门（垂花门），这样就形成了二进院。人们还常在里院的正房后再建一后院，并在院落一侧开后门与之

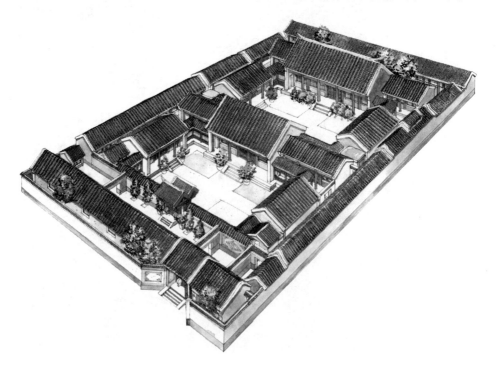

相连，就是三进院。以此类推可以建成多进院，但因为北京城以胡同将城区分成若干个小区域，所以大部分地区最多只能够建四进的院落。于是大型的宅院往往在四合院左右再建跨院，或干脆由几组纵列的独立四合院横向组合而成大型院落组群，在院落之后或侧面还设置有私家花园，以供主人休

闲之用。这种多进的四合院占地广大，内部更是层层叠叠，平面较为复杂，也就难怪民间有"豪门深似海"一说了。

院落内部的空间划分也有严格的规定，一般前院都以倒座房为主，是会客的客厅和客房，靠近大门外设有门房，以供守门人和男仆居住。大门以东通常是作为儿童读书的私塾小院，以西的小院设有厕所。前院与后院之间有二门相连，后院主要作为居住之用，所以又称为内院。

内院的正房位于院落北面，是全宅地位和规模最大的，供长辈或主人居住。正房两头一般建有较低矮的小房间，称为耳房，可用来作储藏室或卧室。正房两侧对称建有东西厢房，是晚辈的起居场所。耳房、厢房和院墙之间的小面积空地称"露地"，可用于储放杂物等。内院的面积一般都比较大，可供养殖花鸟虫鱼，以营造舒适优美的居住环境。在内院的二门、厢房、正房之间通常有游廊，以方便雨雪天行走。在内院之后还建有一排后罩房，主要是闺房、配套的生活设施辅助用房和女性仆人居住之所在，是后院的服务区。

北京四合院内多用砖铺地，等级越高砖的规格也就越大。室内的砖面还要墁地缝，涂桐油打蜡，极其讲究。室内一般有火炕以供冬天取暖之用，顶部有木头或秫杆的顶棚架，再糊以裱纸。内部装饰于精细中透出浓厚的文化气息。

四合院的设计事实上是皇家建筑前朝后寝布局的缩略再现，它是相对封闭的住宅形式。如在大门的外部或进门处通常设有影壁，主要的作用是阻断外人和来客的视线，而内外院之间的二门也通常由垂花门和屏门两部分组成。这前后相连接的两部分各有单独的屋顶却又互相连在一起的形式，也就是"勾连搭"的手法，这些错落重叠的门都是为了保持内院的私密性。

我国古代有着森严的等级制度规定，而明清时期更是如此，各种样式不同的四合院充分显示着这一点。面积和建筑规模是地位和财富最直接的反映，而除此之外还有诸多细节可以看到院落的等级差别。如大门的开间数（王府大门多为三间至五间不等）和配套设施、屏风的花纹、房基的高度、屋顶的样式、铺瓦颜色、鸱吻等等。一般四合院内的彩画装饰不多，这是因为大面积的彩画也是不被允许用在民间建筑上的。尽管有着诸多的限制，人们还是着重在细节上对四合院进行各种装饰。这些装饰大多都有着其本身的象征意义，并且不同位置也有其相对固定的花纹样式，不能够混用。比较常用的花纹主要有蝙蝠、鹿、龟、灯笼和各种植物花卉等，

北京四合院院落

四合院顾名思义，四面用建筑围合，留出中心院落。院落是人们公共活动空间，也是人们植树栽花的主要绿化空间，院内地面铺砌砖石，显得规整、干净。

北京四合院广亮大门

北京四合院的大门形式多样，比较常见的几种形式有：广亮大门、金柱大门、蛮子门、如意门、窄大门、小门楼等，不同的大门形式代表不同的建筑等级。广亮大门是北京四合院大门的基本形式，等级最高。

北京四合院屏门

屏门一般位于垂花门后面，由六扇或八扇板门组成，常油漆成绿色。屏门的作用是可遮挡外人的视线，平常不开，只有家里有红白喜事，或重要客人来访时才开。

山西平遥民居

平遥民居大都为四合院的形式，院子一般都是南北方向长、东西方向窄，院落的中央设置中门，将院落分成前后两个部分。

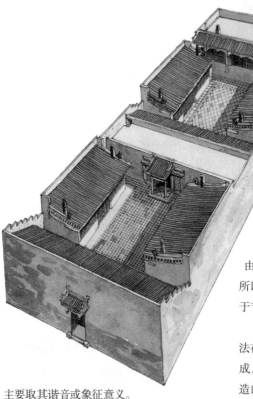

北方地区，尤其是山西中部的窄长型合院是适应当地气候和实际情况的一种很特别的合院形式，这种院落中的建筑平面呈矩形，住房有一层也有多层，东西两侧厢房之间的距离通常非常近，使中间的庭院就像西式楼房的楼道一样细长。最特别的是，这种合院的厢房建筑只有半坡的屋面，单坡屋顶的屋檐下部直接与围墙相连，又因为高大的围墙有相当的防御性，所以整个院落围合的好似一个小堡垒。

这种房屋之所以要这样建筑是有其原因的。首先高大的院墙不仅可以保证居住人的安全，也可以阻挡从西北面吹来的风沙，使院内保持整洁。而只留下狭长的过道式庭院是为了遮挡夏日强烈的阳光照射。由于晋中地区历来经济富裕，人口众多，所以用地非常有限，把房屋建成多层也是出于节省土地的考虑。

晋中的合院也按照北京四合院的布置方法在院子中前后设置几个垂花门，使院落形成几进院落。一般较大的院落都是富商所建造的，由于晋商的成就非凡，所以他们的院落也极尽华丽。这些院落多数全都是由砖砌而成，加上高大的围墙具有很好的防御功能。这可能与男子大部分出外经商，而家中多为老弱妇孺有关。这些院落虽然外部看上去很素朴，但内部装饰却极尽豪华。而且由于远离京城，这些装饰所受限制也没有京城地区那么严格，有些民居甚至还出现了斗栱。

主要取其谐音或象征意义。

中国人一贯很重血缘关系，喜欢聚族而居，儒家思想的长期统治，更增强了宗族观念。"克明俊德，以亲九族"（《尚书·尧典》），从远古的时候，就提倡"亲九族"。所谓九族是：高祖父母——曾祖父母——祖父母——父母——己身——子女——孙子女——重孙子女——玄孙子女。这是多么庞大的家族体系，能体现大家族关系的建筑模式，除了同姓村落、坞寨、城堡外，四合院是最理想的一种模式了。

二、南方院落式民居

南方和北方的合院式民居在平面和造型上都是有一些区别的。

四川民居庭院

　　四合院是四川民居的主要形式之一。四川民居院落的形式为横长方形，与山西民居的狭长形院落形成强烈的对比。

四川省江安县夕佳山庄园

　　夕佳山庄园采用了典型的四川民居的平面布置模式，院落为进深浅，而左右长度宽。在院落的前后关系方面，充分注意到了前低后高的序列空间关系。民间俗话说"前低后高，子孙英豪"。夕佳山庄园的这种地势完全是依靠当时人工堆土而形成的。从这种不惜动用大量人工而达到总体理想的布置方式方面，我们可以看出房主人的用心良苦。

　　在我国四川，有一种与晋中窄院恰恰相反的合院形式，这种院落的平面形式为南北宽而东西窄，也就是所谓的"横长方形"四合院的形式。整个院落的布局就向左右两侧横向展开建设，大户人家也有多重天井的院落组合形式，其形式就像把晋中的窄院横过来一样。四川是一个农业省，绝大多数人口都是农民。四川农民比较分散，喜独居，最多也只是两三家聚居，住宅多散在田野里，或是山腰、山脚下。四川由于地形所限，农村住宅不太讲究朝向，坐势大致向阳就算不错了，但砍柴取水方便比较重要。

　　条件好一些的人家就是用三合院了。这样，房屋中间有一个较为整齐的前庭，房主人打晒谷物以及临时堆积农作物都在这里，是家庭重要的工作场所。这种前庭一般都用石灰、石粉和黏土混合成的三合土碾压墁平。这种三合院的住宅其材料也有好多种，一般正房用瓦顶，耳房用草顶。再有钱的人家就是四合院了，当地人俗称四合头。房屋的四个拐角处是相连的那种四合院，所以造型上很方正，转角处屋顶相连没有缺口。这种四合院，下厅房（北方称为倒座）用作堆置器物及牛栏、猪圈使用，所有的功能都安排进四周的房屋。至于乡绅及大地主的房子，那就与城里的民居相差无几了。

　　四川农民喜欢用横长方形的院落平面布局，是因为四川多丘陵山地，一般一列三间的房子前面地方不大，如果扩建时，左右尚能扩展，而前面扩展的余地不大，这样形成的院落势必为横长方形，久而久之，人们就习惯了这种宅形。农村地主的房子，因为建在乡间的缘故，房间多舒散宽敞，不像城里那样密集，院落周围，喜栽树竹，别有一番意境。

　　四川省江安县有处始建于明朝万历年间

第九章　中国民居建筑

至今保存完好的精美建筑群夕佳山古民居，可以说是目前现存的四川的四合院民居中的较好的一处实例。这个地主庄园周围是小土丘地貌。因为风水的关系，当初建宅时，业主选中背南面北的朝向，其目的是利用远处景色秀丽的山峦作为案山和左青龙、右白虎的太师椅的扶手状山麓。可惜背后没有高山作为靠背，于是房主人便种植了一大片树木，使之长大后，在视觉上形成靠背。因此这处院落背后三面楠木、樟树怀抱，也是因为环境幽雅，因此树林中成为白鹭栖息的地方，鸟语花香。

这种不追求绝对面南背北朝向的选址模式，是四川民居的普遍规律。因为四川阴雨较多，不像北方地区一年中大部分时间都是晴天，建筑向阳可以吸纳阳光。并且四川一年中大部分时间较热，民居设计为大出檐的屋顶，就是为了减少阳光的热辐射。也因此建筑非要朝南没有太多的实际功能意义。另外，四川许多地区为丘陵地貌，人们首先考虑的还是建筑与地貌之间的契合关系，因此在朝向方面，四川民居是较为灵活的。

夕佳山地主庄园的中轴线上只有前后两进院落，而一些附属建筑如花园、戏台、私塾、收租院、闺房绣楼等都分别设置在主院落的左右两侧，因而建筑的总平面形成典型的横长方形，从正面看上去非常宽大，很有气势。

夕佳山山形鸟瞰犹如一只大螃蟹，这个民居四合院就建在蟹背之上。大门前一口水塘，如蟹口，门内两口水井，如蟹眼。站在庄园前极目远眺，山下数十座小山丘犹如一只只小螃蟹匍匐在前。远处，左边青峰山逶迤连绵，右边白虎岭山形耸峙，甚为壮观。

天井式民居为南方合院型住宅的主要形式，此种民居主要是把四面的房屋连接在了一起，只在院的中部留有一开敞的自由空间，从空中向下看就好像是一个井口而因此得名。在建筑的内部分上下堂、上下房和厢房等，其功能分配也大体上类似于北京四合院。天井式民居也由于各地方的不同而有所差异，这里主要介绍皖南天井式民居以说明和比较。

皖南的民居也分为三合院和四合院，还可以在此基础上组合成复杂的多进式院落，在这一点上与北京四合院的组合是相同的，这也是院落式民居的优点。皖南民居由于地狭的关系大多是多层的建筑，也都有高高的围墙相围合而成，这一点与晋中的窄院颇为相似。但皖南民居的围墙出于防火的考虑大都高于屋顶，形

四川省江安县夕佳山庄园木雕

夕佳山民居的木雕装饰主要集中在窗户部位。尽管木雕本身没有江浙一带的民居装饰性木雕精细，但是通过着色，却多了几分鲜活。这是以"白蛇传"为主题的一幅木雕作品，画面写实，表现生动，很有艺术感染力。

四川省江安县夕佳山庄园绣楼

夕佳山庄园院落的主体部分都是平房，但是在院落的右后方却设置了一座楼房。这是一座绣楼，是供家中未出嫁的女儿做女红的地方。这座绣楼也为这座大型的民居院落组合在整体造型上形成了高低错落的优美视觉感

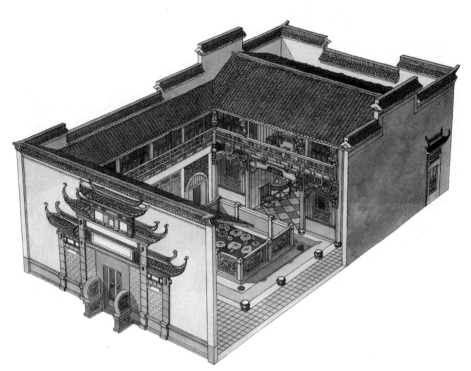

皖南民居

皖南民居在中国传统住宅中特点突出，用料精良，装饰华美，是中国民居中有代表性的一种住宅形式。

成一座座马头墙，但这些马头墙的上部都是平直的，墙上檐部还呈人字脊覆有青瓦以保护墙体。另外与北方不同的是，南方的院落中各建筑屋面虽然都是连接在一起的，但由于地区的不同，连接的方式也有所不同。皖南的民居正房与屋面呈45°角连接在一起。而且各面都向院内倾斜，下雨时雨水都顺屋檐流入院中，这种形式叫做"四水归堂"，取其水向内流、财源滚滚之意，俗称为"肥水不流外人田"。

皖南民居院落的外围墙一般没有什么装饰，只粉刷成白色，屋顶铺以青瓦而已，精美的装饰都在庭院之中。南方的庭院中一般都以青石铺地，天井所在地面内陷，以利排水。与北京四合院不同的是，由于南方气候温暖，所以厅堂一般直接与天井相连，是敞开的，没有门和窗。皖南民居也是如此，厅堂直接与天井相通，并且也以青石板铺就地面。皖南地区民居多以砖、木、石雕为装饰，门楼、木构架、地面都雕刻有精美的花纹，尤其值得一提的是，房屋内各种门窗的木雕都极为细腻，可以说每一件都是精美的艺术品。

三、江南水乡民居

南方，特别是江南一带水网密布，生活在这里人们的日常生活离不开水，主要的交通和运输也大部分通过水路，所以人们大多临水或跨水而居。临河或临街建筑也以单体为主，沿河岸铺开而不讲究组合，这与合院式建筑讲究建筑的组合和布局有很大的不同。而且这些房屋的结构都十分灵活和自由，比起北方整齐划一和千篇一律的建筑模式要活泼得多。

由于人们都依水而居，前临水后靠街。而且主要的交通工具是船，家家都必须建有私人的码头，为了保证每户人家都能够充分利用街道和水道，所以江浙一带的民居

皖南民居中的祠堂

皖南的祠堂建筑尺寸较大。祠堂的形式往往与民居近似，但尺寸更加高大，装饰更加精美。

第九章　中国民居建筑　199

江浙水乡民居

江浙民居因为地处水乡，房址的选择多与水密切相连。其具体位置大致有背山临水、两面临水、三面临水等形式。

都是开间窄而进深长的。因为开间窄就能够在有限的河岸上排列出尽量多的人家，而为了保证足够的居住面积也只能加长房子的进深了。从水道上驾船走过，就能够看到两岸高矮不同的屋面连绵不绝。另外合院式江浙民居的围墙也处理成白色，与青瓦屋顶形成对比。但屋顶差别较大，一般正房的屋顶较高，而厢房的屋顶较低，屋面是高低错落的连接在一起的。而且围墙上的马头墙的上缘也不像皖南的那么平直，而是形式多样的，大多比较活泼。

江浙民居的建筑质量普遍较好，一般房屋屋顶的内部都是砌上明造，梁架直接暴露，你可以看到檩子、椽子以及上面所覆的望砖。不像北方四合院那样，室内的上部还有顶棚和裱纸遮饰一下。由于江浙民居的木架构都裸露在外，所以各式各样精美的木雕就成了江浙民居的特色。在檩和各种横梁、柱头上常常处理一些丰富的雕花，这些精细的木雕盘旋在人们的头顶，让你进门以后都会由衷地赞叹如此精美的雕刻。

此外在江苏苏州、浙江绍兴的一部分地区富人所建的庭院，是按照中轴对称的法则所建造而成的，气派非凡。而且在每栋房屋的前面还有檐廊，屋后也建有私人园林，庭院的各种装饰也极尽豪华和精美。但在江南水乡这样的特殊环境内，总还是觉得那些互相挤促在一起的沿岸民居更具有当地的韵味。

四、窑洞民居

在我国北方还有一种独特的民居建筑，它们主要分布于黄土高原上，这就是窑洞式民居。窑洞式民居是根据黄土高原降水量稀少，土质紧密、开挖后黄土有直立性的特点所出现的因地制宜的典型的住宅形式。

窑洞民居的特点是冬暖夏凉，而且由于有非常厚的墙体，房屋的隔声性也很好，相比于木构架的房屋，窑洞式的房屋还有较强的抗震性和坚固性。一口窑挖成后住上几十年的情况是很普遍的。并且窑洞式民居的内部通常都比较大，在很多地区，一口窑的室内面积通常都在三四十平方米之上，人们居住的空间十分宽敞。此外在房屋的维护上

江南水乡民居的倚桥

江南水乡地区水多地狭，沿河的地价较高，因此民居在不影响河道航行的情况下，都会设法从河面上借取一定的空间。手法有吊脚楼、出挑、枕流、倚桥等。图中即为民居的倚桥形式。

窑洞也较地上的建筑简单得多，因为它本身的建筑构件就比木构房屋要少得多，可以说，除了门窗上的木材外就不需要什么特别的构件了。

窑洞按其建筑形式的不同主要分为三种类型，即在黄土坡上向里平直开挖而成的靠崖式窑洞；在黄土地上垂直下挖一个院落，再横向开挖出的下沉式窑洞；在平地上用土坯、砖石或版筑的形式砌成的独立式窑洞。

靠崖式窑洞主要以河南和陕西两省的窑洞为代表，它对地形的要求比较严格，一般都建在土坡或山崖的阳面上，水平向里面开挖，形成一个平面为长方形、顶部为拱券的横穴。窑洞前一般还留有开阔的平地作为人们的活动场所。由于良好的地形难觅，所以，这种窑洞大多以多口并列或分多层并列的群体窑洞形式出现。从正立面来分析，其组合形式又分为折线型和等高线型两种。

折线型，就是按"之"字或"S"形的排列形式在山坡上开掘各家独立的窑洞。而公共的道路把每家窑洞串联起来，公共道路呈"之"字或"S"形盘旋在山坡上，以方便居民上下山。等高线型，就是把整个山坡或山崖分成若干级阶梯，每一层阶梯上横向并列挖掘若干窑洞，每个窑洞前的空地都相连，形成了一个较大面积的广场，为邻居间所共同使用。

由于靠崖式窑洞受地形的限制，所以其选址是被动的，人们的居住地很可能离水源与耕地都较远，给生产和生活都带来了很大的不便。于是一种新的窑洞建造形式就产生了，这就是独立式窑洞。

陕西延安大学窑洞

窑洞民居主要分布在山西、陕西、河南、甘肃等干旱少雨的黄土高原地区。

陕西靠崖式窑洞

靠崖式窑洞就是在黄土坡的壁面上开挖的窑洞，主要出现在山坡、土塬的沟壑地带。窑洞靠山崖水平挖进去，前面有比较开阔的平川地，作为窑洞前的活动场所。从侧面看，这种地形很像靠背椅的形式。

独立式窑洞其实就是人们照着窑洞的样子所建的房屋，即先用土坯、版筑或砖石砌成拱券窑洞的样子，再在上面覆土。这种窑洞的特点是，既保留了窑洞冬暖夏凉等优点，又不受地形的限制，可以比较灵活地组合在一起，形成类似四合院的建筑群。

位于山西省平遥县的民居是我国最好的独立式窑洞分布区域。这些窑洞多是由青砖建成，主房是窑洞式，而厢房和倒座房则多是单坡屋面的平房形式。由于窑洞是平顶，其屋顶高度要比厢房和倒座房矮，为了突显地位，往往在窑洞上还建有一个小的影壁墙，影壁墙作为全院的制高点也显示出主房的地位，只具象征意义而没有实际功能。在窑洞的两侧通常还有砖砌的踏步，可以登上房顶。

由于独立式窑洞很像北方的平顶房屋，所以窑洞前也有木制的出檐和檐廊，并且这些木构件上多雕刻有精美的花纹。这也是在

独立式窑洞

独立式窑洞是一种利用拱券的形式而在平地上建起的掩土建筑，以土坯、版筑或砖头砌成窑洞。上面覆土，既保留了靠崖式窑洞节省木料、冬暖夏凉的优点，又具有建设地点灵活的特点，能适应于黄土高原的任何地方。

下沉式窑洞的入口形式（中图）

下沉式窑洞必须要设置一个入口通往地面，常见的入口形式有直进型、曲尺型、折返型、雁行型等，入口的形式、方位除了依地形、地势等客观条件来考虑外，还往往受风水的影响。

下沉式窑洞的内部空间分配

其他地区的窑洞民居中很少出现的，只限于一些富商的宅第才有。

黄土高原上也有面积广大的平原地区，在这些地区出现了最特别的窑洞建造方式——下沉式窑洞。

顾名思义所谓下沉式窑洞，就是从地面垂直向下挖掘出一个矩形的大坑，再在四周的坑壁上分别挖出横穴的窑洞，而形成的地下院落。这种窑洞的平面面积和开挖深度一般都有比较固定的标准，这样既保证工程量不至太大，又保证了洞券的数量和质量，院子的面积也比较合理。在窑洞院落的一侧都有开口，设台阶或坡道以供出入。下沉式窑洞的顶部都砌有一圈女儿墙，以防止人们不小心跌落，另外也防止下雨时雨水流入院中。

下沉式窑洞的内部通常四面各挖三眼窑洞，以北面为上，置祖堂或会客室，还作为长辈的居住地。其他也按平地房屋的功能设置，两侧多是晚辈的居所、储藏室或厨房等等，南面一般是饲养牲畜的窑洞和厕所。院子中通常设有渗井，用以排水，但由于黄土高原少雨，平时渗井多用于储藏食物之用。

下沉式窑洞的建筑寿命相比其他形式的窑洞更为长久些，其房屋坚固程度也最强。而且由于房屋都在地下，此地区地面上的自然面貌保存得也最完好。而且冬天的保暖性和夏天的阴凉程度也都较强。但是，

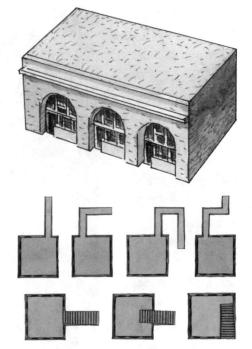

下沉式窑洞也有其不好的一面，由于夏天阴凉，所以空气流通到洞内就会凝结为小水珠，致使窑洞内到了夏天都比较潮湿。也由于房屋建在地下，所占宅基地比较大，为了房屋的牢固性考虑，在窑洞上不能够种植任何植物，再加上院落以上空着的面积，浪费了大量的地面空间。

下沉式窑洞是中国所独有的一种民居形式，而且颇具特色，但现在随着建筑材

料和技术的发展，人们新建的房屋大都采用新的形式，而渐渐抛弃了原有的居住方式，所以它的数量正在急速减少。

五、井干式和干栏式民居

井干式建筑只在我国东北和云南的林区有分布，这种建筑方式在原始社会时期就已经采用了，就是用木材叠落在一起，四角木材横竖相交或将木材安放在预先制好的基础框上，逐层木料向上形成四面墙壁的做法。由于古代水井的栏杆多用这种结构形式，因此这种民居被后世称为"井干式"。这种房屋大多十分牢固，而且制作极为简单；原料易得，房屋的成本也较低。但受木材长度的限制通常开间都较小，而且由于主要材质是木头，防火性较弱，外墙还要以泥土等材料填充以防透风。

我国东北的井干式房屋主要在长白山的林区，多为二至三间的单体建筑。由于该地冬季气候寒冷，所以采用整根的木材垒加而成，不但从地面下一尺深左右就开始建造，房屋建成后墙壁还要抹厚泥，只在转角处露有木头，房屋基本上不做装饰，造型简单朴素。而我国云南林区的井干式房屋又是另外一种样式，由于气候炎热多雨，建造也极为简单，只在石基上以木板或树皮为材料建成，而且原木材墙面直接暴露在外。房屋高度通常是两层，而且平面也建成合院的形式。可以看到，即使是同一种建房方式也因地域而有所变通。

另一种在原始社会时期就已经采用的住宅形式，而现在仍旧存在的是干栏式建筑。这种建筑主要以木或竹为柱架所建的底部架空，而人主要在上部活动的房屋，在气候潮湿的山区或临水地区被广泛采用。它可以分高干栏式和矮干栏式两种，而高矮的区分主要是对于底部的空间而论的，我们通常所说的底层饲养牲畜上层住人的干栏式房屋属于高干栏形式，它一般被侗、傣、苗等民族所使用。

干栏式住宅的营造一般是在底部竖若

干木桩，再在木桩上装地板。在平整的地板上再竖木桩建造房屋，整个建筑完全用木材建成，屋顶也通常以树皮覆盖，现在一般都改为以小青瓦了。这种民居因为是建在地面以上，柱子并不埋入地下，所以对地面完全没有破坏，而且其上部空间一般都比较大，内部由木板分隔，各个房间的大小可以随意设置和变化，广阔的房间不仅是人们的起居之所，在雨季时还是人们的劳动之所，而宽大的面积无疑也为此提供了便利。此外由于建筑主体架空，有利于通风和防止毒蛇猛兽的攻击，这在潮湿多雨的南方地区不仅保护了木质的房屋本身，也增加了居住的安全度和舒适度。

干栏式建筑的内部中央区通常都是火塘的所在位置，火塘是干栏式建筑必不可少的一项构成元素。它不仅仅具有厨房的功能，也是家庭的客厅所在地。家庭成员的聚会，

黑龙江黑河市瑷珲区新生乡鄂伦春族井干式民居

傣族民居构架示意图

干栏式民居的构架简单，建造起来比较容易，不需要挖地基，不需要砌墙体，不需要建院落，用砍好的木头做成屋架，再将屋架在选定的地面上竖起，在上面架上梁、檩等，干栏式民居的骨架就完成了。

第九章　中国民居建筑

云南西双版纳傣族民居

干栏式民居距今大概有几千年的历史，这种古老的住宅形式至今仍大量存在于广西、湖南、四川、湖北、贵州、云南等地的山区农村，使用者有汉族，但更多的是其他少数民族。图为西双版纳傣族干栏式民居。

外来客人的招待都在火塘边进行，并且火塘中的火是永不熄灭的，这也可能是对原始社会习惯的一种继承。火塘上方通常都用于放置食物，因为每日受烟熏火燎这些食物可以保存很长的时间。而且由于长期的烟熏也保护了房屋的木构架，使之不置于腐烂和生虫。

干栏式建筑不仅是就地取材，造价低廉，也适应当地的气候和生产要求，是人们智慧的创造。

六、防御为主要功能的民居

中国传统民居大都具有一定的防御功能，在福建、江西、广东的一些地区，有一种以防御作为重要功能的围合式的民居建筑。

围合式民居建筑的样式有多种不同的类型，但其造型大都是单独的大型多层建筑，并形成相对封闭的内部区域，多数都是整个家族的人居住在一起，有独立的水井、祠堂，形成了一个相对来说比较封闭的院落。主要的种类有福建的土楼、赣南的围屋和梅州的围拢屋。

福建圆形土楼（中、下图）

圆形土楼体态优美，形式上更内敛，更能体现客家人聚族而居的凝聚力和向心力。

古时候中原多战乱，一部分中原的汉族人为躲避战乱而迁移至福建西南部的山区，为了生存，他们需要和当地的一些土著人交战，以求得到土地。而土楼，就是他们出于居住和防御的双重目的，利用当地环境资源创造出来的建筑形式。土楼的形状主要有圆形和方形两种形式，其中尤其以圆形土楼最有代表性。

所以把圆楼作为土楼的代表，是因为它的造型独特。在圆楼之中还可以再建圆楼，从而形成环环相套的形式，出于采光和通风的需要，内层圆楼的高度通常只及外层的一半。但也有例外的，福建省漳浦县深土乡的有一座锦江楼，其内外环设置就刚好相反，三环楼由外至内逐渐增高。福建省华安县洋竹径乡的雨伞楼，就如同其名一样，虽然只有两环，但建于山尖，而外环的地基低于内环，因而在视觉上内环建筑高于外环建筑，而且内外环都采用大出檐的形式，又坐落在山上，好像一把大伞。通常圆楼由一至四环构成，但四环的很少见。此外还有在圆楼外加建一圈一层平房环绕的建筑形式，这圈建筑叫做楼包，主要是因为楼内住房不够用，为缓解住房的压力而后建的。

圆楼的围墙一般都由夯土制成，地基由大小鹅卵石铺就。土楼的围墙都非常牢固，除了用黄土夯制的墙体之外，还有一种更加坚固的三合土。三合土是经过加工，由风化的石头土为主，再加上砂子、石灰、木屑、竹丝以米浆和红糖水制成的一种混合墙体材料。另外在夯制墙体时还要加入竹片作为墙筋，围墙一般都是底部较厚，有的竟厚达 2.5 米，而向上墙体逐渐减薄，可以减轻地基的承重量。这样制成的围墙不仅坚固，

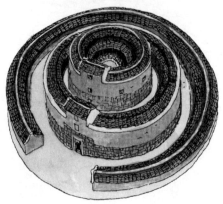

而且有一定的韧性，可以防震。

土楼的内部布局可分为两种：一种是内通廊式，一种是单元式。内通廊式就是每一层靠近中心院落的内侧都有一整圈连通的走廊，走廊外侧是一个个的房间，除上层房间的外墙开设有供瞭望的小窗口外，每个房间的门与窗户都开在围绕中心院子的走廊一边，人一般住在三层以上，下面两层分别为一层厨房和一层储物间。

单元式圆楼则不同，楼内从平面上将整座楼分割为一个个扇形平面的若干个单元。每家都拥有自己的私人楼梯，从下到上连通自己单元内的几层房间。与内通廊式不同的是，楼内每层之间各户都是不相通的，而且每户的底层都在中心院落的一周处分别有自家的小院，通常在自家小院内以单坡屋顶形式建有餐厅和门厅，而连接这两部分的廊子又作厨房之用。这两种结构方式的土楼在底层对准大门的地方往往都设有一个单独的小院，由开敞的门厅和祖堂构成，是家族的祠堂，用于议事和聚会。这也是所有土楼中都必不可少的祭祀空间。

按现代眼光来看，单元式的结构似乎更具有私密性，每家每户相对来说更加独立和自由。但是在家族观念非常强的古代，多强调的是家族内部共有的力量，所以单元式结构的圆楼应用较少，主要分散在漳州市所属的讲闽南语的几个县内。而内通廊式，因为有很好的通透性而被永定县和南靖县的客家人广泛采用。

赣南的围屋与福建的土楼在造型和结构上很相似，但因为所处地区古代战乱频繁，所以在建筑上具有更明显的防御特点。围屋平面多为方形，高二至四层，四面硬山屋顶，在顶层开有枪眼。在四角都建有高出围屋的炮楼，也有的只在对角建两座炮楼。围屋内一般都是有血缘关系的族人居住，但为了维持好公共的关系通常都设有管理各种事务的专门人员，通常是由族长等辈分高的人担任。围屋中张贴的家规、乡约等对民居的各种事务都做了详细的规定，虽然围屋中

江西龙南围子

围子是一种平面为方形围拢式的防御性民居建筑，其形式包括围屋、十姓围、村围等，主要分布在江西南部的龙南、定南、全南等县。

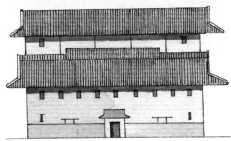

福建方形土楼立面图

方形土楼的造型很多，有正方形平面的，长方形平面的；屋顶有四面围合的，两侧带歇山顶的；有些方形土楼前面再建前院，有些楼里面又建楼，还有两侧建护楼的等，形式变化十分丰富。

居住人口众多，但也能秩序井然。此外作为围屋的一种发展，还产生了村围。就是用围墙把整个村庄包围起来，再建大门和炮楼的形式。村围一般面积较大，但因为地形所限大多是不规则的平面形式，相应的大门和炮楼也随地势而定，不讲究什么理法。

客家人聚居的梅州也有一种围屋的形式，因其形状特别，在我国民居中尤为珍贵。这种建筑形式叫做围拢屋，围拢屋是平面呈马蹄形的单层建筑（亦有两层的，但数量不多），在其敞口的一面还要建有半圆形的水塘。每个围拢屋依其规模大小可住 20 到 80 户不等。因为客家人重视按八卦五行来确定宅基地和朝向，所以围拢屋向各个方向

圆形土楼的内部空间

圆形土楼的内部空间分配有单元式和内通廊式两种。

围拢屋中的横屋

横屋建在厅堂的两侧，主要作为家庭成员起居和活动的场所。

建的都有，但总体上是要靠山而建的，即使没有山，也要将最后面建筑的台基抬高，还要在宅后种上大树，以取其上应天下合地的寓意。而且一个村庄中通常居住着不同姓的几个家族，但一般能和平相处，并且互相援助共同抵御外来的侵入者。

设置在围拢屋最前方的半圆形池塘在面积上也有规定，其宽度必须在平面上与第一圈横屋的外侧相等。池塘后面是带有小屋顶的门楼，屋顶两侧有山墙以备防火之用。门楼里面是晾晒稻谷的广场，广场后面才是人们的居住区。进入居住区的入口按围拢屋的层次划分，层数越多入口越多，但入口数只以奇数增加。通常中间的入口大门是装饰的重点，砖雕、木雕以及彩绘都综合运用。围拢屋内部由统一建设的一家一户的宅子构成，在中轴线上设上、中、下厅和横屋，而且互相之间都有廊子相连。从屋顶平面看，围拢屋中的各种建筑屋面都横竖连接在一起，形成众多的天井，天井也多做成四水归堂的形式。宅院的下厅即门厅，上厅设置祖堂，两侧由长辈居住，中厅是接待来客的公共场所。横屋也就是两侧的厢房，是子女居住场所，又分为几个对称的厅，以便把活动场所与居住场所分开。围拢屋最奇特的地方是位于最后的半圆形院落，这个院落中地面不是平坦的，而是中部凸起，呈龟背形，以取其长生不老和固若金汤之意。

以上的三种聚族而居的民居形式都是客家文化在建筑上的体现，我们不难看出身居异地的客家人多是出于防御的目的建造自己的住所，冷峻的建筑外表下是相互联通和较少阻隔的居住方式。各个围合的院落内都有供奉祖先的祠堂，这也说明了客家人不忘祖制和爱好平和的一面。

在中国防御性民居的历史上有一种独树一帜的奇异形式——开平碉楼。开平碉楼也是中国民居中历史最短的一种形式。开平碉楼的产生与社会背景有着密切的关系。民国初

广东梅县围拢屋

广东梅县围拢屋是当地客家人特有的一种住宅形式，是一种具有防御功能的民居，与福建土楼、赣南围子有相同之处。围拢屋的平面多为马蹄形，马蹄敞口的一面，有一个半月形的水塘，整体构成一个类似体育场的形状。

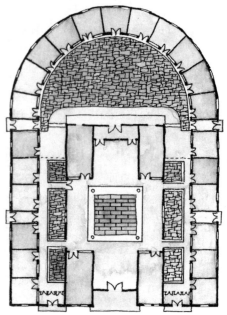

年，军阀割据，战乱频仍，社会不得安宁。广东省的开平县是侨乡，侨眷和归侨的生活比较富裕。修了公路后，又成为水路交通要道，土匪因此多集中在开平一带作案。几乎每年发生的洪涝灾害和土匪袭击，加上出国的华侨寄钱资助留乡的亲属，开平县便大量产生了碉楼。

开平县少数人家营造碉楼的历史很久，目前所知最早的碉楼是建于清初赤坎乡芦阳区三门里的迓龙楼。三门里村是一个地势低洼的地区，全部青砖建筑的迓龙楼盖得很高，又远比普通人家的民宅坚固，这样村民在洪水来袭时可以登楼躲过灾难。县志上记载，清末有两次可怕的洪水袭击，各村的房屋几乎都被淹没，人畜死伤惨重，只有三门里村的民众躲在迓龙楼内，全数逃过一劫。

开平碉楼在中国民居史上有着重要的地位的原因是，开平碉楼的建筑风格兼具中西风格。开平华侨主要聚居在美国和加拿大，他们把在国外买的钢筋水泥（水泥当时称为"红毛泥"）随船托运带回开平；又在当地采购砖头，促进了当地制砖业的发展。更重要的是，他们把西方的建筑形式和建筑思潮也带回了开平，使开平碉楼

成为一种中西合璧的独特民居形式。

开平碉楼都建成高塔状。一般高三到六层，也有高达七到九层的，其平面都是正方形或长方形，和一般房子差不多。

碉楼的造型由下而上可分为三部分：

1. 楼体占整个碉楼的绝大部分，碉楼的高矮，主要是看这部分的高度。楼体各层外墙均设有小窗，每个小窗装有直的铁棂，外面再装厚钢板做的钢窗，平常用来通风及采光，遇有盗匪来袭，立刻关上钢窗，枪弹便无法射入。楼体最底层设一小楼门，楼门以厚钢板做成，关紧后，无法从外面打开，子弹也射不进去，十分严密。

2. 楼体顶层的挑出部分。在楼体顶层出挑一圈挑廊，供人们瞭望和射击之用。挑廊四边及楼板都设有枪眼，可以向下及四面射击；有的还装有探照灯，供夜晚侦察之用。枪眼有长条形、圆形及T字形，外小内大，与一般军用碉堡射击口外大内小正好相反。有的在挑廊的拐角处做出圆桶状或八角桶状的"燕子窝"，窝壁上也有窗眼。

3. 屋顶。碉楼的最上面是屋顶，向里收分，兼有装饰功能，形式非常多样，不下百种。较为普通和典型的也有十多种，包括中国传统硬山式、西方古典复兴时期的希腊罗马式、西方浪漫主义的中世纪英国寨堡式、拜占庭式、伊斯兰教堂式等等；更多的是折中主义的中西混合式。千姿百态，各具特点，因而产生了丰富多彩的天际轮廓线。

供村民紧急时居住的碉楼叫做"众人楼"，众人楼的规模都比较大。还有一种规模比较小的碉楼称为"炮楼"，炮楼主要不是为了居住，而是用来打击进犯的土匪，以达到防御的效果。

后期由华侨富商建筑的碉楼，有一种特别的"住宅式"。所谓住宅式，就是将住宅和碉楼的特点融为一体，有些像西方的洋房，但是底层的窗户做成盲窗（在墙壁上做成窗户凹凸形状的装饰），二楼以上的窗户也较小，并带有粗壮的铁窗棂，就像一般的碉楼。住宅式碉楼数量很少，形式并不典型。

碉楼一般分布在村落的后部或两侧，这是为了不破坏原来村庄前低后高的布局。每个村庄少则两三座，多则七八座碉楼，在碉楼的兴盛期，有的村庄甚至建有十几座碉楼。即使现在，开平县还保留有1400多座碉楼，每座楼各具特色，为中国传统民居增添一笔丰富的文化遗产。

在福建省的中西部，有一种防御性土堡民居。这

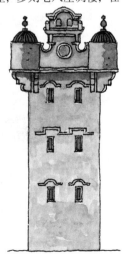

开平碉楼

开平碉楼是一种防御性建筑，楼体高耸，外形宛如炮楼一样。

众人楼（左上）

供整个村落村民居住的碉楼称为众人楼。众人楼的规模比较大。内部房间以众人睡觉的卧室和仓库为主，一般不设厨房。通常老人、妇女、儿童的卧室在中层以下，上面楼层住青壮年男丁。

纯防御性私家碉楼

纯防御性的私家碉楼，平面很小，里面不会有很多人过夜。

第九章 中国民居建筑

住宅式碉楼

住宅式碉楼是将住宅和碉楼的特点融为一体，有些像西方的洋房。但底层的窗户做成盲窗，二楼以上的窗户也较小。住宅式碉楼数量很少，形式并不典型。

福建省大田县均溪镇许思坑村芳联堡

芳联堡是一座保存完好的大型土堡，外墙为三合土的材料形式。这座土堡的内部装饰十分精美，是闽西较早的大型土堡之一。

种防御性土堡民居大都认为客家人所使用，但闽南人和畲族民众也有使用。这种民居的形式与内容都十分具有自身的特性，与中国民居的其他形式都具有明显区别。由于是防御性民居，因此，我们可以将中国民居中的另外几种防御式民居，如福建土楼、广东梅州的围拢屋和江西赣南地区的土围子与闽中西防御性土堡作一些比较，这样就比较容易理解这种民居的典型特征。

土堡民居不同于福建方形土楼，因为福建方形土楼在造型上大都是四个立面基本相近的，像是方盒子，而闽西防御性土堡大都是前低后高的造型，有些接近土楼中的五凤楼的外部形式。但土堡民居也不同于福建永定的五凤楼，尽管五凤楼也是前低后高的造型，但是五凤楼的屋顶是大出檐，窗户不像土堡民居那样设专门的射击孔，也没有土堡民居前面或后部四个角上的碉堡设置。另外在结构上，土堡民居和土楼最明显的不同在于，土楼的外墙是承重墙，而土堡民居的外墙只起维护作用，土堡民居的外围建筑的木结构体系是独立存在的。因此，闽西防御性土堡是与中原地区民居的结构形式相同的，也就是"墙倒屋不塌"。

从平面上看，闽中西防御性土堡有些接近广东梅州的围拢屋。但是土堡民居没有梅州围拢屋的两个必须要素：前部的半月形水塘和后部的半月形龟背。而梅州围拢屋的外部一圈建筑，只是房屋供人使用与居住，空间全部是被房间给一一分开的；但是闽西防御性土堡的最外围一圈，主要是连通的宽大廊子，人们可以在廊子里面方便迅速地绕土堡一周，这种廊子的功能是在防御时便于调动兵力。

闽中西防御性土堡也不同于江西赣州地区的土围子。因为赣州土围子在造型上的随意性非常强，几乎一个围子一种模式。而闽西防御性土堡却有着一种基本的规律性的模式，在整体造型上前低后高，在功能分布上，环绕一圈的土堡为防御性建筑，基本都不作为正式的房间使用，而院子内部是中轴对称的完整的一组民居。

总起来说，闽西防御性土堡在平面形式上，除了琵琶堡这种极特殊的土堡实例之外，一般的闽中西防御性土堡的平面都是

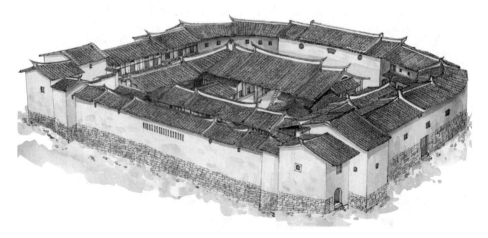

前面主体部分为一个方形，而后面是半月的弧形拱卫。在造型上，闽中西防御性土堡都是前部低、后部高。在功能设计上，闽西防御性土堡都是外部一圈为防御性建筑，即使有房间可以使用，也不是作为主要功能而设置的，维护建筑以内的院子中是对称设置的住宅，中轴线上一般至少有前后两堂，也有在中轴线最后的半月形围合建筑的最高处设置后堂的，但是祖堂一定是设置在院子中的房屋最后中部的。

在结构上，除了前面提到的土堡民居的外围建筑的木结构体系是独立存在、厚厚的夯土外墙并不承重这一特点以外，土堡民居的地面层不是直接使用地坪作为室内的地板，而是像矮干栏建筑一样架空的，一层也是地板。而且地板下面还设有通风排水的通道，许多土堡民居的正立面两侧都有对称设置的垂直石棂的专门的横向的通风窗口。

在防御上，闽西土堡的最大特点在于不仅有射击窗，还有相当多的、用空心竹子做的射击孔，射击孔都是向下穿过厚厚的夯土墙体朝着不同方向的。另外土堡外围建筑的

顶层全都有环绕一圈的通廊或隐通廊，以便战时调动防御力量。

土堡中最有名的要数福建省永安市槐南乡的安贞堡。为当地乡绅池占瑞于清朝光绪十一年（1885年）营建，历时14年完工。占地面积近10000平方米，建筑面积6987平方米，是一处罕见的大型民居建筑。

城堡外看安贞堡都是夯土高墙，而进到里面，却满眼都是木构建。建筑分为上下两层，纵横交错的走廊连接350个房间，厅、堂、卧室、书房、粮库、宝库、厨房、厕所等各种功能的设置齐全，堡内还有水井。围合建筑的墙体上布有射击孔180个、眺望窗90个。堡内装饰华丽，窗子之间的壁画和屋檐上浮雕人物造型形态各异，为建筑增色许多可供人玩味的细部。

福建省三明市大田县太华镇小华村的泰安堡，建筑面积1000平方米，始建于清乾隆年间（1736～1795年），到了清代中期，

芳联堡内部景观

芳联堡在土堡设计方面做了许多新的尝试，并取得了不少有益的经验。芳联堡的许多设计手法都被后来的土堡所模仿。

福建省三明市大田县太华镇小华村泰安堡

泰安堡高三层，内部为规整的长方形院落，院落四周是回廊环绕。在大门的两侧有两条跑马道直接通往二楼。

福建省永安县槐南乡的安贞堡

安贞堡内的建筑分为二进，左右对称，穿斗与抬梁式结构相结合。从前向后，建筑随地势逐次升高，因而屋顶层层叠叠，错落有致。城堡的建筑大都分为上下两层，每层有内走廊。全堡共有房间350间，堡内墙四壁布有射击孔180个、眺望窗90个。

第九章　中国民居建筑　209

福建省大田县广平镇万筹村光裕堡

大田县广平镇的光裕堡是一座外围由平房组成的形制规整的民居建筑。建筑平面的四个角呈圆形。中间为厅堂和正房，平面布置上中轴对称。

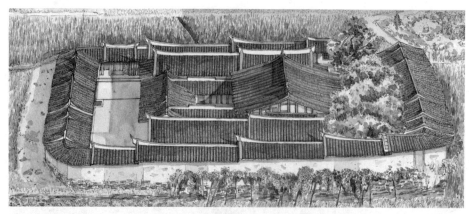

福建省大田县太华镇小华村泰安堡

泰安堡是一座始建于清乾隆年间的土堡。由于后来几经匪寇破坏，而业主又不断重建，并在外部不断增加防御的角堡，因而成为一座造型奇异的建筑。

被匪寇破坏。到了清咸丰丁巳年（1857年）又重建。这座土堡的最大特点是区别于这一地区常见的土堡的典型模式，在内部的某些设置上，有福建土楼的影子。具体是楼围合的中心庭院为方的，而且没有建筑，是空的庭院。在建筑结构形式上，依墙建房，利用外围的厚土墙承重。围合一圈的三层建筑具有居住、储物、粮仓、厨房等等各种功能，因而隔间自然较多。围合的堡与民居的祖堂结合，也与福建土楼大体一致。但是与福建土楼的不同点非常多。首先是大门内两侧设跑马道，方便居民上楼，战时也能很快地调动人力防卫。在原有一圈方形建筑的基础上，业主后来增建碉式角楼，以利于防御。这个过程仍然没有完成，因而外部呈现出不对称的造型。这是碉式角楼最多的一栋土堡。

三明市大田县均溪镇许思坑村的芳联堡为典型的土堡建筑，永安市槐南乡的安贞堡就是基本仿照芳联堡的模式，并加以创造而建成的。芳联堡始建于清嘉庆十一年（1806年）至今从未大修过。建筑面积3000平方米，有双重堡门，防御性强。堡内的建筑规整对称，为两进三堂加后楼。这座建筑的防御居住功能并重，设施完备、功能齐全。外部为三合土的堡墙，因而十分坚固。从整体上看，堡内的建筑密集，容积率高，装饰装修精美，是土堡中的精品。

安良堡是一个十分具有特点的土堡，主要在于外围的防御建筑在造型上完全独立于内部的院落民居，十分高大，尤其是后部高耸，视觉效果强烈。安良堡位于大田县桃园镇东坂村，这是一个畲族村落。安良堡建筑面积1200平方米，始建于明末，但在18世纪早期被匪寇攻破。清嘉庆十一年（1806年）重建，后来经过许多次盗匪袭击，但是由于建筑的防御设施完备，土堡没有再被攻克过。安良堡门外有护濠，经过左侧的高台阶进堡。围合的建筑仅有上部有一层房间，由于围合建筑犹如马蹄后部比前部高出许多，因而围合建筑内部的外侧为

福建省大田县桃园镇东坂村安良堡

安良堡是一座极其有艺术特色的建筑,其造型十分罕见,外部的围合环堡平面呈马蹄形,后部极其高耸,屋面层层跌落,堡内建筑完全独立,与外部环堡之间有很大的空隙。

阶梯状的跑马道,内侧为一个一个的木结构的小房间。每个小房间的地平都有较大的高差。堡内围合的民居建筑高达三层。堡前堡后建筑落差高达 14 米,建筑施工难度大,高墙、高楼、高包房是其最鲜明的特点。另外,安良堡内设有祖传的白虎道场,以及成组的道教祭器,因而还有道教建筑的性质。

琵琶堡是闽西防御性土堡中另一十分具有自身特点的建筑,始建于明洪武七年(1374 年),明末重修。因年代长久,清康熙(1662~1722 年)、咸丰年间(1851~1861 年)又曾维修过。琵琶堡位于三明市大田县建设镇澄江村后面大山中的一座孤凸的山冈上。这座土堡没有名称,由于其造型极似一把琵琶,因而得这一俗名。琵琶堡占地面积 3500 平方米,建筑面积近 2000 平方米。门前有小方水池,有防御和救火的功能。堡内有跑马道供防卫时调动兵力。堡内的民居建筑并不多,但是却有三圣祠、前楼、观音阁等礼制宗教建筑。琵琶堡充分利用了自然环境,是现存土堡中建筑年代最早、形制最为奇特的一座建筑。

七、红砖民居

在我国的福建省还有一种称为红砖民居的传统住宅形式,主要分布在泉州及周边地区。之所以用红砖民居来归类,主要是因为中国绝大多数地区的传统建筑都是使用青砖青瓦,区别于欧洲人普遍使用的红砖红瓦。但是泉州及周边地区的民居却是使用红砖红瓦,因而在中国传统建筑中独树一帜,砖瓦色彩成为其强烈的特点。

由于泉州一带黏土中的三氧化铁含量高,所以烧出的红砖色彩特别好看。红砖民居主要在晋江、泉州、惠安、南安、金门五个县。永春县也是红砖,但颜色更深,像猪血一样的深红色。但永春的屋顶,大部分是使用青瓦。当然漳州也有红砖民居,但数量明显不如泉州多。由于泉州城里大都是红砖民居,所以使用青砖盖房子的人家就

福建省大田县建设镇澄江村琵琶堡

琵琶堡是一座造型独特的土堡,独自坐落在一座小山头上。琵琶堡内部的空间利用合理,后部还有一个面积较大的半圆形庭院,外部的环境极佳,景观优美,是现存很少见的可以直接发展观光的景点。

泉州民居

泉州民居的主要形式是四合院，虽然平面布局与中原地区传统建筑相类似。但在细部装饰和建筑文化构成上与中原地区传统建筑有很大区别。

福建金门欧厝民居中的灯梁

金门欧厝民居中的厅堂上空架设灯梁。据说，灯梁可以驱邪除魔，所以灯梁上都绘有彩画，十分精美。

泉州民居六壁大厝

六壁大厝是泉州民居典型的布局形式。它是指在四合院的中心部位由四房一厅组成，四房一厅又是由六堵纵墙分割空间组成，当地人将这种典型的民居形式称为"六壁大厝"。

显得格外突出。如泉州有一处地名叫"青砖徐"，就是因为那里有一户姓徐的人家用青砖砌房，在当地格外显眼。

泉州民居的主要建筑形式是四合院，这种合院形式保存了许多宋代以前中原地区民居建筑的一些特点。据《八闽纵横》记载，中原汉人曾有过多次大规模迁徙入闽的纪录。最早的一次在东晋时，历史上称为"衣冠南渡"。这次入闽的汉人多定居在建溪、富屯溪流域及闽江下游和泉州晋江流域，据说"晋江"就是由此得名。入闽汉人来自中原，自然带来中原传统建筑特色。中轴对称、相对低矮开放的四合院民居布局形式，被泉州附近的人们保存下来，一直沿用到今日。

福建人由于是从中原迁来，为了怀念先祖，不忘本分，所以宗法礼教思想根深蒂固。

尤其在泉州一带，敬神祭祖的习俗，在民间扎根很深。平日，直接进入寻常人家，可以看到中堂香烟缭绕。每逢节日，家家都要举行祭祀活动。

除了专门的家祠外，每家在主厅堂（上大厅）都设有祖宗牌位，并且在厅堂上空架设灯梁。据说灯梁可以祛邪驱魔，所以灯梁上都绘有彩画。灯梁是一户人家神灵的象征，"文革"期间，许多出身地主富农人家的灯梁都被红卫兵拆除。人们相信，只要谁家的灯梁被拆毁，那家就再也发达不起来了。所以泉州民居的主厅堂兼有祠堂的功能，在民居中占有相当突出的地位。

四合院在不同的地点有不同的风格。北京四合院的庭院大而方正，相比之下，四周的房子显得比较小。陕西、山西的四合院，是东西狭窄、南北阔长的庭院，有时窄得就像是洋房中的走廊。四川的四合院也是狭长的形式，但与陕西、山西的形式正好相反，南北窄而东西长。泉州的四合院除了进深大以外，面阔宽是其主要的特点。

泉州民居四合院的正立面非常华美，红色的砖头与灰绿的石头形成对比。在墙体的基础部位，有案几一样的石雕装饰，给人一种静寂洒脱的感觉。除了活泼轻盈的砖雕外，红砖的拼花也是极具地方特色的。泉州民居的红砖叫做福办砖，用于外墙砌筑时，利用砖头深浅不同的颜色拼成图案，不再作任何装饰，只稍作勾缝。泉州民居的砖石雕刻应用得非常广泛，除了民居的主要入口处有大面积的砖雕、石雕外，在内部庭院中也有许多石雕的镂空花窗，而且几何图案少，大多是近似写实的植物和人物图案，形象细腻，世俗味道浓厚。

中国民居最富表现力的部位在于屋顶，而泉州民居的屋顶完全不同于中国其他地区。泉州民居的屋顶虽也用有弧度的阴阳瓦（仰合瓦），但弧度极小。椽子也和北方棍

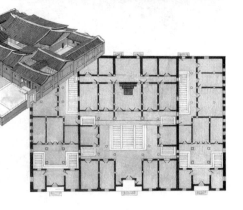

式的不同，宽度很宽、很薄，像扁的木片长条，当地人称为椽枝。从屋面造型上看，泉州民居的屋顶呈双向凹弧形的曲面，换句话说，在泉州民居的屋顶上，你找不到一条真正的直线。如果从正面看这条线是直线，当你从侧面看时，它就是弧线。大陆大部分地区的民居屋顶，尽管也是人字形的双坡屋顶，但正脊、瓦垄、檐口都是直线。

泉州民居房屋的正脊中间低两头高，两端的翘角处有美丽的燕尾。这是因为泉州人保持了祖先从中原南迁时，带来的中古时期北方建筑的风格。这种墙面表现出轻盈的轮廓，给人以腾跃、飞翔的感觉。

天井在泉州叫做深井，深井满铺石板。天井的一圈都是排水沟，以适应南方雨水多的特点。典型的泉州民居院落平面比较复杂，除了中间大天井外，四周有四个小天井，构成相对独立的生活小空间，增加了空间变幻的层次。正是因为有了不同形状的小天井，才使得高低穿插的屋顶檐口得以充分体现，形成虚实明暗的交融互映。

大天井在泉州民居中起着中心空间的作用。厅堂和大天井融为一体，厅堂是灰色空间，天井和厅堂在水平高度上有一级踏步的高差。厅堂前铺的一条长石板很重要，在当地称为大石砛。大石砛的起点和终点都正对两根厅廊柱。石板缝和柱础形成丁字形，当地人称为"出丁"，据说这样可以生男孩，家庭能够人丁兴旺。

在住房的分配上，泉州人严格参照中国古代祭祀时使用的"昭穆之制"，左为上，右为下，各个房间都有相对的名称。家里的男孩子要按照长幼次序来分配住房。由于四合院中心部位是由四房一厅所组成，四房一厅又是由六座纵墙组成，所以当地人称典型的泉州民居为六壁大厝。

值得一提的是台湾不少地区的民居与闽南沿海如晋江、泉州、蒲田等地的民居，无论在平面布局、屋脊起翘乃至细部装饰等方面都很相近。有的福建移民还用故乡的村名来命名台湾的村落，所以泉州民居的研究对于台湾民居建筑的研究有着特殊的意义。

八、少数民族民居

我国西藏高原地区平均海拔都在4000米以上，总的来说气温全年都偏低，温差

泉州民居墙面装饰

泉州民居的正立面非常华美，在墙体的基础部位，有案几一样的石雕装饰。除了砖雕，红砖的拼花也非常具有地方特色，由于砖块的三氧化二铁含量不同，形成深浅不一的颜色，人们利用砖块丰富的颜色，在墙面拼成图案。

泉州民居房屋正脊两端装饰

金门地区的五行山墙

在闽粤地区，马头墙的形状往往和房主人的生辰八字相对应，于是人们便创造出五行山墙。各地区五行山墙的形状因人们的释义与理解不同而会有所不同。图为福建金门地区的五行山墙，从左到右依次为：金、木、水、火、土。

藏族碉房

藏族碉房的特点是以单体的形式，将仓房、厨房、厕所、卧室以及经堂等各种不同功能的房间，安排在一栋建筑之内。从外观上看，碉房为方形的体块，总体造型下大上小，平顶，窗子和门的上面设置一块遮阳板挡风雨，这些都是典型藏族碉房的基本特点。

较大，日照强烈且多大风，再加上西藏高原盛产石料，就形成了独特的藏式民居——碉房。这种房子多是由石头垒砌或由土筑而成，有三至四层高，平顶。因为外观就像碉堡一样，故而得名。贵族、寺僧等上层人士的住宅体量较大，一般的平民只建一层或二层的碉房，碉房的窗都很小，这也是与当地风沙大、日照强烈的气候相适应的。

碉房的底层一般用作饲养牲畜的地方，底层不开窗，只在墙体上开有多个通气孔。上层是主人起居之所，中部开有供透气和采光的天井。而最特殊的设置是阳台，它是房屋的厕所，人们的排泄物直接落到楼下地面，由于高原风大，而且每户人家都分散居住，相隔较远，也不会影响生活质量。顶层除设经堂外，还设有喇嘛的住房，这是因为藏民有请喇嘛来家中念经的习惯。顶层还有开敞的房间以供储藏粮食之用，顶层又是晒

场，这是因为在高原地区平整土地很稀少的关系。

平坦的屋顶是藏族碉房外观的另一个重要特色所在。平顶的构成比较简单，其下部是柱子和四面承重墙，墙与柱的顶上置梁、枋，枋之上即铺设密集而整齐的木椽。椽子置放好以后，于其上铺设草或树枝、树叶，草或枝叶之上或抹泥或抹石灰，即成平顶。一般泥抹面的屋顶还要多用细沙土拍实。

藏族地区气候干燥、少雨，而且土质黏性强、易脱水，所以适宜使用土铺平顶，不必担心屋顶漏雨。用土又经济方便，就地即可取材，一般百姓都可使用。所以，平坦的屋顶也是藏族碉楼适应当地气候与环境条件的一个重要表现。

在少数民族民居中，羌族民居的形式也是具有十分鲜明的特色。羌族主要分布在四川省的岷江上游地区。羌族自古以来一直有垒石建碉楼的习惯，由于建筑艺术独特而精湛，所以在历史上很早就有记载。《后漠爵·西南夷列传》上说：羌族先民"依山居止，垒石为室，高者至十余丈，为邛笼"。"邛笼"为羌语，意为碉楼。顾炎武在《天下邛国利病书》中也说，羌民"垒石为碉以居，如浮圃敷重，门勾以楄木上下，货藏于上，人居其中，畜圈于下，高至二三丈者谓之鸡笼，十余丈者谓之碉"。

羌寨碉楼的平面形状有四角、六角、八角几种，下大上小，略有收分。里面分为六七层楼，有的高达十三四层。一般碉楼高十多米、二十多米，最高的可达四十多米！碉楼的建筑材料是石块和黄泥，修建前没有什么设计，修建中也不吊垂线，全凭经验和眼力，由工匠信手砌成。碉楼保存的时间长短全在于碉楼的基础情况是否下陷以及工匠砌筑的是否垂直。有的楼可存两三百年，真是令人敬佩。修建碉楼的目的主要是因为社会的不安定，为防御

敌患，也为观察敌情，人们在村寨的要道处或村寨中心修建了碉楼，有的村寨多达几座碉楼。由于几十年的社会平安，导致碉楼的衰落。只要社会安定，现存的碉楼必将日益减少。

羌族也大多居住在高山上或半山腰，村寨大小视耕地多少而定。羌族民居也是方形的平顶房，墙壁多用石块砌成。由于没有藏族民居的那种门窗雨搭，加上没有藏族民居的那些出挑的廊子、厕所，所以与汉族平顶房较为接近，与之最相像的是云南的彝族土掌房。

羌族民居一般为三层，少数的仅两层。一般为底层养畜，中层住人，上层贮粮。建筑结构为混合型，有墙体承重的，也有梁柱承重的。但最上面的房顶屋檐出挑，构成房檐，这与藏居的封檐做法也不相同。房顶的处理方法是，先铺木板，再铺树丫或竹枝，然后将细黄土及含有石灰质的鸡粪土覆盖在上面，用锤打坚，屋面总厚度在30厘米至40厘米左右。表面坚硬光滑，中部略高，这样便于排水。有的人家在屋面四周砌以矮的女儿墙，这样就用小槽引水在外，保证雨雪不漏。由于村寨位于山坡上，每家没什么大的院落，房顶就起到了院落的功能，晒粮食、晒衣物、编织、聊天都在房顶。

传统羌族民居的窗口很小，这样利于防寒防盗。火塘是一家人的活动中心。火塘用石板砌成，供取暖做饭使用。羌族的火塘上放铁制的三足架，架上有铁圈，可以防止小孩跌入火塘，也便于放锅。铁三足是家庭财富的象征，越是富裕家庭，铁三足就越精细，有的甚至都世代相传。与其他民族一样，火塘里的火种是长年不熄的，羌族人称此为"万年火"。祖先灵位也是供奉在火塘上方的，所以外人严禁触动火塘。羌族人

四川羌族碉楼（上图、左页下图）

羌语称碉楼为"邛笼"。早在汉代就有了这种住宅形式。《后汉书·西南夷传》就有羌族人"依山居止，垒石为屋，高者至十余丈"的记载。

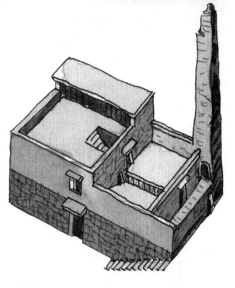

四川羌族碉楼

四川茂县羌族碉楼一般平面呈四方形，也有六角形的。分三层，上层放置粮食，中层住人，下层是畜厩。

民信仰原始的拜物教，所以常在住宅顶层的檐部或院墙上堆放白云石，当地人称"玉寅碉"，这是羌族特有的原始装饰。

作为一种物质文化载体或符号，主要分布在云南楚雄彝族自治州和红河哈尼族彝族自治州的彝族土掌房也是一种很有特点的民居形式。土掌房的背后是彝族先民传统精神文化的体现。彝族古籍《查姆》说，最初的人类是"老林作房屋，岩洞常居身；石头随身带，木棒拿手中，树叶作衣裳，乱草当被盖。"随着游牧业的发展，彝族先民开始离开洞穴到野外放牧，于是，开始用树皮、树枝、茅草等搭成简易的住房。而后，随着人们定居，从事农业生产，土掌房也逐渐产生。

土掌房民居的最大特点是造型为台阶状，主房为两层平顶，厢房等次要房屋为一

新疆和田阿以旺

阿以旺在维吾尔语中意思是"明亮的场所"，其形式为在小庭院上加盖平屋顶，这个屋顶高出其他部分的屋顶，并在这个屋顶下的四个侧面设置高侧窗，以供通风采光。阿以旺是维吾尔族民居中的精华部分，既是住宅内部的起居室，又可进行户外活动，是人们喜庆聚集的场地。

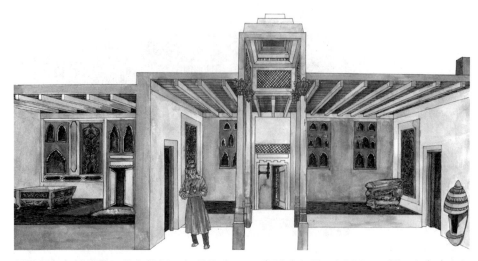

新疆和田维吾尔族民居

维吾尔族主要居住在天山南麓，这里气候干燥少雨，一天内温差很大。为适应新疆地区特殊的气候，人们便在住宅中设置户外型的家庭活动中心，这也成为维吾尔族民居的一大特点。

土掌房

彝族土掌房是一种古老的民居形式，以石为墙基，用土坯砌墙或用土筑墙，墙上架梁，梁上铺木板、木条或竹子，上面再铺一层土，形成平台房顶，与藏族碉楼的平顶相似。

层平顶，高低错落，朴实敦厚。但是像我们平时所说的那种三合院的平面形式只是土掌房众多平面形式中的一种，大部分土掌房在一层平面中并不设院落，而二层住房面积肯定至少一半以上的小于一层的住房面积。而且二层建筑一般都是位于一层建筑的一个角落处，至少有两面墙体直接与下面一楼的外墙上下相连。外墙没有窗户，即使开窗，尺度也非常小。外观上，土掌房为土墙土顶，一片黄色。

平顶的功能主要是作为晒场。晒场大大高于地面，不仅有高爽的感觉，晾晒的农作物也可以免遭虫吃鸡啄。

从村寨的角度来分析，彝族土掌房村落的防火布局模式在中国传统村寨中是较为理想的。土掌房的木构件基本都被黄土覆盖，不易形成大的明火；房屋与房屋之间都有一定的防火间距，因此，从这个角度来看，彝族土掌房还是具有一定优点的民居形式。

新疆维吾尔族地处内陆，气候炎热干燥，日照时间长，风沙和昼夜温差都很大，是典型的大陆性气候。当地典型的民居建筑形式叫做阿以旺。维吾尔族民居不但能够很好地抵御风沙，而且在遮荫和防寒上效果也很显著，其内部布局设计也比较完备，是比较有代表性的民居形式之一。

阿以旺房屋多由厚实的生土墙建筑而成，中部有一个面积、高度都最大的房间，采用高侧窗采光。阿以旺是全家招待客人和日常活动之所。在阿以旺四周，配套建有主客房和其他生活用房，这些房间面积和高度都较小，用平窗采光。阿以旺是整个建筑中最尊贵的空间，客人到来一般都被请到这里。平时这里也是家庭劳动的场所。由于新疆地区降水量很小，而日照强烈，所以这一区域的民居都不设排水设施，窗户也开的较小，而且由于风沙较大，民居的密度也较大。

内蒙古是一望无际的草原区，人们主要以放牧为生。逐草而居的生活决定了蒙古族人民的居所必须可以方便快捷地拆卸和装配，以适应游牧的需要，这就产生了蒙古包这种传统的民居形式。

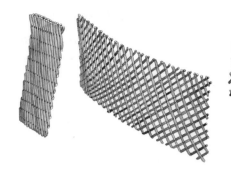

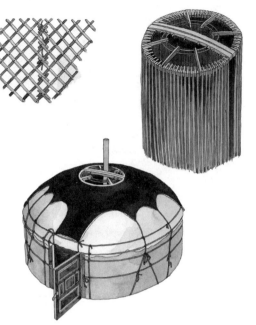

蒙古包结构示意图

蒙古包的构架较简单，主要由骨架和毛毡两部分组成，骨架的最上部是像天窗一样圆形的陶脑，陶脑四周是一圈像伞骨一样的乌那，一根根地架在下面像栅栏墙一样的哈那上面。一般的蒙古包由四个哈那组成，哈那围合以后，还要留出一个放门的地方。

蒙古包主要由毛毡和简单的木构架构成，平面呈圆形，在顶部留有通风和采光的小口。一般包内面积大约 12～16 平方米，也有较大面积的蒙古包，主要是在举行盛会或人口多而比较富裕的家庭中使用。由于内蒙古草原可供采暖的燃料较少，人们主要以牛羊粪作为燃料。而蒙古包内较小的空间使用较少的燃料就可以很温暖了。蒙古包的组合很灵活，冬天温度低时，可以在外部加双层或多层的毛毡，而到了夏天，可以把蒙古包下部的毛毡掀开，以供通风降温。

在我国东北生活的朝鲜族民众也有自己独特的民居，他们居住在矮屋之中。这种房子从外观上看，除了比汉族房子矮之外，好像没有什么较大区别。但是事实上它们与汉族民居还是区别相当大的。首先朝鲜族人的房子不太注重朝向，多以单体为主，没有东西厢房配套的传统，房子四周也不用高大的墙体围合，而是用木板围成简单的篱笆，建造篱笆的目的不在于封闭和围合院落，而只是为了不让自己家饲养的鸡鸭走出去而已。

矮屋是因其屋子的高度低而得名，这是因为在寒冷的东北地区，低矮的空间可以提高热效。矮屋内部的地面下是一条条并列的火道，火道上再铺以石板或砖石，用泥抹

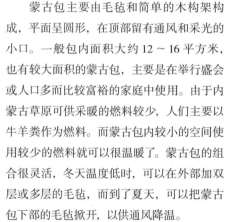

朝鲜族民居

我国东北吉林省、黑龙江省的东部，是朝鲜族生活的区域。这一区域的朝鲜族民众的传统住宅比汉族民居的房子低矮，上面铺以稻草或仰合瓦，外观形象十分朴实，因此也称"矮屋"。

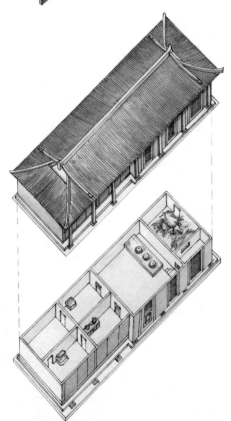

平，上面再铺席。所以整个地面就是坑，在冬季屋内很温暖。室内的布局模式是固定的，类似"田"字形，有六间和八间之分，六间即一个"田"字加一个"日"字，而八间则是由两个"田"字形组合而成，一般前面是

村镇最佳选址

选址是中国民居村落的重要内容。根据山脉水系的分布以及地理气候条件等，风水学家概括出了村落环境的理想模式。通常而言，背山面水、左右围护的格局是建设村落的最佳环境。

长辈居所，后面是孩子的居所及储藏室，而牲口房则在房屋的一端。因为朝鲜族民居门和窗户是不区分的，所以在矮屋四周都开有门窗，以利于夏天通风。

第三节 民居村落

一、村落中的风水

在中国民居村落的设计中，风水与选址是两项重要的活动。风水在我国有着悠久的历史，其起源早在人类早期的择地定居时期。《诗经·大雅·公刘》中就记载了周人的先祖公刘领着臣民迁居豳地的情景："笃公刘！既溥既长，既景迺冈，相其阴阳。观其流泉，其军三单，度其隰原。彻田为粮，度其夕阳，豳居允荒"。公刘通过对山川地貌等的相看，择定了一处风水佳地作为他所带领的臣民的栖居地，过上了安定的农耕生活。

虽然我国的风水术在汉唐时代才逐渐成熟，在公刘时代还没有真正的"风水"一词，但公刘对于定居地的选择无疑具有风水的意义。而风水术由远古的萌芽，后经过不断的发展成熟，一直到封建社会末期，几乎从未间断地被用于建筑选址中。尤其是民间建筑，直到现在，某些民间地区仍然讲究建房的选址问题，也就是对好风水的追求。

风水包括形法、理法、堪舆与宿命等构成要素。其中最主要的在于理法与宿命论有强烈的迷信成分，但形法在分析地形、小的物理环境以及指导建筑的造型方面，有一定的科学性与实际意义。从风水的科学性与实际意义上来说，它应属于我国古代关于建筑环境规划与设计的一门学问。风水在我国古代时，在民间流传尤其广泛，对我国传统民居的影响极其明显。村落的选址就强烈地体现了风水对于民居的影响。

风水运用于村落选址，实际上包括很多具体方面，诸如气候、生态、地形、地理、地貌、地质、景观等，以及众因素之间的相互影响，还有禁忌、缺憾弥补等。也就是说，

云南大理白族民居的环境

白族有句俗语"正房要有靠山，才坐得起人家"，意思是民居院落主轴线后方要对着一座风水上吉利的山峰。而云南的横断山脉为南北走向，山坡的缓坡地在山的东、西坡，因此白族常在山头东面的缓坡地上修建村落，这样民居都可以正房朝东，背后又有吉祥的"靠山"。

218 华夏营造　中国古代建筑史

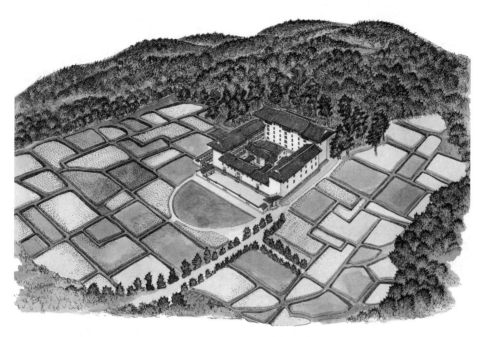

五凤楼风水示意图

五凤楼是土楼中最早产生的一种形式，它的文化内涵最为悠久。反映在风水方面具体的表现是，五凤楼的地形必须前低后高，建筑也是前低后高，应和"前低后高，子孙英豪"的说法。楼前面设置半圆形的水塘，象征四海，沿袭了古代明堂辟雍"水四周于外，象四海"的意涵。

强调的是各方面因素的综合评判。

村落的风水主要是存在于精神层面的东西，但这种精神层面的东西是要以自然为承载物的，也就是说，它是以自然的形态表现出来的。从哲学的角度来说，没有自然的山形水态也就没有精神层面上的风水。因此，村落的好风水首先取决于村落的自然环境与景观。

风水中关于"自然"方面，既有自然的地理位置、气候环境，也有自然的山水景观等。

从大的地理与环境来看，中国位于北半球，欧亚大陆的东部，太平洋的西岸，这样的海陆位置有利于季风环流的形成，使中国成为世界上季风气候最明显的区域之一，风向随季节呈周期性转换。比如：冬季的时候中国境内大部分地区都刮偏北风。早期的人们虽然不能完全明白这其中的道理，但是在长期的生活实践中也渐渐发现了自然的规律，并能加以很好的利用。如将房屋建在山坡的南面、河流的北边，以使住宅能接纳更多的阳光，同时又能避冬季的寒风，还可以便于生活用水，一举多得。

即使不能背山面水，中国的传统住宅也大多是面南而建，这更是由中国所处的大的地理环境所决定的。因此，中国的传统建筑显著地体现了中国大的地理环境造成的特点。

中国传统居住建筑的大的气候、地理环境是由整个中国所处的区域决定的，而在自然景观的表现上，中国传统住宅建筑一般以村落的形式呈现。我国的皖南地区古村落就极其明显地体现了这种村落的自然特点。

安徽的南部一带，现称皖南，古称徽州，即是一片风景优美之地。司马迁对其进行过这样的描述："楚越之地，地广人稀，饭稻羹鱼，或火耕而水耨，……是故，江淮以南，无冻饿之人，亦无千金之家"。虽然没有大富大贵，但自然赋予的肥沃土地与水资源，为人们提供了稻米与鱼类。这样的自然与环境真有如陶渊明所表现的桃花源。

安徽黟县宏村月沼

安徽黟县宏村有"牛形村"之称，雷岗山为牛头，苍郁的古树为牛角，村里的房屋楼舍为牛身，古时村里的四座木桥为牛腿，半圆形的月沼为牛胃。

第九章 中国民居建筑

安徽黟县宏村

宏村地理环境优美，北枕雷岗山，东傍东边溪，西有西溪、黟北古道，南面东、西两溪汇合，形成洞田。这正符合村东有流水，为青龙；村西有长道，为白虎；村前有沼池，为朱雀；村后有丘陵，为玄武的万年吉地。

明代万历年间编修的《歙志》更清晰地描绘了明代时徽州的景况："家给人足，居则有室，佃则有田，薪则有山，艺则有圃"，表现了一幅自给自足的小康社会面貌。同时，其中的"田"、"山"、"圃"正是所居之"室"的富有自然美感的环境。

皖南古村落大多处于层峦叠嶂的山区，村落周围青山、碧水环绕，自然环境优美。加上道路险阻，河流湍急，也较少有兵燹匪患，是一方安宁的净土。因此，其自然优美的生态景观与村落建筑等，都能较好地得到保存。所以，现在人们所能见到的皖南古村落依然依山傍水，体现着人与自然环境之间的高度和谐与美。

皖南现今的传统村落主要集中在歙县、黟县、休宁县、祁门县，著名村落有唐模村、呈坎村、宏村、棠樾村、西递村等。这其中以黟县景观最为人称道，素有"桃花源"之称，县内古村落则被称为"桃花源里人家"。

黟县居于黟山之阳的开阔平坦之地。黟山即黄山，为我国第一山，"五岳归来不看山，黄山归来不看岳"，山峰奇丽雄伟，变化多端，更有云海、怪石、奇松、温泉等迷人风景。背依这样的名山佳境，黟县的自然景观之优美卓绝也便不足为奇了。各村落内又有碧水绿树萦绕，粉墙黛瓦的民居，伴着春天的桃花艳丽，秋季的红枫满树，夏有风，冬有雪，四时景致皆令人陶醉。尤其是春季的桃花，盛开时粉红娇艳，正应着"桃花源"之名。据黟县《陶氏宗谱》记载，始迁于黟县的陶庚"性情迥异，读书好道，无慕于富，无慕于贵"。如此一位德行君子，其迁居黟县正说明了黟县的山水形胜，清雅非凡，优美动人，所谓"凤凰择梧桐而栖"。

黟县古村落的山水地景正符合我国风水观念。风水学讲究"得水为上，藏风次之"，而黟县古村落背山面水，或山环水绕，正是藏风聚气之相，山水刚柔相济。其实诸如面对阳光、傍依绿水、背靠高山以避风等，正是生命延续的最好的自然营养，《老子》所谓："万物负阴而抱阳"。其实不只是黟县，皖南其他县内古村落的自然风景一样令人向往，令人陶醉，一样是背山面水的好风水之境地。

理想的适合居住的自然与地理环境并不是随处可得的。南北方地理、气候有差异，风水好坏也便有别。而即使是同处于南方或北方，不同地段的风水也往往有差异。所以，同一较大的区域，住宅对其环境有一个总的适应性，并表现出相应的适应性特征。如我国北方地区气候比较寒冷，又常有沙土飞扬，所以住宅的设计以高墙围合的封闭式为主。因此，北方黄土地带使用窑洞住宅形式，平原地带使用四合院住宅形式。

而同一小区域内，则采取具体的补救方法，风水的呈现便更为明显。这种小区域内的弥补，主要依靠风水树、风水亭等设置。

风水树

并不是所有的村落都能占据理想的地理环境,为了弥补风水上的不足,人们常常通过一些其他的设置来达到心理上的安慰。植物就被看作是一种"趋吉化煞"的媒介,因此常在一些村落的街头巷尾看到长势良好的"风水树"。

安徽歙县唐模村风水亭

这一类设置就是本节的主角。以上面所介绍的皖南古村落为例,皖南歙县有一个唐模村,即在村口设置了风水亭。

唐模村村落景观优美,更有一小园名为檀干园。园中镜亭上一幅长联极妙地描绘了唐模村与小园的极致景观:"喜桃露春稼,荷云夏净,桂芬秋馥,梅雪冬妍,地僻历俱忘,四序且凭花事告;看紫霞西耸,飞瀑东横,天马南驰,灵金北倚,山深人不觉,全村同在画中居"。这座依山傍水的小村自然景观优美,但因为村落的水系循环,水在村东必须流出村外。村人为了藏住本村的山水神气,以永保已有的好风水,便特意于水口处建造了一座水口亭,也就是风水亭,以镇住好的风水气息,使之不得外流。

风水亭边一株葱郁的古槐斜倚相依,亭、树既为风水上的象征设置,又是一道优美的村落建筑与自然风景结合的别致景观。可见,从某方面来说,风水设置又带有美化村落环境的意义。不论自然风景,还是人工建筑,对它们的寻找与创造就是人们对于美好生活的向往与追求的体现。

浙江的楠溪江古村落同样有弥补性风水设置,但与皖南古村落相比,其风水设

苍坡村的风水

苍坡村的村落规划以文房四宝为依据，村落的主街直指远处的笔架山，并将街名定为笔街；因笔架山形似火焰，为防引火烧村，人们在笔街东端挖掘池塘；池塘边有两块4米多长的条石。这样一来，池成了砚池，条石成了墨锭，整个苍坡村为一张大纸，笔墨纸砚就俱全了。

置更与整个村落的规划有着完美的结合。

楠溪江有一个苍坡村，据记载，其村落的规划早在宋代已进行并完成，形成了非常完美的"文房四宝"村落布局。苍坡村西面有一座山，因为其形如笔架，所以称为"笔架山"。苍坡村的规划者以此山为村落的屏障与依靠，并依据山的象征意义，在村落中设计一条主街直对着笔架山，街以山而名为"笔街"。同时，在笔街的东端一侧挖池储水，并在池边置两块长达4米的条石，以水池象征砚台，以长条石象征墨锭。全村平面近似方形，正似一张纸。至此，苍坡村笔、墨、砚、纸文房四宝俱全。

文房四宝象征着文风，而苍坡村以此为村落规划，显然是希望通过这样的规划与风水设置，实现村落的文风鼎盛。相对于皖南的唐模等村落来说，苍坡村的自然条件并不算是绝佳，但经过一些人工的风水设置，却组成了近乎完美的村落风水与景观，体现了风水设置的重要意义。

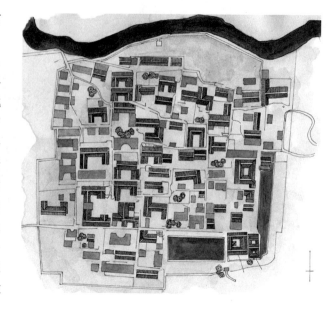

二、村落的防御

我国传统民居建筑普遍具有一定的防御性，在各种类型的传统村落中，集体防御能力相对来说是较低的，百姓具有朴实自然的天性，因而所居住的村落的对外防御性并不被突出强调。我国传统民居中，只在某些地区的某些村落中民居的防御性表现得非常强烈，诸如福建土楼、藏族碉房等。但是对于大多数的传统民居来说，其防御性表现并不是十分突出，尤其是对于整个村落的战争防御，实际上有防御设置并真起作用的例子并不是很多。而大多是一种象征或精神界定上的防御设置，如侗族村落的寨门、金门民居中的五方。

（1）寨门

寨门的设置大多见于我国传统少数民族建立的村寨中，桂北的侗族是比较具有代表性的一处。在桂北侗族，几乎每一个村寨都设有一道寨门。寨门的设置对内有使村落族人内向凝聚的作用，对外具有阻挡性质，因此带有一定的防御性。但是实际上这种防御性，主要靠的并不是寨门的封闭性与坚固性，因为侗族寨门大多只是一道门连着一圈矮墙，只从精神、心理层面界定村落空间，强调村落的地域性与范围。有些寨门甚至只用几枝竹子圈出一个门洞，更具有明显的作为空间界定的意义。所以侗族等少数民族村落寨门的设置只是象征性的防御设施。

（2）五方

在我国福建沿海的金门岛上，在红砖红

浙江苍坡村的寨门

寨门是一个村寨的入口，也是重要的防御设施。现在很多寨门已经不具有防御性，只是一种形式上的门，对加强村寨成员的凝聚力及强调村落的地域性具有重要意义。

瓦房屋聚集的金门聚落中，有一种极为特别的设置，称为"五方"。它与侗族等地的寨门相比，更是一种精神上的防御设施，是一种鬼神崇拜的表现。在科学不发达的旧社会，人们对于自然界所发生的种种现象往往不能完全予以理解，对于令他们恐惧的事情，比如想象中的鬼怪事件，往往希望得到神灵力量的保护。五方的设置即是驱鬼避邪的村落保护件之一。

五方的做法很简单，一般由令旗和三支绑着红布头的竹符组成，其尺度较小，约40厘米高，排列时按五行五色设置，即中黄、北黑、南红、东青、西白，分别对应中、北、南、东、西五个方向，所以称为"五方"。这样的所谓防御设置，显然并不具备真正意义上的防御功能。

作为具有实际防御作用的村落建筑，最有代表性的例子当为丹巴碉楼。

川西丹巴民居为三到四层的碉房，本身已具有极好的防御性。而丹巴地区村落中的碉楼，更是功能显著的防御建筑，对村落起着最大的保护作用。丹巴碉楼的防御性，首先表现在其坚固的材料与高大的造型上，其次主要在于其数量众多。我国古碉主要分布在藏羌地区，而丹巴则是现存古碉数量最多、形制种类也最为丰富的县份。

福建金门风狮爷

福建金门地处海岛，人们常受风沙之苦。所以立风狮爷在金门地区渐成风气。立风狮爷的主要作用是希望它来阻挡海风与沙石。因此，风狮爷常设立在聚落的入口处，面朝大海。

因而，丹巴素有"千碉之国"的美誉。

丹巴古碉从建造者身份来说，分为寨碉和家碉两类。寨碉是全寨共同出资出力修建，而家碉则是一家一户单独修建。所以，相对来说，家碉在气势、体量上都要小于寨碉；从功能上来说，可以分为界碉、烽火碉、要隘碉、风水碉等。不过，不论大小高低、修建者是谁、功能如何，丹巴古碉都是石砌的碉楼。总的来看，丹巴碉楼的平面造型非常丰富，有四角形、六角形、

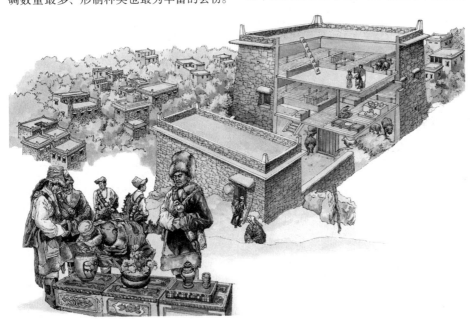

四川丹巴碉楼

四川丹巴碉楼是一种村落防御性建筑，其形式与藏族碉房有些相似。

第九章 中国民居建筑 223

福建屏南县长桥镇长桥村万安桥

万安桥位于福建省屏南县长桥镇长桥村，是现存全国最长的木拱廊桥，根据桥上的石碑可知，万安桥始建于宋代，后清代又有大规模修建。

浙江永嘉县岩头乡苍坡村送弟阁

苍坡村送弟阁与村东南角的望兄亭两座亭子形制相同，是为纪念宋代村里的一对李氏兄弟而建。

八角形、十二角形、十三角形多种。多角碉的内部空间平面都是圆形，这也是丹巴古碉的一个重要特色。古碉的高度最低者二三十米，高者可达60米，参差错落地耸立在村落之中，忠诚地守卫着丹巴村寨。

从功能划分上，风水碉与其他古碉有着最为明显的不同，它是为村落镇风水，并供人们朝拜供奉的古碉，具有浓厚的宗教色彩。而其他古碉则主要作为村落的防御和守卫设施，是具有实际意义的防御建筑。如果要说风水碉所具有的功能也带有防御性的话，与前节所说的五方等设置一样，也是精神意义上的防御物。

丹巴之所以有"千碉之国"之誉，与其所处的地理位置息息相关。丹巴曾是著名的藏彝走廊，历史上曾发生过较为频繁的战争，古碉便在这种背景下应运而生。

其实，作为村落防御的设施，以及一些传统的防御性民居，大多是因为战争而产生的，丹巴碉楼如此，丹巴民居也如此，福建土楼、赣南围子等也都是如此。除了战争之外，便是匪患，而匪患常出现于古时处在各管辖区交界之地，官府管不到的地方。因而这些地方的民居与村落的防御性也便最强烈，土楼、碉楼、围子等都具有这样的地方性特征。

三、村落的公共建筑

村落中除了各家各户所居住的民居之外，具有公共性质的建筑与设置都称为"村落的公共建筑"，主要包括亭、桥、寨门、牌坊、戏台等。种类虽然不多，但其中却大多具有使用及象征的双重性质。

就以"亭"为例，亭既有歇脚的凉亭、路亭，也有建于村落水口的风水亭，具有风水意义；寨门既是公共建筑，也带有防御目的；牌坊在村落中是纪念碑似的大门，更多地体现着一种礼制意义。

（1）亭

亭子的身份在现代人的印象中大多被界定为园林建筑，其实在早期时亭子的功能多种多样，如驿亭、治所亭、报警亭、路亭、山亭，而作为园林建筑的身份实际上在早期反倒并不突出。直到南北朝时期，随着私家园林的逐渐发展，亭子的性质才发生

浙江南浔通津桥

江南水乡民居中的桥多为拱桥，以方便桥下船只的通行。

了较大的变化，出现了专门建于园林中供观赏与赏景之用的园亭。

园亭的出现比其他类型的亭子出现得晚，加上后期因为园林受到了保护，园亭也多有较好的留存，而早期的其他类型的亭子相对留存较少，因而实例不如园亭丰富，造型上看起来也似乎没有园亭精巧、多样。实际上在园亭之外，其他类型的亭子的类别也很丰富，造型也极多样，材料的使用也比园亭更广泛，村落中的亭子即归为这一类。

村落中的亭子具有所有亭子的造型、材料等特征。从造型上来说，有方亭、圆亭、六角亭、八角亭、扇亭、单檐亭、重檐亭等；从材料上来说，有木亭、竹亭、石亭、砖亭等。不同造型、不同材料的小亭各显风采，在乡村山清水秀的田园风光中，偶然出现这样或那样的一座小亭，常常会给旅途劳累的行者一份惊喜，因为它既是旅行者极佳的歇脚处，也是旅行者乐意见到的别样景观。各色的小亭便因此为村落增添了一份绵绵情意。

广西侗族马胖寨有一座马胖凉亭，建在马胖寨中几条主要道路的交汇处，又处在通风口上，是村寨中人们休息乘凉与过路行人歇脚的理想场所。同时，这座亭子装饰极少，简单朴实，体现了作为村落建筑的简朴、大方的风格特征。

（2）桥

桥的主要作用是连通水面以过行人。在村落的公共建筑中，桥的功能性比亭更为重要。作为村落的桥梁与我国各地民居一样，带有显著的地理与环境特征的，也就是说，地理与环境以及生活的需要等因素决定了桥的多少和桥的造型，乃至桥的材料等。江南水乡的各色小桥，就是极具地方特色与地理特征的村落桥梁形式，也是我国民间村落桥梁中的佼佼者，无论是从其形态上看，还是从其名气上看，都是非常突出的。

我国传统桥梁的种类有：梁桥、浮桥、拱桥、索桥等。江南地区水网密布，出入大多借助船只，但境内村落中没有高山峡谷，因而不必采用山间常用的高空索桥；梁桥也称平桥，桥面相对较低，不利于通船，所以

徽州鱼梁古镇路亭

村落中的凉亭、路亭从古代的长亭和短亭演变而来。《白孔六帖》中有"十里一长亭，五里一短亭"之说。古时的长亭、短亭多设在路边，有饯行的作用。现在村落中的路亭、凉亭是村民小聚、休憩的地方。

广西三江县巴团风雨桥

风雨桥这一名称是根据桥的作用而来的，除了供人通行外，风雨桥还能为行人遮风挡雨，其形制结合了园林中的廊桥和亭桥，在桥上加盖屋顶或建亭。

江南水乡也较少采用；浮桥是根据临时需要而用船只或木筏等并连起来的水面通行设施，自然也不适合在水路交通频繁的江南水乡地区使用。

江南水乡最常见的桥是拱桥，桥洞高拱，便于通船。拱桥在我国各类桥梁中是出现的比较晚的一种，但却是发展比较快而又富有生命力的一种。拱桥的材料有石、木、砖等，而根据拱的多少又有单拱拱桥、双拱拱桥和多拱拱桥之别。拱洞的形状则有尖拱、半圆拱、五边形拱、坦拱等。江南水乡水面的拱桥大多是石砌、半圆、单拱拱桥。材料上以石为主，石材料更适应水网地带，比砖、木的防腐蚀性强。半圆的单拱拱桥既便于通船，同时即使是体量较大也不会显得笨拙，而是依然灵巧轻盈，富有江南水乡桥梁的灵动、精巧的美态。

作为村落桥梁，除了江南水乡的小桥之外，侗族的风雨桥堪称是村落桥梁中最具特色的形式之一。

如果说江南水乡的拱桥呈现着江南水乡建筑的精巧与优美的特色，那么桂北侗族的风雨桥则表现了广西少数民族地区桥梁的朴雅、别致风格。江南桥梁有江南桥梁的美，桂北桥梁有桂北桥梁的韵味，都是浓重体现当地民族风情、适应当地的地理与气候的桥类建筑形式。

桂北侗族风雨桥是一种桥上带有屋顶、利于躲避风雨的廊桥形式，"风雨桥"之名也便因此而来。闽北、皖南等地的传统村落中，也有带屋顶的廊桥，虽然也具有一定的自身特点，但与侗族的风雨桥相比，却没有形成桂北地区那样一种强烈而又统一的地方风格。

侗族风雨桥的桥面上不但有廊，而且廊间还建有重檐桥亭，廊顶、亭顶素雅稳重，但又参差多姿。除此之外，侗族风雨桥还有很多其他地区风雨桥不具备的特色。

其一，从体量上来说，其他地区的风雨桥大都没有侗族风雨桥的宏伟。巴团寨的

第九章　中国民居建筑

广西三江侗族自治县马安寨程阳桥

广西三江侗族自治县马安寨的程阳桥是桂北地区风雨桥中最大的一座。程阳桥又名程阳安济桥，始建于1921年，全长近78米，为石墩木面翘式桥型。

巴团桥长达50米，冠洞风雨桥长达60米，亮寨风雨桥长达45米，而桂北最大的程阳风雨桥则长达78米，堪称巨大，宏伟壮观，但整体造型并不因此显得笨拙，而是依然修长，并且亭廊更显参差多彩。

其二，从数量上来看，其他地区的风雨桥也多不若侗族村落风雨桥密集。在桂北侗族地区，可以说是逢河必有风雨桥，几乎每一个村寨都建有风雨桥，有些村寨还不止建造一座，使风雨桥成为侗族村寨重要的标志性建筑。

（3）戏台

我国传统村落中的娱乐空间有很多种，戏台是其中比较具有代表性的一种。在我国传统社会中，上至皇家宫、苑，下到黎民百姓的山乡村落，都建有很多的戏台。相对于皇家戏台来说，村落戏台更具有浓郁的地方特色与传统风味。

地方戏台的地方特色与传统风味主要表现在两个方面，一是戏台本身，包括戏台的造型与装饰等，二是戏台演出时的观众。

传统村落中的戏台，无论从造型上还是装饰上，都强烈地体现出村落戏台和地方戏台的特点。首先，从造型上来说，村落戏台造型大多比较朴实、简单，同时富有各地地方建筑特征，比如广西侗族的村寨戏台，与村落中的民居相仿也多为简易的歇山顶，底层也为架空式，虽然不若当地住宅的底层架空高敞，但也相差无几，显示出村落建筑造型的一致性。江西乐平县的二百多座戏台，其造型模式与当地的民居大致相仿。

其次，从装饰上来说，村落中的戏台装饰大多比较简单、朴素，不讲究华丽之风，但呈现浓郁的地方装饰特点，并且有些村落戏台的装饰也很精致美观，显现出非凡的装饰技术水平。如江西乐平的戏台，其装饰堪

浙江南浔东大街戏台

浙江南浔东大街戏台表现出地方戏台装饰朴素、淡雅的风格。

称精美，尤其是戏台中的木雕，题材有花鸟、树木、人物故事等，并且大多采用高浮雕和透雕手法雕刻，展翅的鸟儿仿佛就要飞去，盛开的花儿好似有幽香飘浮，精彩绝妙。

如果将村落戏台与皇家戏台进行对比，则可更清晰地了解其特点：地方戏台都存在于不同的地方村落中，与各地的民居相互映衬共存，而皇家戏台则都位于辉煌华丽的皇家建筑中间；地方戏台体量相对矮小，色彩相对淡雅，皇家戏台大多雄伟高大，色彩浓烈；皇家戏台装饰华丽非常，并且在装饰上多使用封建等级较高的题材，如龙、凤、云等，且多使用高等级的彩画，地方戏台则更多地使用自然生物，如普通的花、鸟、树、木等。

总而言之，村落戏台属于地方戏台，它们的形象更为多样化，但相对于皇家戏台来说，它们又都呈现出朴素、淡雅之风格。

（4）鼓楼

这里的鼓楼并非普遍意义上城市中建造的"晨钟暮鼓"中报时的鼓楼，而是一种特称，是专指侗族村寨中的一种公共建筑，即侗族鼓楼。因而，就村落公共建筑来说，鼓楼是侗族村落最具特色的建筑之一。

侗寨鼓楼是侗族村寨的标志，身姿挺拔、飞檐灵秀、结构严谨、形体稳重，加之富有地方风格的装饰，突出地展示了侗族村寨建筑的特征。鼓楼作为侗族村寨中的公共建筑，首先具有侗族村寨建筑的一些共有特征，比如：青瓦屋顶，粉白屋脊，基本不带有弧度的屋面，简单轻巧的翘脊端头，共同体现出侗族村寨建筑的朴素、简单、相依相融的特征。除了与侗族村寨其他建筑具有一定的共同点之外，鼓楼还与一种非侗

寨建筑有极大的相似性，这就是塔。

侗寨鼓楼与塔的最大共同点就是它们的外形颇为相近，都属于体量比较高大的建筑形式。这种共同点是侗寨建筑吸收中原文化而形成的，侗寨鼓楼的初级形态是罗汉楼。罗汉楼的形象近似于侗族干栏民居，其后因受汉族塔类建筑的影响逐渐形成现在的形式。

以侗族罗汉楼结合汉地高塔而成的侗族鼓楼，便产生了与侗族村寨其他建筑诸多的不同点。首先是体量上突出于其他建筑之上，在视觉上起到与周围建筑群体形成对比的作用，其次鼓楼的底层也不再是干栏式建筑的底层架空形式。

鼓楼是侗族村寨的公共活动中心，具有族姓标志、聚众议事、礼仪庆典、击鼓报信、休闲娱乐等多种作用。因此说，鼓楼是侗寨的政治、文化、社交与生活中心，是侗寨的象征。

江西乐平戏台

江西省乐平县至今仍存有两百多座构筑奇巧、装饰华丽的戏台。时至今日，仍有修建戏台的风气。乐平戏台多和祠堂连在一起，每逢祠堂举行续家谱仪式时便演出大戏，因此修筑戏台是尊奉祖先的一种表现形式。

广西侗族马胖鼓楼

马胖鼓楼位于广西三江侗族自治县八江乡马胖寨，楼呈宝塔形，由4根长13米、腰围近2米的大杉木组成长方形支柱，外加小柱和飞檐，层层穿叠而成。

广西三江侗族自治县鼓楼

鼓楼是侗族村寨公共活动的中心。鼓楼的广场叫作鼓楼坪，是村民举行各种公共活动的场所。

在鼓楼的这些功能中，以休闲娱乐最为普遍，劳作闲暇之余，侗寨的人们都喜欢聚集到鼓楼之下，或是唱歌跳舞，或是绣花吹笙，或是围坐闲谈，笑语欢歌，尽显一片轻松热闹的景象。节日里举行的庆典活动也是一种娱乐，届时男女老少汇聚于鼓楼，进行赛芦笙、采堂歌、跳侗族舞、演侗戏等活动，热闹非凡。特别是春节时，侗族村寨要进行极具特色的"月耶"走访活动，它是侗族村寨中比较大型的活动之一，即全寨老少集体到另一个村寨去聚会，迎接的寨子便在鼓楼前设宴款待来宾，享用美酒佳肴，欢度佳节。

侗族鼓楼虽然在形象上、功能上与侗寨其他建筑类型有着一些不同点，但又因为它们具有许多共同点，所以鼓楼与各类侗寨建筑的组合依然和谐，使村寨的群体空间存在着有机性、完整性。研究鼓楼能更好地了解侗族建筑的空间、结构和艺术等特征，更完整地了解侗族建筑的地方风格。

四、村落的礼制建筑

礼制建筑即是广义上的坛庙类建筑，它包括祭祀天地神祇的坛、祭祀圣贤的庙和祭祀家族祖先的祠堂等，建造者既有帝王将相，也有普通百姓。因为它们是在中国封建礼制观念下产生的，符合儒家礼制思想的建筑形式，所以称为"礼制建筑"。

《史记·礼书》中说："天地者，生之本也；先祖者，类之本也；君师者，治之本也。无天地恶生？无先祖恶出？无君师恶治？三者偏亡，则无安人。故礼，上事天，下事地，尊先祖而隆君师，是礼之三本也"。强调了守礼就首先要尊天地、祖先与君师，所以很多祠堂都供有"天地君亲师"牌位，上至帝王下至百姓都极力尊神敬祖，因而便产生了众多的礼制建筑。

（1）祠堂

我国传统村落中的礼制建筑的建造者是村落中的村民，因而其类型主要是各家族的宗祠和各户的祠堂，而非皇帝家庙，更不是皇家祭天、祭神的坛。在我国封建社会时期，人们对于血缘关系非常重视，尤其是晚辈对于长辈非常尊敬守礼，对逝去的祖先更是怀有一种无比的尊崇，将这样的观念纳于礼制范畴，在建筑上的体现即是祠堂与家庙。

闽东北部村落中的土地庙

土地庙是供奉土地神的地方，是民间分布较广的祭祀建筑，乡村郊野经常看到。图为闽东北部某村落中的土地庙。

徽州古村落祠堂

徽州村落中的祠堂规模较大，除家族的宗总祠堂外，过去人们还要建分支祠堂，如图中的叶氏支祠应是叶氏家族祠堂的分祠堂。

祠堂有同村同族的大型宗祠，也有各家各户的小型祠堂，还有一些以厅堂兼作祭祀祖先的祠堂形式。

宗族公共祠堂

宗族公用祠堂是由宗族全体成员共同出资修建，祭祀共同的祖先的祠堂，这样的祠堂大都出现于同姓聚居的村落。我国的皖南传统村落、福建土楼，乃至金门岛上的传统聚落，都建有全村共有的宗祠。这些公共祠堂都是由全村全族人共同修建、共同使用的，这是它们的共同点所在。但因为各地风俗民情、地理特点等的不同，祠堂与民居一样也具有各自不同的特点。

以皖南传统村落、福建土楼、金门传统聚落为例。皖南古为徽州之地，其境内的许多村落都是直接以姓氏命名的。如王村、江村、郑村、朱村、冯村等，村落的宗祠便以王氏宗祠、江氏宗祠、郑氏宗祠、朱氏宗祠、冯氏宗祠等为名。每座宗祠内的主堂则另外各取一个堂名，如济美堂、敦本堂、承志堂、怀德堂等。所以，徽州村落宗祠又有"祠堂"之名，实是"祠"与祠内的"堂"合而为一。从建筑位置上来说，徽州村落中的公共祠堂一般都建在村落的中央，以突出其中心的地位。

金门岛上的聚落公共宗祠被称为祖厝，是当地宗祠与其他地方宗祠的不同点之一。其命名方法与徽州相仿而更简单，直呼为欧氏祖厝、蔡氏祖厝等。从建筑位置上来说，宗祠是金门每个聚落最重要的地方，所以要位于聚落的最高点，这样不但突出其至高无上的地位，也强化了它的空间效果，所以在它的后面是不允许建民宅的，这则与徽州等其他地区的村落不同。

此外，金门岛还有一个特别之处，即除了祠堂之外还有祭祀神祇的宫庙，也是当地重要的礼制建筑类型之一。宫庙在村落的最前方，并且其与村落的距离比宗祠与村落的距离要远，可见人们对于祖先的亲近、对于鬼神的疏远，正符合古语所说"敬鬼神而远之"。

福建土楼中的祠堂在名称上并没有什么特殊的呈现，不过在位置上却有较为显著的特点。

福建土楼民居的形态比较特殊，其中的祠堂也便因这种特殊性而有了与众不同的风采。每一座土楼看似一座民居建筑，实际上却是一个独立的村落，楼内居住有几十户甚至上百户人家。这种一座建筑即为一村的民居形式本身就是它的特点，而这种特点又决定了它比一般传统民居具有更强烈的内向性和向心性特征。土楼的祠堂也因此带有了比一般祠堂更强的凝聚力。

土楼的祠堂都建在土楼之内，或是建在院落中心，或是设在环楼底层，但不论是在底层还是在楼院内，祠堂都必须建在全

福建土楼内部的祠堂

对于聚族而居的土楼来说，祠堂是必不可少的祭祀空间，通常建在土楼内部中心。

福建金门琼林蔡氏宗祠十世宗祠

宗祠在金门地区又称祖厝，是金门聚落中最重要的公共建筑。宗祠通常建在全村地势最高的地方，建筑形制也最高，格局比一般民居讲究，空间开敞，体量高大，并且装修精美。图为金门琼林聚落蔡氏十世宗祠。

楼的中轴线上，与全楼房屋共同组成严谨的、符合礼教仪规的空间序列，这种位置的限制性是其他地方村落祠堂所不及的。

宗族公共祠堂因为是由家族共同修建，财力非单门独户可比，所以祠堂建筑多有较为庞大的规模，同时具有精彩豪华的装饰，成为村落建筑及其艺术的最精彩的承载者。同时，宗族通过这些非比寻常的祠堂与相关的祭祀活动来显示祖先的伟业与功绩，突出族权的威严与神圣，展现宗族的繁荣；通过在宗祠中进行的族规礼仪的颁布与施行，既给族人以骄傲感、荣耀感，又对族人有一个约束与威慑的作用。

因而，宗族公共祠堂在具有的祭祀功能之外，也强烈地体现了村落聚居特征，并成为巩固同姓家族统治的权力象征。

单门独户的祠堂

在我国传统村落中，除了有全族或全村共建的公共祠堂外，还有由一家一户单独修建的祠堂，也属于村落祠堂范围。

由村落内的独个家庭自建的祠堂，体现了更多的封建礼制的约束性。首先，祠堂的形制与规模受到建造者的身份地位的制约，《春秋谷梁传》："天子至于士皆有庙，天子七，诸侯五，大夫三，士二"，即符合《周礼》的规定。周代之后各朝各代对祠堂的规制都有规定，并且越来越清晰。如清代的《大清通礼》中就规定：亲王、郡王家的祠堂主体为七间，另有两庑和中门、庙门；身份略低的贝勒、贝子家的祠堂为五间；一品到三品的官员祠堂也为五间；四品至九品官员祠堂则为三间，

安徽歙县呈坎村东舒祠后部

安徽歙县呈坎村东舒祠，是为纪念宋末元初的著名学者罗东舒而建。祠堂的建制很高，按照孔庙的标准构筑，棂星门、碑亭、拜台等设置都是模仿山东曲阜孔庙而建的。

但八品和九品官员祠堂的左右两间小于四品至九品官员祠堂。

而无官无职、无财无势的普通百姓，限于身份地位，也限于财力，大多只能设与厅堂合一的祠堂，也就是在住宅中主体厅堂的正间供奉祖先牌位以便祭祀，作为起居、会客等之用的厅堂兼具了祠堂的功能。

祠堂虽然也是礼制建筑的一部分，但因其分布较为广泛，又与民间住宅建筑有着密切的联系，所以体现出多样性与浓郁的地方性特征，流露出强烈的民俗化特点，展现了各地地方建筑技术的水平，成为其与官式的坛庙在建筑形态与艺术表现上最重要的区别之一。

（2）牌坊

牌坊与祠堂一样，在村落中既属于公共建筑，也属于礼制建筑。同时，牌坊也和祠堂一样，不但会出现在各地的传统村落中，也出现在皇家建筑群当中，诸如皇帝都城、皇家园林、黄帝陵等，以及各地方、各类型的坛庙建筑群中。牌坊出现在皇帝都城和陵墓中，主要作为引导与标志性建筑，在皇家园林中多是作为一种景观或地域界定，在各类坛庙中则大多带有纪念性质。

相对来说，村落中的牌坊类型较为多样。从功能上分，有标志坊、功德坊、纪念坊、节烈坊、门式坊等；从形象上分，有冲天牌坊、非冲天牌坊等；从体量上分，有一间两柱、三间四柱、五间六柱，村落牌坊少有五间六柱者，因为大型的牌坊多为皇家建造；从材料上来分，有石牌坊、木牌坊、砖牌坊、琉璃牌坊，

村落中极少有琉璃材料的牌坊，封建等级制度规定琉璃材料只能用于皇家建筑或是寺观建筑。

标志坊

标志坊是起标志作用、可以引导行人与分隔空间的牌坊，所以，村落中的标志坊大多建在村落的出入口或村界处。

功名坊

功名坊是表彰功名的牌坊，即为在科举、政界、军事等方面有突出成就的人所立的牌坊。旧时以科举取士，而举人乃至状元等是科举中成就不凡者，所以有很多因此立坊者。除此之外，为官者在职位上政绩突出或是对外作战时屡建奇功者，也往往会被皇帝赐建牌坊加以表彰。

安徽歙县呈坎村东舒祠宝纶阁

宝纶阁是东舒祠第四进院落内的建筑，建造年代较晚。楼阁面阔30米，进深7米，高出地面9米，气势宏阔。整座建筑用料精良，雕绘满眼，是东舒祠中最华丽的建筑。

胶州刺史坊

徽州地区有"牌坊之乡"的称号，可见徽州地区牌坊数量之多。徽州村落的牌坊，基本包括了中国传统村落中牌坊的所有样式与意义。

四川隆昌郭陈氏节孝坊

牌坊是为了宣扬封建的忠、孝、节、义等伦理观念，借以维护封建秩序与统治的礼制性建筑。四川隆昌郭陈氏节孝坊就是以表彰"节孝"伦理而建造的。

安徽歙县殷家村殷尚书坊

歙县殷家村的殷尚书坊采用三间四柱的冲天牌坊形式，牌坊雕饰不多，反而显得庄重、浑朴。

立牌坊以记，显然是对这种行为加以提倡与赞扬，实际上却是对妇女的摧残。节烈坊在村落牌坊类型中是数量比较多的一种。

门式坊

门式坊是借助于坊的形式的一种门。它有两个意义：一是指独立的牌坊式的门，一是指依附于墙体表面的牌坊式的门。独立的牌坊式的门与一般的牌坊并无显著区别，依附于墙体表面的牌坊式的门，则有若在墙上所开设的门洞上方浮雕了一个牌坊的形象。

木牌坊

木牌坊就是用木材料建造的牌坊。牌坊实际上是一种统称，严格来说，牌坊根据顶式的不同可以分为牌坊和牌楼两类。其中，牌坊是只有立柱和横枋的形式，而牌楼则是在横枋上部再起楼顶的形式。有楼顶的牌楼因为顶部有覆瓦的屋顶，所以下部的枋、柱可以得到更好的保护，较少受到风雨侵袭，尤其是木材料更需要这样的保护，所以现今所存的木造牌坊多是牌楼的形式。

石牌坊

石牌坊是石材料建造的牌坊，其体量一般都比木牌坊高大，但因为其所用的石材料的抗风雨的腐蚀性较强，所以即便带有楼顶也多比木牌楼的楼顶小。石牌坊是我国各种材料的牌坊中现存数量最多、形式种类最为复杂多样、分布范围最广的一种类型。

砖牌坊

砖牌坊当然就是砖材料建造的牌坊，砖牌坊的数量相对要少一些，一般多用在祠堂或宅邸等较大型的建筑的大门前方，作为一种门面装饰设置，以增加建筑的气势。在我国南方的安徽、江西、浙江、四川一带较为常见。

冲天牌坊

冲天牌坊是从造型上划分的一种牌坊的类别，它的主要特点是立柱上端高于牌坊的横枋或是楼顶，呈直冲向天形式，所以得名"冲天式牌坊"。

徽州是我国现存牌坊最多、最为著名的地区，素有"牌坊之乡"之誉。徽州古地盛产

道德坊

道德坊是表彰具有高尚德行的人氏的牌坊，诸如：刚正不阿、宁死不屈、敬老爱幼、乐善好施等，都属于情操高尚的行为表现，所以后人会为他们树立牌坊，或是由帝王下旨赐建牌坊。

节烈坊

节烈坊多是表彰妇女贞节的，比如妇女很年轻即守寡而一直不再嫁人，或是丈夫死后为夫殉情等，村落宗族往往会为她们

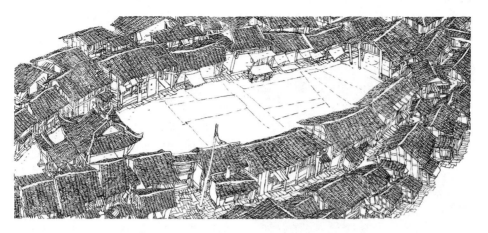

四川罗城古镇

山石，所以徽州的牌坊也大多为石牌坊，并且以功名坊、道德坊、节烈坊最多。石牌坊因有不同于木牌坊的材质，而具有显著区别于木牌坊的特点与装饰，这主要表现在石牌坊的石材坚硬的质感，特别是石牌坊的石雕上。

徽州石牌坊的雕刻，不论是朴素的、典雅的、精巧的、华丽的，都显示了徽州石雕艺匠的精湛技艺。徽州石牌坊的雕刻，题材极为多样，花、鸟、草、虫、人物、吉祥图案等，无所不有，尤其是诸如"喜鹊登梅"、"鲤鱼跃龙门"、"鹤鹿同春"等民间喜闻乐见的吉祥图案，几乎是随处可见，表现出强烈的民间传统建筑的特色。

此外，徽州石牌坊的雕刻，手法多样，并颇具层次，一般位于坊下部用于夹柱的石狮子多用圆雕，柱、枋大多使用浅浮雕，柱、枋上部的楼则使用高浮雕或是透雕。如此手法多样、讲究层次的表现，一是为了适宜远近不同的观赏性，高处使用高浮雕、透雕，虽然距离观赏者视线较远，也能较清楚地看见图案；二是为了牌坊本身的上下稳定性，柱、枋采用浅浮雕既有装饰性又不会影响枋、柱的承重功能，而顶部采用透雕可以减轻其对柱、枋的压力，同时也能减少对风的阻力。细细推敲下来，徽州牌坊可谓是集艺术性、功能性、科学性于一身的村落礼制建筑形式。

徽州牌坊不但数量多，全国闻名，而且也较好地体现了村落牌坊的艺术特色与风格，突出了礼制建筑的礼制意味，是我国传统村落牌坊中较有代表性者。

五、场镇

四川小镇的产生与场有很大关系。"场"就是集市，赶场是四川农村传统的贸易形式。早在隋唐之际，农村便出现了设在空旷处的草市，有的地方还有定期举行的专业集市，最著名的是蚕市和药市。到宋代时，草市开始向定点的市镇发展，清末民初是场镇建设最为活跃的时期，现在的场镇很多就是在那时兴起的。

场镇的地处一般都是非常好的，两河交汇、山口平坝、交通要道、水路码头是场镇的最常见位置。场镇虽小，但客栈、茶馆、饭店、杂货、干货、五金、木器、绸布等一应俱全。四川的场大都以街代市，这样也形成了四川场镇的一大特色，沿街商店林立，摊点密布。四川场镇建筑中最有代表性的要数罗城了。

罗城是四川省犍为县的一个古镇。据说罗城古镇建于明末崇祯年间，不过一开始只有几家店铺，以后才逐渐形成场镇。罗城的名字是有寓意的，"罗"字由"四维"二字构成，生意靠商人来自东南西北维持，而

四川罗城古镇凉厅街

罗城古镇又称为船型古镇，坐落于乐山市罗城镇犍为县东北部，古镇主街凉厅街始建于明代崇祯元年（1628年）。时至今日，这条幸存下来的老街仍保留着部分明清时代老四川文化的人文风貌。

四川罗城古镇的长廊

罗城的船形街两侧的长廊就是当地人称的"凉厅子"。穿行赶街不淋雨,不湿足,不被太阳晒,可谓晴雨相宜。明清时,人们称为'晴雨市场',可在凉厅内边行贸易、喝茶、看戏、观灯、下棋等活动。

罗城古镇的形状
（中图）

罗城古镇至今已有三百多年历史,坐落在一个椭圆形的山丘顶上,主街东西长209米,南北宽9.5米,平面像一把织布的梭子,鸟瞰古镇像一只搁置在山顶上的船,梭形的街面是船底,两边的建筑是船舷,中部的戏楼是船舱,东端的"灵官庙"似船的尾篷,西端的天柱是船的篙竿。

四川罗城古镇的古戏楼

罗城古镇街心的古戏楼,是明清时期健为县的文化中心,是古镇宗教、帮会（米邦、油邦、盐邦、酒邦、茶邦）等组织活动场地。这个船形古镇是明清求水的象征,是祈祷上苍保佑,风调雨顺,五谷丰登之兆,也是罗城云集四方商人,同在一只扬帆进发的大船之中,"船"形镇还有"同舟共济"的含义。

场镇也靠四方百姓维护,生意人的"四"与百姓的"维"相组合,便为"罗"字。

罗城古镇布局巧妙,造型独特。一进场,就能看到街两边的房屋在开头处相互靠近,随后渐渐向两边分开,中间形成一个广场,在广场的一端设一个古戏台。然后街两边的房屋又渐渐靠近,造成两端尖、中间宽的广场平面,像是青果形状,又像织布的木梭子形状。街道长约200米,最宽处有20米,假如从高空看过去,整个古镇就像是一只大船,船底就是街道,两侧的房屋就是船舷,中间的戏台好像是船中的船篷,而古镇一端的过街楼——清真寺"灵官庙",便是船的舵叶。这可真像是"山顶一只船"。

罗城的街面由青石板铺砌,街两边的店铺,前面都留出五六米的廊棚,廊棚相连,形成一个长长的灰色空间。在廊棚中可以喝茶、看书、观戏、下棋、做生意。即便是每逢双日的赶场天,四方乡民也基本都能容在廊棚之中,晴日不晒,雨天不淋,是理想的风雨市场。广场中部的戏台很高,戏台的下面是空敞的,人可以从下面通过,戏台的另一面还设有一座牌坊。每逢有演出,街两侧的廊棚就像是看戏的"包厢"。镇上居民从家里搬来了竹椅板凳,而赶场的乡下人则把背篓、箩筐倒扣在地上,作为坐凳。每逢年节,街面的广场还举行耍狮子、舞龙灯、踩高跷、走旱船等活动,花花绿绿,热闹非凡。

罗城的布局形式与现代商场中的"两头吸收、中间消化"的理论相一致,这引起不少人的兴趣。为什么罗城是这样的,有人说,罗城的周围无溪无河,生活、耕作全靠雨水,在山顶上建成一艘船,可以引来载舟之水。还有人说得没有这么玄,他们说,最初,罗城的地形就是中间宽、两头窄的形状,修房造屋依照地形,自然就成这个样子。罗城不是唯一这种形式的场镇,类似的场镇在川东也有。罗城在1984年已由政府出钱维修过,其中戏台、牌坊等都是由建筑师设计的,已不是地地道道的民间建筑了。

我国各地的民居虽然是出于实用的目的建造的,但在其设计、施工和建筑艺术方面却有着重要的研究价值,各种各样的民居在我国建筑史中也占有重要的地位。随着各种新型建筑材料和建筑方法的不断涌现,而古老的民居越来越少,这是我们应当重视的。因为它们不仅仅是简单的传统建筑,更是古老的中国居住文化的载体。

第十章 中国古代重要建筑典籍及建筑意匠

我国的古代建筑历史悠久，创造了辉煌的成就。各式各样的古建筑不仅仅具有其本身的实用价值，更重要的是它吸取了各个时代的文化精华，是我国独特文化的物化展示，是中华民族古老文明的一个重要的组成部分。与这些让世人惊叹和赞美的伟大建筑相比，设计这些建筑的人大多被人们忽略了，有文字记载的也只是片言只语，略作提及。那些为了这些建筑倾注了心血甚至生命的古代匠人却被历史遗忘了。但就是这些被遗忘的人们，不但在实践中创造了伟大的建筑，还靠代代相传保留了建筑的建造技术和方法，经后世的总结和归纳，形成了我国古代的建筑理论，推动了中国古代建筑的不断前进，也为我们研究古代建筑，留下了珍贵的资料。

我国关于古代匠人的记载和建筑书籍被留存至今的相当稀少，这与古代建筑匠人地位不高是有直接关系的。由于我国的历史原因，许多朝代的优秀建筑都没有留下实物。所以很多时候，我们不得不根据一些文学作品来想象这些建筑的形象。而现今所遗留的建筑专门书籍就愈加显得弥足珍贵了。

早在周代就有了现今已知的我国最早的建筑书籍《周礼·考工记》。书中对大到城市、宫殿、居室、陵墓，小到门、窗等建筑类型或元素都做了详细的说明和规定，还列举了对都城、田地、水利等工程的规划原则，另外对各种建筑的建造规则、建造尺度也有相当细致的讲解，还指出了匠人所应该担负的职责。

书中所规定的各种建筑尺度都是从实际的应用出发，制定的尺度都相当科学。而且，这些用统一的尺度来衡量的方法也为

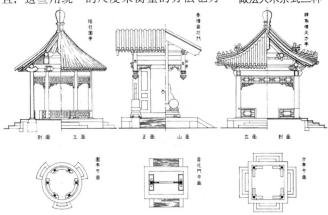

梁思成《清式营造则例》图版：工程做法大木杂式三种

宋代八角藻井仰视图

以后建筑模数制度的出现奠定了基础。此外，在周代已经有了专门负责建筑尺度的官吏，可见国家对于建筑的管理已经相当严格，建筑的尺度已经成为一种制度，而且有专门的官员管理。

春秋时期，出现了我国建筑史上的一位著名的传奇式人物——鲁班（约公元前507年~前444年）。鲁班，姓公输，名般。又称公输子、班输、鲁般。因是鲁国人（今山东曲阜），"般"和"班"同音，故人们常称他为鲁班。出生于世代工匠的家庭，参加过许多土木建筑工程劳动，逐渐掌握了生产劳动的技能，积累了丰富的实践经验。

鲁班的发明创造很多。《事物绀珠》、《物原》、《古史考》等不少古籍记载，木工使用的不少工具器械都是他创造的，如曲尺（也叫矩或鲁班尺），又如墨斗、刨子、钻子，以及凿子、铲子等工具传说也都是鲁班发明的。这些传说有些脱离了事实，有些并不是鲁班本人的事迹，可以说是古代所有劳动人民的智慧集合，所以它歌颂的实际上是我国古代所有劳动人民的智慧和美德。

隋唐时期是建筑的大发展时期，大量、大规模的建筑工程对建筑的设计、组织管理和施工的发展都提供了有利的条件。这一时期也形成了管理建筑各方面的专业部门和人员。

总的来说，此时的建筑部门分为两种，一种是具体设计和施工的部门称为将作监；一种是对全国建设工作进行统筹管理并制定统一建筑规范的部门称为工部。而这两个部门的长官和主要的官僚就是工官。工官通常是世袭的。与地位低下的匠人一样，工官同样也是不受重视和为人们所看不起的人，但因为要进行工程建设时又必须靠这些人才行，所以有一些工官和匠人也被记载于史册，像宇文恺及阎氏一族等等。

宇文恺（555~612年），隋代建筑家。他博学多识，精通各种典章制度，又经常深入实际考察，有丰富的实践经验。隋开皇二年（582年）隋文帝下诏营建新都大兴城，宇文恺为营新都副监，规模计划都出自宇文恺之手。他还主持兴建了宫漕渠室等，并取得了很高的成就。还撰写了综合论述历代明堂的专著《明堂论》、论述洛阳城布局规划的《东都图记》等书，但都已失传。

为我们大家所熟知的唐代画家阎立本（约601年~673年），以细腻的工笔画而著名。可是大家所不知道的是，阎立本却生长在营建世家，并且其父兄都是当时著名的工官。其父阎毗，在隋朝时是仅次于宇文恺的能匠，主持过许多大工程，如修筑长城、开挖永济渠等。其兄阎立德在唐初即升任营建建筑的高级官员，修建了包括帝陵、皇室宫殿、长安外郭城等初唐的许多大型工程。阎立本在其兄死后接任他的官位，也在营造方面做出了卓著的成就。

《考工记》中的道路宽度

《考工记》中对大小城池的街道规格有详细的记载，这是根据《考工记》讲述的城市街道的宽度而绘制的示意图。

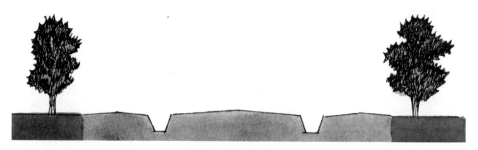

森严的封建等级制度是要保证君君、臣臣、父父、子子的不同的社会等级地位，因此，对于不同等级人所使用的房屋、车辆、服装、用具等，都要做出相应的等级规定，因此，不同阶层人的建筑的形式和规模也有很大的不同。在《唐六典·工部》和《营缮令》中都对建筑的样式和所采用的装饰、配件做了极细致的规定，可见当时对于建筑营造制度的规定还是相当全面和健全的。

阎立本《步辇图》

阎立本是唐代画家兼工程学家。图为阎立本所绘《步辇图》，描绘了唐太宗接见来迎娶文成公主的吐蕃使节禄东赞的情景。

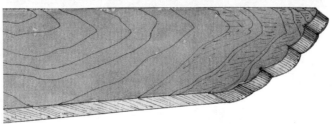

《营造法式》中的蝉肚绰幕

清代的雀替在宋《营造法式》中叫做"绰幕"。蝉肚绰幕在宋代较为盛行，它的特点是在绰母的尽端刻出连续的曲线，看起来就像是蝉肚形状。

宋代由政府编撰了一部关于建筑的典籍，名为《营造法式》。这是我国现存年代最早，也是最完善的一部建筑技术书籍，从建筑设计、施工、各部分具体做法及用料的计算等方面都做了非常细致的说明，为研究古代建筑提供了珍贵的资料。

宋初，全国各地大肆营建宫殿、庙宇、衙署等工程，致使国库亏空，而负责工程的官员却从中捞取大量钱财，为此，宋将作监奉命编定了《营造法式》，对建筑的设计标准、规范，施工定额等方面做了明确的规定。《营造法式》编于宋熙宁年间（1068～1077年），成书于宋元符三年（1100年），刊行于宋崇宁二年（1103年），是李诫在两浙工匠喻皓的《木经》的基础上编成的。

全书共分34卷，前面还有"看样"和"目录"各1卷。前两卷列举了40多种建筑术语或构件的名称及其由来和不同的叫法，还附录了书中所用专业词语的含义。以下各卷分别从建筑制度、用料、图样等多方面论述了各种建筑的做法。

总的来说《营造法式》的优点有：制定了模数制，制定了各工种等级和工值计算方法，广录并总结了工匠们代代相传的经验，使之以书面的形式被保留起来。此外书中还刊载了大量的图例，包括单个构件形象、组合构件形象、建筑局部与整体形象以及建筑装饰纹样等，对文字难以表达的样式、做法都做了形象和详尽的描绘，极其重视实用性，不仅做了明确细致的规定，还注明其变通的方法，和视实际情况而定的注释。《营造法式》着重制订和介绍了对工程管理和监督的法则，以便于现场核算和考察工程质量，但对于工程设计的篇幅就显得少得多了。

《营造法式》中建立了以斗栱中栱的截面也就是"材"，作为基本单位的"材分制"。从而以其为标准，对宫殿、厅堂、亭阁等不同种类的建筑和不同等级的建筑都做了具体的规定。此书的出版和在建筑上的应用不仅统一了建筑的标准，也使得建筑在施工之前就能够方便地计算出所用工、料，而且此书对于各建筑构件和比例的尺度规定，也使得在建筑进行的同时可以预先制作各部分构件，加快了施工的进度。总之，它是我国建筑制度方面的总结和发展，标志着我国的建筑体系初步形成。

北宋时期的建筑匠人以李诫和喻皓为代表。李诫（1035～1110年）是《营造法式》一书的重要编撰者，他任将作监十几年，有着丰富的工程建造和管理经验，先后主持

宋代构架纵向轴测图

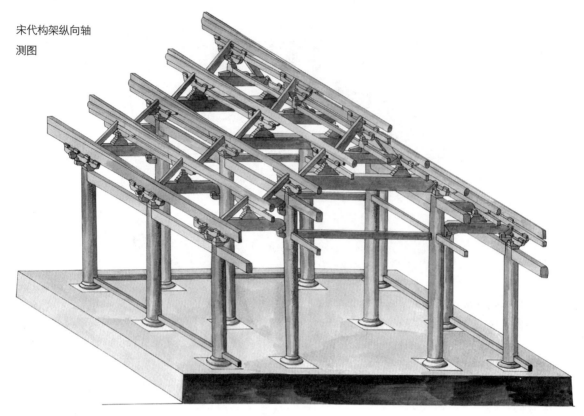

大木作图批竹昂

批竹昂是宋代昂嘴的一种做法，将昂嘴做成尖形，有如将一段竹子斜劈而成。

兴建了许多大的宫殿、庙宇和园林建筑，还编修了许多建筑著作，可惜都没有保存下来。李诫不仅精于建筑，对书、画等都有着浓厚的爱好，这也为他以后编修《营造法式》提供了很好的辅助条件，《营造法式》最先编制出来后，因书中没有涉及用材制度，工料太宽，不能防止工程中的各种弊端。因此皇帝特命李诫重新修编，他不仅参考了历代的文献和典章制度，还组织工匠进行讨论，加上自己多年的实际工作经验，编制出了我国古代建筑史上的名作。

喻皓（？~989年）也是北宋时期的能工巧匠之一，对于木构架的各部分组合搭配的受力情况和建筑整体强度都有着深刻的认识，并能熟练把握，尤其善于造塔。喻皓曾著有《木经》一书，专门论述他的经验和具体做法，在《营造法式》编撰出来以前，是木构工程主要的参考用书，但可惜已经失传。

元代可以说是建筑的一个过渡期，曾有一部关于木工技艺的书名为《梓人遗造》，但原书也已经遗失，只能从相关的一些典籍中大概了解到，这是一本主要介绍大、小木作和木工技术的书籍。书中所载的内容与《营造法式》差不多，但有些具体的构件与其差别较大，还出现了一些前书没有提到的新式构件，而这些构件与后世明清建筑中所用构件有着诸多的相近之处。可以说，这本书是宋、辽、金时期与明清时期木构建筑的一个过渡。

明清是中国古代建筑的最后一个大发展时期，各种建筑样式层出不穷，各类建筑技术也趋于成熟。这一时期出现了多种分工细致的建筑著作，专门论述一种建筑或建筑的某个局部的多种做法，比如，明代出版了专门论述园林的《园冶》等等。而且由于建筑和相关书籍的进步，许多建筑匠师也因此得以永留史册。

明代相关建筑书籍也分述趋于细化，有专门论述民间建筑的《鲁班经》，有专门论述油漆工艺的《髹饰录》，有专门论述砖、石制作的《天工开物》，还有前面提到的专论园林设计建造的《园冶》等等，此外在一些经史典籍中还有论述有关建筑的章节。

《鲁班经》是一部论述民间建筑，尤其是南方民间建筑的书籍。书中对建筑的施工方法和工序，各种构件的形式与做法等技术性的知识都做了比较概括的介绍，书中还涉及了一些民间家具和农具的样式和制作方法等。此外，书中对民间匠师的业务范围和具体职责也做了相关的介绍和说明。《鲁班经》最突出的贡献是对丈量和制作门窗等构件的尺度做了明确的规定，即鲁班真尺。这使门、窗等相关构件的尺寸相对固定下来，逐渐形成了一定的规格制度，这种方法在有些地区，至今仍被民间工匠所使用。

由于建筑分类的细化，各种专业人员层出不穷。贺盛瑞（生卒年不详），明万历二十年（1592年）任工部屯田司主事，二十三年任工部营缮司郎中。以管理建筑施工著称，他经手建造了皇陵、公主府、乾清宫、坤宁宫等重要的工程。在这些工程的具体实践中，他改革了大量的施工措施，比如改造了施工工具，把工程材料改为招商买办，设置督工和纠察等等，使得建造工程中的施工更加科学、合理，而且也节约了大量的资金，是我国古代少有的建筑管理专家。

蒯祥（1398~1481年），江苏吴县人，也是明代著名的工匠，以设计、施工精确著称。负责建造的主要工程有北京皇宫（1417年）、皇宫前三殿（1440年）、长陵（1413年）、献陵（1425年）、裕陵（1464年）、北京西苑（今北海、中海、南海）殿宇（1460年）、隆福寺（1452年）等，表现了他在规划、设计和施工方面的杰出才能。

清代主要的建筑著作是清政府为加强对工程的管理，所颁布的《工程做法》。原书封面书名为《工程做法则例》，而中缝书

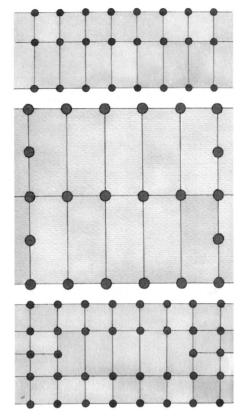

中国古代建筑柱网排列模式图

名为《工程做法》，由于是由清代工部颁布，所以也称《工部工程做法则例》。由于它的出版目的所限，书中主要细列的是工程管理制度，工匠薪酬计算方法等工程用工、用料的计算方法。对建筑细部制作和样式等方面的介绍也只限于宫廷和王府等官式建筑。虽然这样，在建筑专业书籍稀缺的古代，这部书也是非常有研究价值的，因为它的出版规范了对营建活动的管理，使之得以控制工程预算，还是对明清以来各种工程建筑标准的一次大总结。

《工程做法》全书分为四部分，第一部分着重介绍了27种柱架的断面结构，这一部分在全书中占有重要位置。第二部分系统地介绍了斗栱各组成构件的位置、形状、比例尺寸等，还将单层建筑的斗栱根据使用在檐下还是室内，分为外檐斗栱和内檐斗栱两大类。第三部分的主要内容为建筑装修及石、土作，特别是对色彩的使用做了细致的论述。第四部分是工料估算，对清代土木建筑的各种不同形制的不同用工和用料进行

梁思成《清式营造则例》图版：八檩卷棚

了规定，这就为建筑预算、工时安排、用料标准等提供了一种较为严格的规范。

《工程做法》中确定了以"斗口"作为建筑的模数单位，这是对宋代所确立的材分制建筑模数制的一个改进。表现为，以单一的斗口取代材分制中的三级划分，并且直接以尺寸作为标准，减少了换算的麻烦，也提高了精确度，对各斗口的具体尺寸也做了明确的规定，这样更便于设计和施工，此外，对斗口的材料级别划分的更加细密，便于在实际施工中选择不同的用材。

《工程做法》在总结中国历代传统建筑经验的基础上制定出了一套有关官式建筑的营造准则，又为主管部门核定经费、监督施工和验收工程提供了明文依据。是继《营造法式》后由政府编定的又一部最重要的建筑书籍。

在清代有关建筑和营造技术的书籍大量涌现，所涉及的范围更广，现存的数量和种类也颇多，如《内庭工程做法》、《工部则例》等等，由于清代修建了大批的园林，所以与园林相关的书籍也留存不少，而且内容分类更加细致，如园林方面有《圆明园内工则例》、《万寿山工程则例》、《热河工程则例》。陵墓建造方面有《惠陵工程备要》。不仅如此，民间工匠们也为了工作的方便，将工程经验或具体的做法编辑成册，这部分的书册中对建筑的记录就更加详细了，从建筑比例、木石的构件尺寸到为日后修缮所建的工程清单等无所不包，而且各个时期都有相应详细的记录。这些资料使我们了解了清代工程和技术的发展变化过程，和各时期的建筑情况和技术水平。

现在的紫禁城太和殿是康熙年间重建的，它以雄浑的气势被世人所敬仰，而主持营建它的人却不被大家所熟知。这个人就是梁九（生于明天启年间，卒年不详），他

梁思成《清式营造则例》中的斗栱出踩图

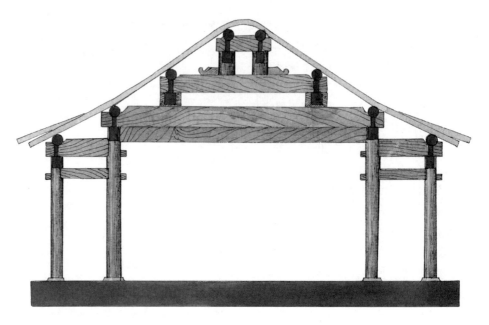

师承大内工师冯巧。冯巧死后，他接替冯巧在工部做官，负责营造宫殿的工作。清朝初年负责督造营建了宫廷内的各主要的建筑工程项目，康熙三十四年（1695年）修造太和殿时，他先按照十分之一的比例制作了太和殿的模型，再比照模型而建造了太和殿，并保留至今，可说是一项绝技。

中国的匠师多是世代传承，清代最有名的建筑世家叫做"样式雷"。样式雷是对清代200多年间主持皇家建筑设计的雷姓世家的誉称。雷家共有六代人在朝廷的样式房中担任样式房掌案职务（相当于今天的首席建筑设计师）。雷发达是样式雷的鼻祖。而声誉最好，名气最大，最受朝廷赏识的应是第二代的雷金玉。样式雷负责过北京故宫、三海、圆明园、颐和园、静宜园、承德避暑山庄、清东陵和西陵等重要工程的设计。雷氏家族进行建筑设计方案，都按1／100或1／200比例先制作模型小样进呈内廷，以供审定。模型用草纸板热压制成，故名烫样。其台基、瓦顶、柱枋、门窗以及床榻桌椅、屏风纱橱等均按比例制成，这些模型有的留存下来，保存于北京故宫博物院内，成为了解清代建筑程序的重要资料。

《园冶》是我国历史上的第一本专论园林建造的书籍，由明代著名的造园家计成（1582年~?）编撰。明崇祯四年（1631年）成稿，崇祯七年刊行。它的出版对我国甚至周边国家都产生了巨大的影响。全书图文并茂地论述了园林中所涉及的各种建筑形式的制作方法和制作原则，包括不同园林的选址要求；园林的总平面布局和建筑的搭配原则以及建筑与景物的协调关系；园中山石位置的确定，叠砌的方法与技巧；借景的作用和手法等，甚至对园林中墙壁、地面、门窗的样式和做法也有具体讲解。

《园冶》全面地论述了不同类型的园林营造方法、原理和技巧，总结了前人和当时的造园经验，也反映了我国园林建造的突出成就，是研究我国古代园林的重要参考。这本书在写作上也颇有特点，文句不但对仗

梁思成《清式营造则例》图版：旋子彩画制度比较

工整、合辙押韵，还有丰富的插图。正因为如此，这本书在近代曾被多次重印。

由于园林多是富贵人家或文人雅士所推崇的，所以园林的设计和建造者多是些诗人画家。他们也多是为自己造园，所以还称不上是专业的造园人员，但在园林的规划和建造上却具有相当高的水平。文人园林是中国古代园林中很重要的一个派别。其中造园比较著名的有唐代王维（701~761年）和他所造的辋川别业，白居易（772~846年）和他所造的小型宅园等等。明清时期，文人仍然是造园的主力，但不同的是，他们也开始为别人造园，可以说是比较专业的造园人士了。

上文所提及的《园冶》的作者计成，是明末著名的造园家，他少年时就因善画山水画而出名了，由于他属于写实画派，所以游遍了祖国的名山大川。人到中年，开始从

宋《营造法式》中的栏杆、望柱、望柱柱头及望柱下座（引自郭黛姮主编.中国古代建筑史.第三卷.北京：中国建筑工业出版社.）

第十章 中国古代重要建筑典籍及建筑意匠

清《扬州画舫录》中的瘦西湖卷石洞天

成书于乾隆十六年（1795年）的《扬州画舫录》为清代李斗所作，全书共十八卷，记录了当时扬州的社会生活和景物。其中涉及园林的内容占相当大的比例，书中所记载的园林，都有十分详细的记述。

宋《营造法式》中的各式格子门（引自中国建筑工业出版社，郭黛姮主编《中国古代建筑史：第三卷》）

事造园，无论是在造园实践中还是在造园的理论上都取得了卓越的成就，由他主持建造的南京石巢园、扬州影园等，在当时都堪称园中精品，最突出的成就就是系统地论述园林建造的名作《园冶》。

与计成同时期的造园名士还有张涟（1587~1673年），也是由山水画家转而造园的，他以擅长叠山而闻名，在盆景的建造上也颇有建树。代表作有松江的横云山庄、嘉兴的竹亭别墅、常熟拂水山庄等等。张涟在当时很有名，从事园林建造长达50年，其作品遍布大江南北，史书上关于他的史料记载很多。他不仅善于造山，对假山的风格转变也做了推动性的贡献，并且他的造园技艺对后世的影响也很深远。张涟的后代也都从事园林的建造工作，并且在清代宫廷中历任高官，其家业相传百余年，甚至形成了一个叠山的派别，京师人称"山子张"。

清代园林建筑名家也大多是书画家出身，如清中期的戈裕良（1764~1830年），他的叠石造山水平极高，与明代的张涟齐名，主持建造有著名的环秀山庄、南京五亩园、苏州一榭园等等。明末清初还有一位特别的造园高手，是一名戏剧家兼职造园，却取得了很高的成就，这就是李渔（1611~1680年）。李渔在当时很有名，许多人都以请到他来造园为提高园林水平的标志，主要作品有著名的北京半亩园。李渔还著有论述园林的借景和山石叠砌之法以及园中装修布置的《闲情偶寄》又名《一家言》，是继《园冶》之后的又一部重要的园林著作。

我国古代的建筑大部分都没能存留于世，与这些建筑一样，我国的建筑书籍和建筑匠人们也多不为我们后世所知，但是我们不会忘记他们，因为正是有了他们的智慧和创造，才使我们拥有如此值得骄傲的建筑文化。

POSTSCRIPT 后记

这本《华夏营造—中国古代建筑史》（新版）是针对目前学生与教师的需求而重新改写的。同名原书稿完成于2005年。通过几年的教学实践，我发现原来的这本同名书籍的文字信息与图片信息都太少了。

一般来说，讲授中国古代建筑史少说也要40个课时。我们按一位教师每分钟讲180字计算，那么，40课时就可以讲32万4千字的内容。而2005年出版的由我撰写的《华夏营造—中国古代建筑史》的版面文字也就是26万字，其容量显然是不够的。此次完成的这本书，版面文字超过45万字，相关图片增加到600多张。因此对于授课教师来说，这本书使用起来就会感到资料丰富一些，备课和讲授时都会比较方便。

对于学生来说，学习中国古代建筑史所需要掌握的知识应该包括了解中国古代建筑的一般特点，和古代建筑的发展规律。知道什么是官式建筑、什么是民间建筑。对于研究生来说，还要了解一下唐宋代建筑和明清建筑特点的区别，以及中国园林的基本特点。对于建筑历史专业的研究生来说，当然要求会更高一些。

对于教师来说，已经有机会将中国古代著名建筑都看一遍的人毕竟不多。我自己能够走过全国所有的省市自治区及特别行政区，包括香港郊区、台湾本岛、澎湖、金门等地，并亲自拍摄积攒了大量的古建筑照片，并不是我当教师得来的机会。因此，在教材中，为教师提供一个可以将信息延展、发挥的资料基础就十分必要。我在这本书中努力做到这一点，以便授课的教师能够以此为基础，再通过网络和参考图书增加一些授课教师认为有必要的信息，这样就能够方便地备课与授课。

主观上，我努力使这本教材更加实用；客观上，由于多方面原因，在本书完成之际仍留有些许遗憾和欠缺。借此机会，我也希望广大的师生在使用和学习时，能够为本书提出宝贵意见，并在此致谢。

王其钧
2010年2月于北京
中央美术学院城市设计学院

PEFERENCES
参考书目

[1] 王其钧. 图说民居[M]. 北京：中国建筑工业出版社，2004年.

[2] 王其钧. 中国民间住宅建筑[M]. 北京：机械工业出版社，2002年.

[3] 王其钧. 古往今来道民居[M]. 台北：台湾大地地理文化科技事业股份有限公司，2000年.

[4] 董鉴泓. 中国城市建筑史[M]. 北京：中国建筑工业出版社，1989年.

[5] 潘谷西. 中国建筑史[M]. 北京：中国建筑工业出版社，2001年.

[6] 建筑科学研究院建筑史编委会. 刘敦桢. 中国古代建筑史[M]. 北京：中国建筑工业出版社，1984年.

[7] 史健. 图说中国建筑史[M]. 杭州：浙江教育出版社，2001年.

[8] 徐建融. 中国古典建筑美术丛书——园林府邸[M]. 上海：上海人民美术出版社，1996年.

[9] 萧默. 中国建筑[M]. 北京：文化艺术出版社，1999年.

[10] 侯幼彬，李婉贞. 中国古代建筑历史图说[M]. 北京：中国建筑工业出版社，2002年.

[11] 中国大百科全书——建筑园林城市规划. 北京：中国大百科全书出版社，1988年.

[12] 刘叙杰. 中国古代建筑史（第一卷）原始社会夏、商、周、秦、汉建筑[M]. 北京：中国建筑工业出版社，2003年.

[13] 傅熹年. 中国古代建筑史（第二卷）两晋、南北朝、隋、唐、五代建筑[M]. 北京：中国建筑工业出版社，2001年.

[14] 郭黛姮. 中国古代建筑史（第三卷）宋、辽、金、西夏建筑[M]. 北京：中国建筑工业出版社，2003年.

[15] 潘谷西. 中国古代建筑史（第四卷）元明建筑[M]. 北京：中国建筑工业出版社，2001年.

[16] 孙大章. 中国古代建筑史（第五卷）清代建筑[M]. 北京：中国建筑工业出版社，2002年.

[17] 中国民居建筑. 主编陆元鼎，副主编杨谷生. 广州：华南理工大学出版社，2003年.

[18] 中国科学院自然科学史研究所主编. 中国古代建筑技术史[M]. 北京：科学出版社，1990年.

[19] 梁思成. 清式营造则例[M]. 北京：清华大学出版社，2006年.

[20] 王其钧. 中国建筑图解词典[M]. 北京：机械工业出版社，2007年.

[21] 徐跃东. 图解中国建筑史[M]. 北京：中国电力出版社，2008年.

SOURCE OF ILLUSTRATION
选图索引

P14右上、P48右、P49右上、P50上、P51下、P60上、P62下、P67、P75上引自 傅熹年 主编.中国古代建筑史（第二卷）两晋、南北朝、隋唐、五代建筑.北京：中国建筑工业出版社，2001年.

P26左上、P27左、P34左下、P40左、P44引自 刘叙杰.中国古代建筑史（第一卷）原始社会夏、商、周、秦、汉建筑.北京：中国建筑工业出版社，2003年.

P26左下、P30右上、P52、P53、P54下、P70上、P73下、P104右、P113、P192上引自刘敦桢主编.中国古代建筑史.北京：中国建筑工业出版社，1984年.

P117上、P131左引自潘谷西.中国古代建筑史（第四卷）元明建筑.北京：中国建筑工业出版社，2001年.

P130上引自孙大章.中国古代建筑史（第五卷）清代建筑.北京：中国建筑工业出版社，2002年.

P237、P242下、P243上引自梁思成.清式营造则例.北京：清华大学出版社，2006年.

P243下、P244下引自郭黛姮.中国古代建筑史（第三卷）宋、辽、金、西夏建筑.北京：中国建筑工业出版社，2003年.

图书在版编目（CIP）数据

华夏营造　中国古代建筑史／王其钧编著．—2版．
北京：中国建筑工业出版社，2010.7（2023.1重印）
（全国高等美术院校建筑与环境艺术设计专业教学丛书）
ISBN 978-7-112-12134-2

Ⅰ．①华…　Ⅱ．①王…　Ⅲ．①建筑史－中国－古代
Ⅳ．① TU-092.2

中国版本图书馆CIP数据核字（2010）第095285号

责任编辑：唐　旭　李东禧
责任设计：陈　旭
责任校对：兰曼利

全国高等美术院校建筑与环境艺术设计专业教学丛书
华夏营造
中国古代建筑史
（第二版）
王其钧　编著
*
中国建筑工业出版社出版、发行（北京西郊百万庄）
各地新华书店、建筑书店经销
北京嘉泰利德公司制版
廊坊市海涛印刷有限公司印刷
*
开本：787×1092毫米　1/16　印张：16　字数：400千字
2010年8月第二版　2023年1月第十次印刷
定价：48.00元
ISBN 978-7-112-12134-2
　　（19406）

版权所有　翻印必究
如有印装质量问题，可寄本社退换
（邮政编码100037）